## 数学公式

### 1. 三角関数

$\sin^2\alpha + \cos^2\alpha = 1$

$\tan\alpha = \dfrac{\sin\alpha}{\cos\alpha} \qquad 1 + \tan^2\alpha = \dfrac{1}{\cos^2\alpha}$

$\sin(\alpha+\beta) = \sin\alpha\cos\beta + \cos\alpha\sin\beta$

$\cos(\alpha+\beta) = \cos\alpha\cos\beta - \sin\alpha\sin\beta$

$\sin\alpha\cos\beta = \dfrac{1}{2}[\sin(\alpha+\beta) + \sin(\alpha-\beta)]$

$\cos\alpha\cos\beta = \dfrac{1}{2}[\cos(\alpha+\beta) + \cos(\alpha-\beta)]$

$\sin\alpha\sin\beta = \dfrac{1}{2}[\cos(\alpha-\beta) - \cos(\alpha+\beta)]$

$\cos 2\alpha = \cos^2\alpha - \sin^2\alpha$
$\qquad\quad = 2\cos^2\alpha - 1 = 1 - 2\sin^2\alpha$

$\sin 2\alpha = 2\sin\alpha\cos\alpha$

$\sin^2\alpha = \dfrac{1}{2}(1 - \cos 2\alpha)$

$\cos^2\alpha = \dfrac{1}{2}(1 + \cos 2\alpha)$

$\sin\alpha + \sin\beta = 2\sin\dfrac{\alpha+\beta}{2}\cos\dfrac{\alpha-\beta}{2}$

$\cos\alpha + \cos\beta = 2\cos\dfrac{\alpha+\beta}{2}\cos\dfrac{\alpha-\beta}{2}$

$\cos\alpha - \cos\beta = 2\sin\dfrac{\alpha+\beta}{2}\sin\dfrac{\beta-\alpha}{2}$

### 2. 対数関数

$A > 0,\ B > 0,\ n > 0,\ a > 0$ のとき

$\log AB = \log A + \log B$

$\log(A/B) = \log A - \log B$

$\log A^n = n\log A$

$\log_a 1 = 0 \qquad \log_a a = 1$

$\log_A B = \log_a B / \log_a A \quad (A \neq 1)$

### 3. 微分

$x$ の微分可能な関数 $y = f(x)$ が定義できるとき, $y = f(x)$ の導関数を次式のように定義する.

$$\dfrac{dy}{dx} \equiv \dfrac{d}{dx}f(x) \equiv \lim_{h \to 0}\dfrac{f(x+h) - f(x)}{h}$$

導関数

| $y = f(x)$ | $f'(x) \equiv \dfrac{dy}{dx}$ |
|---|---|
| $x^n$ | $nx^{n-1}$ |
| $\sin x$ | $\cos x$ |
| $\cos x$ | $-\sin x$ |
| $f(x)g(x)$ | $f'(x)g(x) + f(x)g'(x)$ |
| $f(g(x))$ | $\dfrac{df}{dg}\dfrac{dg}{dx}$ |
| $e^x$ | $e^x$ |
| $e^{\alpha x}$ | $\alpha e^{\alpha x}$ |
| $\dfrac{f(x)}{g(x)}$ | $\dfrac{f'(x)g(x) - f(x)g'(x)}{|g(x)|^2}$ |
| $\sin^n x$ | $n\cos x\,\sin^{n-1}x$ |
| $\cos^n x$ | $-n\sin x\,\cos^{n-1}x$ |
| $\ln x \equiv \log_e x$ | $1/x$ |
| $x\ln x$ | $\ln x + 1$ |

### 4. 積 分

不定積分

| $f(x)$ | $\int f(x)\,dx$ |
|---|---|
| $x^n \ (n \neq -1)$ | $x^{n+1}/(n+1) + C$ |
| $1/x$ | $\log_e|x| + C$ |
| $xe^{-\alpha x^2}$ | $-e^{-\alpha x^2}/2\alpha + C$ |

定積分 $(n = 1, 2, 3, \cdots,\ \alpha > 0)$

$\displaystyle\int_0^\infty e^{-x}\,dx = 1$

$\displaystyle\int_0^\infty xe^{-x}\,dx = 1$

$\displaystyle\int_0^\infty x^n e^{-x}\,dx \equiv \Gamma(n+1) = n!$

$\displaystyle\int_0^\infty e^{-\alpha x}\,dx = \dfrac{1}{\alpha}\int_0^\infty e^{-\alpha x}\,d(\alpha x) = \dfrac{1}{\alpha}$

$\displaystyle\int_0^\infty x^n e^{-\alpha x}\,dx = \dfrac{1}{\alpha^{n+1}}\int_0^\infty (\alpha x)^n e^{-\alpha x}\,d(\alpha x)$

$\qquad = \dfrac{1}{\alpha^{n+1}}\int_0^\infty z^n e^{-z}\,dz = \dfrac{n!}{\alpha^{n+1}}$

$\displaystyle\int_0^\infty e^{-x^2}\,dx = \sqrt{\pi}/2$

$\displaystyle\int_0^\infty x^{2n}e^{-\alpha^2 x^2}\,dx = \dfrac{1}{\alpha^{2n+1}}\int_0^\infty (\alpha x)^{2n}e^{-(\alpha x)^2}\,d(\alpha x)$

$\qquad = \dfrac{1\cdot 3\cdot 5\cdots(2n-1)}{2^{n+1}\alpha^{2n+1}}\sqrt{\pi}$

$\displaystyle\int_0^\infty x^{2n+1}e^{-\alpha^2 x^2}\,dx = \dfrac{1}{\alpha^{2n+2}}\int_0^\infty (\alpha x)^{2n+1}e^{-(\alpha x)^2}\,d(\alpha x)$

$\qquad = n!/|2\alpha^{2n+2}|$

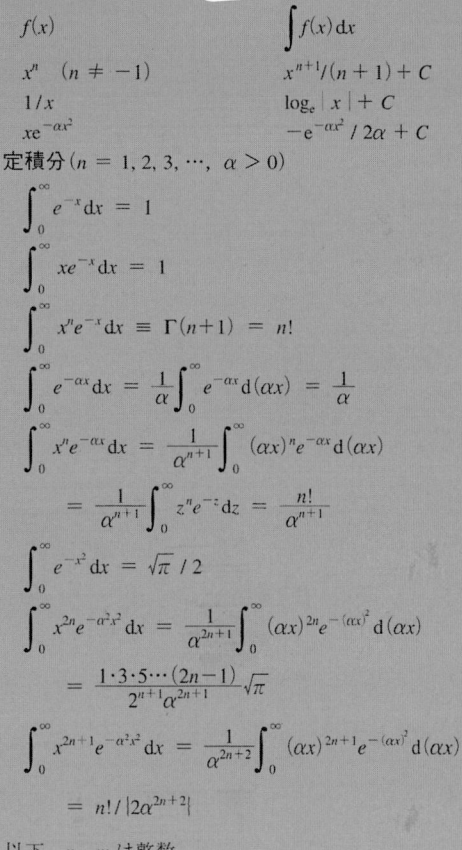

以下, $n,\ m$ は整数

$\displaystyle\int_0^\pi \sin mx \sin nx\,dx = 0 \qquad [n \neq m]$

$\displaystyle\int_0^\pi \cos mx \cos nx\,dx = 0 \qquad [n \neq m]$

$\displaystyle\int_0^\pi \cos nx \cos nx\,dx = \pi/2 \qquad [n \neq 0]$

$\displaystyle\int_0^\pi \sin nx \sin nx\,dx = \pi/2 \qquad [n \neq 0]$

$\displaystyle\int_0^\pi \sin mx \cos nx\,dx = 0$

# 化学の基礎
## 化学結合の理解

正畠 宏祐 著

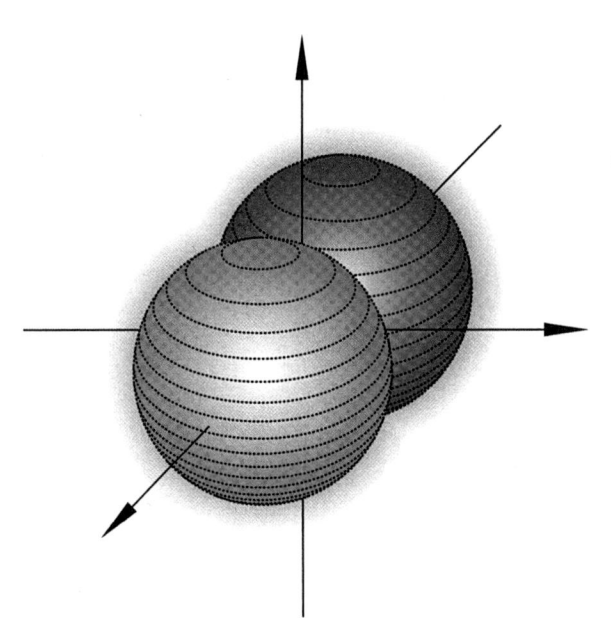

化学同人

# まえがき

　現在，毎日膨大な情報が生みだされている．そのことは科学と技術分野についてもしかりである．現在では，100余の元素(原子)がさまざまに結合して5000万余の分子ができていることが知られており，ごく最近は年に約1000万の新物質が登録されている．多様な性質をもつ分子やその集合体が人間に見せているのはその一面だけであると言える．人が化学物質の見せる新しい現象に接した際に，大雑把にでもその現象を理解する能力をつけておくことが大切である．

　そのために最も重要なのは，『化学結合の理解』である．本書は，化学という科学の一分野がどのように発展してきたか，その歴史をたどりながら，「化学結合の本質は何であり，それはどのようにして形成されるのか」を理解してもらうことを目標にしている．

　高校で学んだ化学は，これまでに明らかになった原理や法則を鵜呑みにして覚える記憶の学問であった．それに対して本書では，これまでに確立されてきた原理や法則の実験的・理論的な根拠を大切にし，論理性を強調するように努めている．現代化学は相当に進歩している．たとえば，最も簡単な水分子は何からできていて，原子間の結合力はどこからくるか．水分子の大きさや質量はどのくらいか．このような問いに答えようとすると，物理学や数学の知識も必要となる．

　大学入学後に習う化学でほとんどの学生が理解に苦しむ部分は，電子や原子が波としてのふるまいをするという記述である．各種の実験をしてみると，すべての物質が粒子と波の両方の性質(粒子-波動の二重性)をもっているということは証明される．その概念をもとに打ち立てられたのが量子力学であり，それを化学の世界に応用したのが量子化学である．ところが，何故にすべての物質がそのように理解もできないような性質をもっているのかは誰も知らない．物理学者は「why(なぜ)ということは尋ねないで，how(どのように)と尋ねなさい」と言う．筆者がカリフォルニア工科大学で博士研究員をしていたとき，高名なファインマン教授(1965年度ノーベル物理学賞受賞)の講演を聴いたことがある．その内容は覚えていないが，講演の最初で「量子力学は理解が困難なものである．そこに座っているゲルマン教授(1969年度ノーベル物理学賞受賞)だってわからないはずである」と述べたことだけ記憶している．高名な理論物理学者にとっても，やはり量子力学を理解するのは困難なのである．量子力学に慣れて，自然がどのようにふるまうかを予見できるようになるだけなのである．

　化学を学ぶうえでそのようなわけもわからないことが起こったとき，そこで逃げだしてはいけない．ひと踏ん張りして科学的な思考方法や自然観をつかめるかどうかの分れ道にさしかかっていることを心しておくとよい．先人がどのように考えを形成していったか

を学ぶことは，将来，自分がそのような場面に立ったときに必ず役に立つからである．

　筆者が日本と米国の教育制度をつぶさに比較・検討したところ，学生が十分な時間を費やして自習をすることが，大学の教育の成果を上げるために必須であることを深く認識するに至った．日本の大学では，たとえば，講義科目に対しては，学生が1時間の講義に対して2時間の予習復習をすることが仮定されている．このことは，高等教育において最も優れていると考えられている米国の大学の教育においても全く同じである．

　本書は，読者が自分で読み，内容を理解し，さらに言葉で説明する能力をつけることをもう一つの目標にしている．講義の参考資料として本書を利用する場合には，学生が講義前にこれを読んで予習することを仮定している．教師は，重要な点のみを説明することによって，学生の理解を深めることをめざしてほしい．この教科書の各項目については，学生だけで読み進んでいけるようにやさしく書いたつもりである．したがって，説明文は通常の書物よりも長くなっている．また，章末の演習問題は，本文で述べられている内容の理解を試すためのものが多い．文章で簡潔に説明する訓練をしてほしい．その訓練が，将来，大いに役に立つ．

　本書に含まれている内容は物理学や数学よりも難しいという強い非難の声を時に聞くことがある．ところが，分子の世界は，学び進んでいくうちにきわめて簡単であることがわかってくるはずである．とにかく自分で読み進んでいってもらいたい．理解に苦しむ点があれば筆者に伝えてほしい．初学者が化学の基礎とは何かを理解できるように改良するつもりである．

　最後に，本書の執筆にあたって多くの方がたに貴重な助言をいただいた．とくに，名古屋大学工学研究科・飯島信司教授，山根 隆教授，川泉文男助教授のコメントはきわめて有益であった．また，化学同人の編集部の方がた，とくに平林 央 氏の根気強いご支援と岩井香容さんの助力なくして本書はできなかった．深く感謝申し上げる．有益なコメントをいただいたにもかかわらず，満足すべきものとなっていなかったとすれば，すべて筆者の能力が至らぬことにあると認識している．

2004年1月　名古屋にて

正畠　宏祐

# 目 次

## 1章 化学と現代の生活 —— 序にかえて —— 1
1.1 化学の役割 ……………………………………………… 1
1.2 化学の潮流 ……………………………………………… 4
1.3 化学現象とモデル ……………………………………… 5

## 2章 古代人の化学的自然観の形成 —— 7
2.1 はじめに ………………………………………………… 7
2.2 万物の根元 ……………………………………………… 7
2.3 錬金術の発達 …………………………………………… 8
2.4 漢方薬 …………………………………………………… 9
2.5 火薬 ……………………………………………………… 9
2.6 陶磁器とセメント ……………………………………… 9

## 3章 化学的思考の始まり —— 11
3.1 ボイルの法則 …………………………………………… 11
3.2 燃素説と質量保存の法則 ……………………………… 11
3.3 初期の化学における諸法則 …………………………… 15
3.4 電気分解 ………………………………………………… 23
3.5 有機化学の台頭と原子価理論 ………………………… 25
3.6 メンデレーエフの周期律 ……………………………… 33
3.7 錯体化学と無機化学 …………………………………… 35
3.8 酸化数 …………………………………………………… 38
【この章のまとめ】……………………………………………… 38
【章末問題】 …………………………………………………… 39

## 4章 電子と原子核の発見 —— 古典物理学の進歩 —— 41
4.1 はじめに ………………………………………………… 41
4.2 ニュートンによる古典力学の大成 …………………… 41
4.3 クーロンの法則 ………………………………………… 42
4.4 電磁気学と光学 ………………………………………… 44
4.5 電場・磁場中の荷電粒子の運動 ……………………… 47

4.6 減圧気体放電実験 ... 48
4.7 ミリカンの油滴実験 ... 51
4.8 放射能と元素の放射壊変の発見 ... 52
4.9 原子の構造 ... 52
4.10 質量分析器による分子量や原子量の測定 ... 54
【この章のまとめ】 ... 54
【章末問題】 ... 56

## 5章　量子論の台頭 ── 古典物理学の破綻 ─── 57

5.1 はじめに ... 57
5.2 黒体放射 ── エネルギー量子(1) ... 57
5.3 光電効果 ── エネルギー量子(2) ... 58
5.4 ボーアの水素原子模型 ... 60
5.5 コンプトン効果 ... 68
【この章のまとめ】 ... 68
【章末問題】 ... 69

## 6章　物質波とシュレーディンガー方程式 ─── 71

6.1 化学において量子力学の果たす役割 ... 71
6.2 粒子-波動の二重性 ... 72
6.3 シュレーディンガーの波動方程式 ... 76
6.4 箱のなかの粒子 ... 82
6.5 水素原子のシュレーディンガー方程式 ... 90
6.6 水素類似原子・イオンのシュレーディンガー方程式 ... 103
6.7 電子スピン ... 104
【この章のまとめ】 ... 106
【章末問題】 ... 107

## 7章　多電子原子と周期律 ─── 109

7.1 原子核と質量数 ... 109
7.2 原子の電子構造 ... 111
7.3 元素の周期律 ... 121
7.4 イオン化エネルギーと電子親和力 ... 122
【この章のまとめ】 ... 125
【章末問題】 ... 126

## 8章　化学結合 ———————————— 129

- 8.1　化学結合モデル ……………………………… 129
- 8.2　イオン結合 ……………………………………… 134
- 8.3　共有結合 ………………………………………… 140
- 8.4　配位結合 ………………………………………… 165
- 8.5　多原子分子の *ab initio* 分子軌道法 ………… 166
- 8.6　金属結合 ………………………………………… 167
- 【この章のまとめ】………………………………… 172
- 【章末問題】………………………………………… 174

## 9章　化学結合エネルギーと分子間相互作用 ———— 177

- 9.1　化学結合エネルギーと解離エネルギー …… 177
- 9.2　電気陰性度 ……………………………………… 186
- 9.3　分子間相互作用 ………………………………… 190
- 9.4　原子半径，イオン半径，ファンデルワールス半径 … 193
- 9.5　蒸発熱と水素結合 ……………………………… 200
- 【この章のまとめ】………………………………… 202
- 【章末問題】………………………………………… 203

付表　A1 …………………………………………………… 205
付表　A2 …………………………………………………… 207
索　引 ……………………………………………………… 209

★本書の各章の問題の解答については化学同人HPからダウンロードできます．
➡ http://www.kagakudojin.co.jp/library/ISBN4-7598-0947-3.htm

# 1 化学と現代の生活
## ——序にかえて

## 1.1 化学の役割

　最近では，一般の市民が化学というと，ダイオキシン類，オゾンホール，地球温暖化などの言葉をまず頭に浮かべ，むしろ悪い印象をもっているかもしれない．ところが，実は化学はさまざまなところでわれわれと深いかかわりあいをもっているのである．現在の人間生活を考えてみよう．まず，自分自身が化学物質である水やタンパク質や脂質や糖質などから成り立っていることをはじめとして，衣食住にわたって毎日接しているものはすべて化学物質からできている．空気や水のように，まったく意識しないでその恩恵を受けているものから，衣服や住居のように，むしろ自ら進んで手に入れなければならないものもある．しかも，最近では比較的安価にこれらを手に入れることができるようになった．

　第二次世界大戦が終わったころは，日本は実に貧しかった．食料は満足に口にすることができなかったし，住む家もない状態であった．もちろん，衣服は粗末なものであった．日本には，一部の地下資源を除いて，石油や石炭のようなエネルギー資源はないし，鉱物資源もなかった(その状態は現在も同じである)．あるのは人だけであった．戦後，日本人が知ったアメリカの工業力と科学技術レベルは，驚異的なものであった．日本がとても太刀打ちできるとは考えられなかったが，まずは飢えがなくて，住むべき家があって，冷蔵庫や洗濯機があり，自家用車を乗りまわすことのできる豊かな生活をしたいと切望して，われわれの先輩は懸命に働いてきた．

　そのために，工業の復興を目ざして主としてしてきたことは，外国の技術の導入であった．自国の技術で生産できるものは限られていた．特許使用料を支払い，工場を建設してあらゆる工業生産品を生産し，日本国民に"豊かさ"を提供してきた．もちろん，外国に製品を輸出しなければ，工業資源を輸

入する資金が入らない．造った製品を外国に売らなければならない．とにかく国民が製造したものを外国に買ってもらえなければ，立ち行かないのがわが国の状況であった．このことは現在もしかりである．ところが，今から40年前までは，世界市場における日本製品の評判は，"安かろう，悪かろう"のイメージがまだ強かった．したがって，わが国の技術者たちは製品の質を上げるために，多くは外国から輸入した技術ではあったが，懸命に工夫をし，改良した．働きすぎると非難されようがどうしようが，とにかく外国人がすすんで買ってくれるような安価で魅力的な製品を造るために懸命に工夫し，働いた．

たとえば，現在では日本車は外国で人気が高い．若い人たちは，昔の日本車の評判を知らないので，現在の高い評判は磐石のように感じるかもしれない．ところが，筆者が滞在していた30年余り前のアメリカでは，日本車が高速道路をとにもかくにも満足に走っているのを見て驚くと同時に安心したものである．

日本の工業技術レベルの上昇とともに，"Made in Japan"の名声は高まった．必要な地下資源は輸入することができるようになり，必要な工業製品は生産されるようになった．それと同時に，ほとんどの人びとが飢餓に苦しむということがなくなり，医薬品の進歩によって深刻な病気の流行で多くの人びとの命が無残に失われることもなくなった．少し努力すれば，エアコンや液晶テレビ，コンピュータなど，そこそこの家電製品を買えるようにもなってきた．さらに，携帯電話やe-mailの普及によって，人びとの間のコミュニケーションが迅速に行われるようになり，便利な世の中となった．

これらの製品の生産に貢献した分野は電気工学であると信じられているが，すべての製品の材料は化学物質である．家電製品は，多くの部分が金属や半導体からできているが，軽量の発光体においては有機伝導性物質や化合物半導体が用いられており，その重要性がますます増大している．現代においては工業的に得られる化学物質のない生活はまず考えられない．

とくに現代の人びとは合成繊維，合成染料，化粧品で美しく装っている．しかし，先進諸国に住む人びとがそのような快適な生活をしている裏側では，石油や石炭のエネルギー源を含む化学工業製品を大量に消費していることを忘れてはならない．その結果，オゾンホールが生じて皮膚がんを誘発することが危惧され，ごみ焼却炉や製紙工業，製鉄工業などから発生するポリ塩化ダイオキシン類が人体に与える影響が心配されている．臭化物は難燃剤として重宝されてきたが，臭化ダイオキシン類もポリ塩化ダイオキシン類と同様に危険性が指摘されている．現在，商業的に生産されている化学薬品は約10万種にのぼる．最近，そのうちには外因性内分泌攪乱化学物質（環境ホルモン）と称される化学物質があり，それらによるヒトおよび他の動物の生殖機能への長期にわたる影響が危惧されている．その結果，地球上にすむ動植物

にとって安全な工業生産品を製造することが，人類の存続にとってもきわめて重要であることがわかってきた．

現代社会においては，人びとの健康，安全，快適さ，そして満足感が満たされなければならない．そのためには，まだまだ技術的に改良すべき点が多い．たとえば，がんやその他の難病を治癒させることのできる医療技術がさらに進歩する必要があり，薬理学の発展と医薬品の開発が期待される．20年もすると，薬理学は現在と違った様相を呈するであろう．すでに**ヒトの遺伝子**は解明されたが，個体差（個人による違い）はある．個人の遺伝子をきわめて安価に解明する技術が開発されると，オーダーメイドの医療ができるようになるであろう．漢方医療では，個体差による薬事治療をする．臨床データによるトライアルアンドエラー方式ではなくて，薬分子と作用部位との相互作用における1対1の関係を明らかにする医療も進むであろう．

人間が健康を維持するためには，きれいな自然環境を保つことが重要であるが，それと同時にわれわれは快適な生活も望む．快適な生活のためにはどうしてもエネルギーを消費する．環境保全と快適な生活は相反する要求である．その両方を同時に可能にするためには，無駄な消費はしないこと，すなわち省エネルギーの機器や住居が開発されることがますます要求される．エネルギー変換効率のよい材料がいっそう必要となる．たとえば，より高いエネルギー蓄積能をもつ電池や省エネルギー性の**発光素子**の開発は，地球温暖化の減速を達成するにはぜひとも必要である．

さらに，**水銀，鉛，カドミウム，ヒ素**などの毒性元素はできるだけ使わないで，毒性の少ない元素で，有毒元素を用いていたこれまでの材料と同等またはそれ以上の性能をもつ材料や素子を開発する必要がある．ごくありふれた元素を用いた**高温超伝導物質**の開発も重要である．意外と身近にあって毒性のない元素を組み合わせた高温超伝導物質があるかもしれない．ありふれた化合物がもつ特異な性質を見いだす探索は，岩石から美を生みだす芸術家の技である．

もっと重要なのは，無尽蔵にある**太陽エネルギー**を有効に使う方策を考えることである．光もエネルギーの一形態である（詳しくは5章で説明する）．日が当たれば暖かいし，日が陰れば寒いことから，そのことは直感的に理解できる．光エネルギーを電気エネルギーに変える**太陽電池**や，それを利用した**ソーラーカー**などが身近なものとなりつつある．太陽エネルギーを安価に化学エネルギーに変換し，しかもその際にかけたエネルギーよりもさらに多くのエネルギーを蓄積する高効率の方法を開発することは，人類の存亡にとって最重要な課題であるといってよいであろう．太陽エネルギーで，エネルギー消費量の80％以上をまかなえるようになるまでは，地球温暖化の元凶といわれている**二酸化炭素を削減する方策**を早急に開発する必要がある．石炭，石油，天然ガスなどをより効率よく電気エネルギーに変換する**燃料電**

池や，より効率よく機械エネルギーに変換するエンジンの開発のための研究は，現在も進んでいるが，さらに強力に進めることが重要である．断熱性のよい衣服をつくり，断熱性のよい建物をたてることも，ぜひしなければならないことである．

健康，安全，快適，そして精神的な満足感が得られる社会をつくるために化学がどこで働けばよいのかと考えてみると，実はすべての分野で化学がキーテクノロジーとしてかかわってきているのである．各種の化学物質内または化学物質の界面における原子レベルでの化学変化やエネルギー変換の解明などがぜひとも必要である．

### 1.2　化学の潮流

化学の歴史は，東西の哲学者による**万物の根元**の論争から始まり，その後に長い長い試行錯誤を繰り返した**錬金術**の期間があり，さらに17世紀に近代化学の祖といわれるボイルが行った実験によって実証の重要性が提案され急速な進歩を遂げた．ドルトンによって**原子論**，アボガドロによって分子の存在が提唱され，19世紀の半ばには，**原子や分子が存在すると考えると化学現象がうまく説明できる**ことを多くの化学者が認めるようになったが，それらが証明されたわけではなかった．その後，ケクレによって**原子価理論**が提案され，分子中では原子と原子が特有な**結合手**で結合していると考えると，きわめて多くの分子の原子組成が都合よく説明できることがわかった．しかし，その結合手が何であるかはわからなかった．それでも新しい元素は次つぎと発見され，多くの化合物が発見された．電気を電解溶液や固体に流すと原子や分子ができることもわかってきた．しかし，鍵となっているもの(電子)と原子・分子との関係はわからなかった．

その解決の糸口は，原子物理学の研究からもたらされた．すなわち，**J. J. トムソン**による負電荷をもつ**粒子である電子**，正の電荷をもつ**粒子である陽子**の発見，さらにはラザフォードによる**原子の構造**の研究から，現在の原子の描像，すなわち，きわめて狭い空間を占める正の電荷をもつ重い**原子核**のまわりを，負の電荷をもつ**電子**が回っているという描像が明らかになった．

しかし，粒子である電子が原子核と**クーロン引力**で引きあい，電子どうしは反発しあうという古典的な原子についての考え方で，実験をすべて説明できればまったく問題がなかったのであるが，原子の放電による**発光スペクトル**を分析してみると，そのような古典的な力学では説明ができないことがわかった．19世紀末から20世紀の初頭にかけて得られた実験結果は，原子の世界では，電子が原子核のまわりを粒子としてぐるぐる回っているという原子模型ではまったく説明できないことがわかってきた．これを説明しようとして登場したのが**量子論**である．粒子であると考えられてきた原子，分子，電子，原子核が**波**としてふるまうと考えると，原子や分子の世界の現象がす

べて説明できること —— **量子力学的世界観** —— が判明した．そこで当然のことながら，原子や分子の間に働く力や化学結合の強さを左右するのも，原子と原子を引きつけあう糊の役割をするのも，また結合を弱める働きをするのも，すべて電子の役割であるといっても過言でないことがわかってきた．

さらに，われわれの生活にとってきわめて重要な役割をしている光を吸収したり発光したりするためには，**励起状態**というエネルギーの高い状態が必要であることもわかってきた．可視光を吸収するような励起状態では，電子が激しく運動している．このように，原子や分子のなかでの電子の役割はきわめて大きい．

本書の中心課題は，物質中における電子のふるまいと，電子の特異なふるまいが化学結合や分子間に働く力にどのように影響しているかを理解することである．おのおのの原子のふるまい方や特性をつかむと，多くの現象が予想できるようになる．もちろん，90種類も天然に存在する元素を簡単な規則ですべて説明できるわけがない．たとえば，金属の触媒作用となると，ほんの少しの違いが反応性に決定的な違いを生みだすことになる．元素の周期表で隣りどうしの元素の化合的性質がまったく違うこともある．個々の元素や化合物の特性を最大限に生かした素子，触媒，医薬品，建設材料，金属材料を創りだすためには，現代化学と物質科学に対する深い理解に裏づけられた**量子錬金術**(quantum alchemie)を操る**優れた錬金術師**が必要となってきた．中世の錬金術師は，魔術で価値ある物質を生みだそうとした．現代の量子錬金術師は，これまで培われてきた現代科学の物質観に裏づけられたマジックを生みだしていかねばならない．

## 1.3　化学現象とモデル

化学は物質の変化と機能に関する学問である．「化学を学んで何の足しになるのか」と尋ねられると，その答えは，ある化学現象に直面したときどういうことが起こりそうかを予想できるフィーリング(**化学的物質観**)が得られるようになる，ということであろう．それは科学の全分野についていえることである．これまでに知られていることをすべて記憶しておけば，さまざまな条件下で何が起こりそうかを予想できることが多い．ところが，自然はきわめて多様であるから，それに関する事実をすべて知ることは不可能である．最小限の知識で多くの事象を予見できるようになりたい．また，これまでに研究されていないことであるならば，理論的または実験的な方法を用いて調べなければならない場面にしばしば遭遇する．ある現象に関してこれまでに学んだ知識で何が起こりそうかを予想できれば，それに越したことはない．

自然科学であれ社会科学であれ，われわれが勉強する目的は，**次に何が起こるか予想する能力を養う**ことにあるといっても過言ではない．読者が化学現象を予想できるようになる，その能力をつけるようにしたいというのが，

本書の目的である．

そこで，自然現象を理解するにはどのような手順をふめばよいかを述べておこう．まずは，自然を観察することである．川が流れるのを見て，ある人はそこに水を観るであろう．別の人は，水が高い所から低い所へ流れることを知るであろう．石ころが山の斜面を下に転げ落ちていくことも観察して，「物は高い所から低い所に動く」などなどの**法則性**を見いだすであろう．法則の発見である．この法則は，比較的限られた条件下でしか成り立たないが，法則であることに変わりはない．また別の現象，たとえばカラスが飛ぶのを見て，ものが高い所から低い所へ動くという法則が常に適用できるとは限らないことがわかる．どのような条件でそれが起こるかを見極めることが肝要である．

科学は，現象 a の観察 → 法則 A の提案 → 法則 A を用いて別の現象 b の説明の試み → 適用できないことが判明すれば → 別の法則 B の提案 → その法則が適用できることが判明すれば法則 B の確立，という手順をふんで進展してきた．

法則，原理，またはモデルは，他の多くの現象の説明に適用できればできるほど，**汎用性**があることになる．事象が起こるたびに，その特定の現象にのみ適用できる法則または原理を導入すれば，好きなだけたくさんの現象を説明できるであろう．それでは意味がない．可能な限り少しの法則または原理で多くの現象を説明できるほうがよいに決まっている．

化学の世界では 90 種類の天然の元素があることがわかっている．この元素の多さが多様性を生む原因となっている．その多様にふるまう化学的世界を説明するために多くの理論がある．たとえば，原子説，分子説，元素の周期律，原子の構造，化学結合における共有結合とイオン結合，ルイスの八隅子則，分子軌道法，化学反応速度のアーレニウス速度式などなどがある．

本書では，原子や分子の存在を認識し，原子構造を理解するに至った歴史的な経緯を述べる．さらに，複数の原子が寄り集まって化学結合を形成するとき，その化学結合力が生じる起源をうまく説明できる量子化学的な考え方について説明する．最後に，原子間や分子間に作用する力や結合解離エネルギーの実験的な測定方法と，それらの量の量子化学的な計算による予想とが一致するようになってきた現状について述べる．その結果，化学結合が生じる起源について読者の理解を深めることをめざす．

# 2 古代人の化学的自然観の形成

## 2.1 はじめに

2章と3章では，科学の進歩の過程を歴史的に回顧する．「人間は考える葦である」といわれるように，人間は古代から身のまわりで起こるさまざまな現象を観察し，その不思議さの根元がどこにあるかという疑問を発し，解答を得るべく思索してきた．古代の天体観測の結果，規則正しい暦を考えついた．人間の思索の成果を，歴史的に非常におおざっぱに振り返ると，古代ギリシャの神話から自然哲学へ進展し，中性の錬金術の時代やルネッサンスを経て，近世になって自然哲学が科学へと分かれ，さらに科学が急速に進歩している現代に継承された．

高等学校までの多くの科目，とくに理科では，多くの事実や理論を学び，それらを記憶してきた．ところが実は，記憶することよりもっと重要なことがある．それは，自然を科学的に理解するとはどういうことであるかを学ぶことである．すなわち，科学的な思考方法とはどのような手順をふむことなのかを知ることである．それについては3章と4章で述べるつもりである．

## 2.2 万物の根元

ギリシャの市民であった哲学者は，奴隷制によって余裕ができたので，数学をはじめとしてあらゆることについて思索し，論じあうようになった．万物の根元の問題もその一つである．ターレス（B.C. 625〜547頃）は，万物の根元は水であるといった．その正否という点からは，彼の説はまったく意味がない．ところが，重要なことは，人間が万物の根元に関して問題を提起し，神話などを離れて理性に合った解答を求めるようになったことである．デモクリトスは，「世界は有と無，すなわち充実したものと空とからなり，充実したものは不可分な原子（*atoma*）からなる．原子は等質不変で形と大小の差と

アリストテレス(ギリシャ)
Aristotelēs(B.C. 384〜322)

位置の変化があるだけである．物事の性質の差および変化はこれによる」と説いた．彼は原子論を強く主張した．それに対して，古代最高の哲学者といわれているアリストテレスは，水，土，空気，火を四つの基本的な要素とした．さらに「**物質は際限なく分割できる**」という**物質連続構造説**を提案し，デモクリトスの原子説に反対する立場に立った．

確かに，原始人は，晴天の日には青い空を，また曇りの日には雲を，さらに，雨や雪を見たであろう．風が吹くことから，空気の存在に気づいた．ギリシャの哲学者は，自然を説明するために，物質の元素は空気と水であると考えた．さらに土や石を見て，元素に土も加えた．人類が手に入れた火を用いると物質が変化するから，火も元素のなかに加えられた．

物質の根元について思索したのは西洋人だけではなかった．中国では**五行論**と称して金も入れて，土，水，火，木，金が元素であるとした．ギリシャの哲学者は自然の観察と純粋な哲学的な推論から物質の根元について論じたが，実はそれらの説を証明するための実験はまったく行わなかったといっても過言ではない．手を汚すことは卑しい民のすることであって，哲学者のすることではないと実験を卑下した．この理由から，現在の科学的な手法に慣れた科学者にとっては驚くべきことであるが，思索によって導かれた論理を実験によって，それが正しいかどうか証明する（または確かめる）ことは考えなかった．古代の最大の哲学者であると尊敬されていたアリストテレスの論じた**天動説**は物理学の分野で2000年近くも影響力をもち，それが打ち破られるには16世紀以降のケプラーによる星の運行の**精密な測定**，ガリレイの**地動説**，ニュートンによる**力学の完成**を待たなければならなかった．

## 2.3 錬金術の発達

化学の分野では，アリストテレスの物質連続構造説は当時の人びとの信奉するところとなり，**物質変換可能**の考え方が生まれた．金は空気中で簡単に光沢を失わない唯一の金属であり，古来から珍重された．ありふれた物質から価値の高い金を生みだすための技術，また飲めば死ななくてもよくなる不老長寿の生薬を生みだすための技術としての**錬金術**(alchemie)が生まれた．エジプトで栄えた化学的な手法は，シリアを経て6世紀ごろアラビアに伝わり，11世紀ごろにヨーロッパに伝わったという．

錬金術の実験法は，魔術的な色彩を帯びている面が強く，近代的な手法とは異なっているが，冶金，製薬，染色などの技術を生むのに大きく寄与した．約1000年にわたる研究はけっして無駄ではなかった．多くの錬金術師の努力の結果，16世紀までに，金(Au)，銀(Ag)，銅(Cu)，水銀(Hg)，鉛(Pb)，錫(Sn)，および鉄(Fe)の7種類の金属と，炭素(C)と硫黄(S)の元素が使われてきた．その間，塩酸(HCl)，硫酸($H_2SO_4$)，王水もつくられた．

## 2.4 漢方薬

中国 4000 年の歴史のなかで発展した中国医学に用いられたのが生薬主体の薬物で，これは**漢方薬**と呼ばれている．漢方医学は，独特な理論体系によって，診療をもとに対症療法的なシステムによって複数の漢方薬を組み合わせて処方するところに特徴がある．その有効性は臨床データの蓄積によって明らかにされてきた．現代では，薬の成分である分子や合成薬の働く部位の分子構造と薬分子との相互作用という観点から製薬の研究が新たな展開を見せている．

## 2.5 火　薬

14 世紀に中国で発明されたのは**黒色火薬**である．硝酸カリウム($KNO_3$) 60〜70 %，硫黄 15〜20 %，木炭 10〜20 % を粉砕し，少量の水を加えて混合し，乾燥した黒色のもので，14 世紀から約 500 年間ほぼ独占的な地位を保った．大砲や鉄砲などの兵器に不可欠なものとして珍重された．

## 2.6 陶磁器とセメント

**陶磁器**は粘土鉱物を主原料として，成形・焼成された製品の総称であるが，そのなかに耐火物や建築用製品は含めない．陶磁器には，土器，陶器，磁器などがある．約 12,000 年前につくられたといわれる縄文式土器が佐世保で発見されたが，これは世界で最も古いものといわれている．土器の焼成温度は 800 ℃ 程度までと低い．陶器は粘土を原料とし，穴窯（あながま）で焼成するため焼成温度は 1000〜1300 ℃ と高い．数千年前からエジプト，ローマ，中国でつくられたといわれている．

中国から製造技術が輸入され，古墳時代からつくられた須恵器は，わが国の最初の陶器である．わが国の磁器の製造は 17 世紀の初頭に始まった．磁器は，白い陶石を粉砕したものを 1300〜1400 ℃ と高い温度で焼成してつくるが，半透明で打音が澄んでいるのが特徴である．

古くから土でできた壁を塗り固めるのにしっくい（生石灰，$CaO$）が用いられた．ところが，最近では建物を建築するのに鉄筋コンクリートが多用される．コンクリートは，セメントと小石や砂を水と混ぜて固めるとできる．**セメント**は無機質の膠着材で，その成分比によって多くの種類がある．現在でもほとんど試行錯誤で良質のコンクリートを見いだす努力が続けられている．

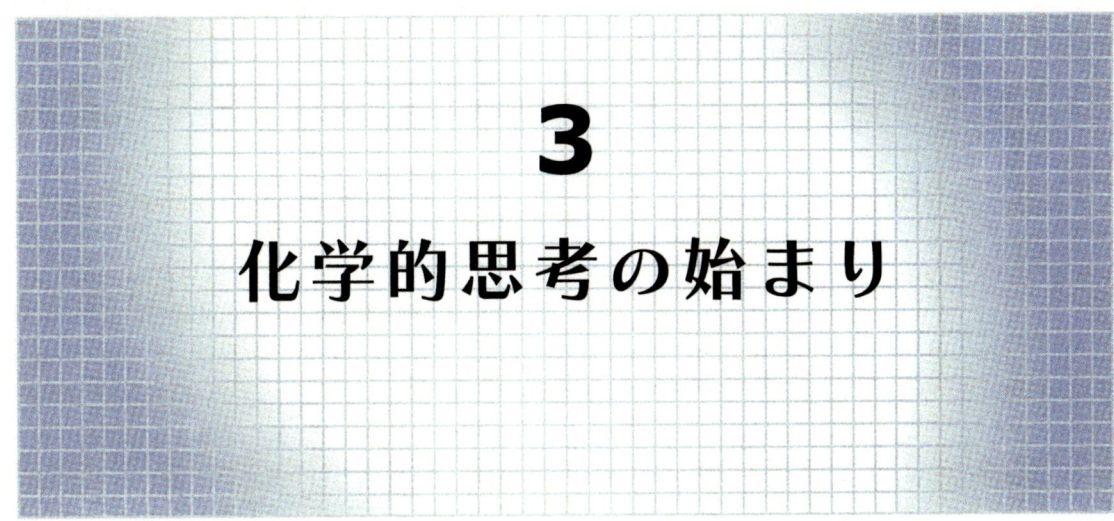

# 3
# 化学的思考の始まり

## 3.1 ボイルの法則

ボイルは，古代の哲人の文書にはとらわれずに，真の科学的な態度で昔からの定説を懐疑の念をもって見るべきであること，実験が最も価値あることを説いた．自分自身は，一定温度で気体の圧力と体積が反比例するとするボイルの法則を見いだし(1660年)，化学者としては分析化学の基礎を築いた．1661年に出版された書籍 "Skeptical Chemist"(『懐疑的な化学者』)で，錬金術師の元素観を退け，元素(element)はもはや分解されないものであると定義した．この考えは，電子(1887年)と原子核(1908年)が発見されるまでは正しいとされた．

ボイル(イギリス)
R. Boyle (1627～1691)

## 3.2 燃素説と質量保存の法則

ドイツのシュタールとベッヒャーは，ものが燃える現象には燃素というものが関与するという説を唱えた(1670年)．そして18世紀までは，化学反応が起こるのは**燃素(フロギストン)**という元素が関与しているという説が有勢であった．この**燃素説**の根本的な考えによると，可燃性の物質はすべて燃素という共通部分を含んでいて，それが燃焼に際して逃げるというのである．たとえばリンの燃焼は，現在の考えでは次のように表されるが，

$$4\,P + 5\,O_2 \longrightarrow 2\,P_2O_5 \tag{3.1}$$

燃素説では次のように説明された．

$$リン \longrightarrow 燃素 + 灰 \tag{3.2}$$

そして，炭素のような還元剤は燃素に富むと考えられた．酸化鉛を炭素とともに熱すると金属鉛が得られる．現在の考えではこの反応は，

$$2\,PbO + C \longrightarrow CO_2 + 2\,Pb \tag{3.3}$$

と表される．ところが，燃素説では灰が燃素を得て金属を生ずると考えた．

$$酸化鉛(灰) + 燃素 \longrightarrow 金属鉛 \tag{3.4}$$

この燃素説の決定的な欠点は，提唱者が反応前後の質量を定量的に測定しなかったことである．プリーストリー（J. Priestly, 1733～1804）は，反応した気体を捕集するのに水銀を使った．この方法によって，水溶性の気体の体積も測定することができた．また，酸化鉛（PbO）の加熱によって生成する気体の性質を調べ，燃焼を助ける気体である**酸素**（oxygen）を発見した．しかし，プリーストリーは燃焼という現象は分解反応であるという考えに固執したために，燃焼とは酸素と化合することであるという考えには至らなかった．

### 3.2.1 ラボアジエの質量保存の法則

それに対して，フランスの化学者ラボアジエは，物質の重さを量る天秤を最も有効に利用した．燃焼の前後で反応物と生成物の質量を天秤で測定することによって，燃焼の前後で質量が変わらないことを証明し，**質量保存の法則**（law of conservation of mass，**質量不変の法則**ともいう）を提唱した．

ラボアジエは質量保存の法則を証明するにあたって一連の実験を行っている．たとえば 1774 年には，スズの酸化を閉じたレトルト中で行って，反応の前後で質量がまったく変化しないことを確かめた．この時点で，燃焼反応の燃素説が否定された．図 3.1（p. 14）には燃素説による燃焼の説明とラボアジエによる燃焼理論との相違を漫画的に示してある．この事実から，

ラボアジエ（フランス）
A. L. Lavoisier（1743～1794）

反応の前後で，反応に関与する物質の質量を測定して確かめることは絶対的に必要であることが確かとなった．

## ラボアジエの功績

フランスの化学者のウルツは，化学辞典を書いたとき，ラボアジエの功績を称えて，「化学は**フランスの科学**であって，**ラボアジエによって確立された**」と記述した．実際にラボアジエによって燃素説から目覚めた化学は，定性的な学問から抜けだして，はじめて厳密で定量的な近代科学として確立された．ラボアジエは，政治においても活発に活動し，1769年には収税官となり，1776年には火薬管理官となっ

た．フランス革命が起こったとき，ラボアジエも革命政府により逮捕された．裁判にかけられ，十分な証拠もなしに有罪とされ，24 時間以内にギロチンで処刑された．高名な数学者であるラグランジュは，「ラボアジエの首を断ち切るにはただの一瞬間で十分であった．しかしそれと同じくらいの頭脳が再び現れるには 100 年も待たねばならない」と革命政府の罪悪を皮肉ったということである．

当時は，化合物が純粋であることを確かめるための実験手段としては，沸点や融点を測定する，反応物や生成物の質量を量る，液体や気体の体積を測定するぐらいしかなかったのである．科学が飛躍的に発展する際には，必ず定量的な方法論の進歩があるといっても過言ではない．

ラボアジエが登場する以前には，化学組成に対する概念はきわめて混乱の状態におかれていた．燃焼反応を説明するために，仮想的な物質である燃素をその都度導入した．ラボアジエによる実験から，物質は質量をもっている元素からなり，反応の前後で質量は保存されることが証明されたので，反応前後で元素の存在は保たれると結論された．ラボアジエが作成した元素表には，現在知られている31種の元素(O, N, H, S, P, C, Cl, F, B, Sb, Ag, As, Bi, Co, Cu, Sn, Fe, Mn, Hg, Mo, Ni, Au, Pt, Pb, W, Zn, Ca, Mg, Ba, Al, Si)が含まれている＊．

＊ 興味あることに，現在は元素であるとは認められていない光と熱が元素の分類表に加えられている．ラボアジエは原子説を信じていなかったといわれている．

ところで，物質Aが物質Bと反応して物質Cと物質Dが生成する反応について，その反応式は，

$$\text{物質A} + \text{物質B} \longrightarrow \text{物質C} + \text{物質D} \tag{3.5}$$

と書くことができるだけであろうし，質量保存の法則を式で表すとすると，

$$\text{物質Aの質量} + \text{物質Bの質量} = \text{物質Cの質量} + \text{物質Dの質量} \tag{3.6}$$

## ラボアジエの実験[†]

ラボアジエが行った実験の概略は次のようなものであった．

1) 体積54 cc, 質量10.0463 gのレトルトに正確に秤量した金属スズ15.2960 gを入れる．

2) スズが融けるまで加熱してから，レトルトを火にかけたまま封じ切る．この加熱は空気の大部分を追いだすためである．封じた後の秤量では25.3236 g. 追いだされた空気は0.0187 g.

3) レトルトを再び加熱してスズを溶融させると，表面の光沢が消えて黒い酸化スズが表面に現れる．変化がこれ以上起こらなくなるまで加熱を続け，その後は冷却して秤量する．質量変化は誤差範囲内である．

4) レトルトの先端を切って開くと，音を立てて空気が入る．これによる質量増加は0.0101 g.

5) スズと酸化スズ(いわゆる金属灰)の合計は15.3064 g, すなわち0.0104 gの増加．加熱によるスズの増加分とスズに付け加わった空気の質量は事実上等しい．0.0003 gの差は実験誤差と解釈できる．

しかも，レトルトを封じたときに入っていた空気は0.0509 gであったから，加熱によって吸収された空気は全体の約1/5であった．

ラボアジエが用いた天秤(左)とレトルト(右)

[†] 日本化学会編，竹内敬人，山田圭一，新化学ライブラリー「化学の生い立ち」，大日本図書(1992), p. 9.

となる．ラボアジエの実験からわかったことは，極論すると反応の前後で質量が変わらないという事実だけである．反応の前後で元素が生まれたり消えたりすることはありえない．質量保存の法則はほぼ厳密に成立する法則である．したがって，上の四つの物質が関係する反応において，もし一つの物質の質量が不明である場合には，その質量は残りの三つの物質の質量から式 (3.6) を用いて計算できるはずである．実際に，その他の多くの反応についても，化学反応の実験を行うときには，この法則が成立するかどうかが常にチェックされた．四つの物質の関与する反応では，5番目の物質が関与していないことを証明するためには，質量保存則を確かめておく必要がある．

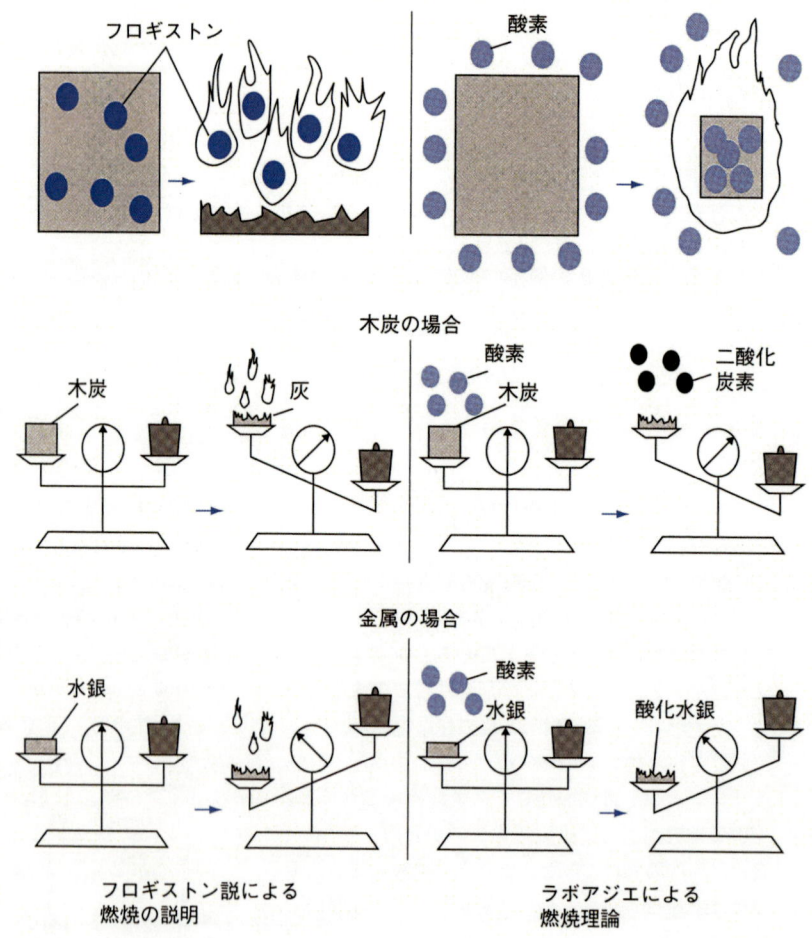

図 3.1 反応の燃素（フロギストン）説とラボアジエの説による燃焼の説明の比較
竹内敬人，「化学の基本 7 法則」，岩波書店 (1998)．

【例題 3.1】 一酸化二窒素と水素を反応させると，窒素と水が生成することがわかった．定量的な実験を行ったところ，一酸化二窒素 0.220 g と水素 0.010 g を反応させると水 0.090 g が生成した．理論的には生成物である窒素の質量はいくらでなければならないか．また，窒素の質量を測定したところ 0.132 g であった．**窒素の収率(yield)** [*] はいくらか．なお，化学反応において収率とは理論的に予想される量に対する実験的に得られた量の比と定義される．

【解答】 質量保存の法則より，反応の前後で質量は変化しないから，窒素ガスの質量は $(0.220 + 0.010 − 0.090)$ g $= 0.140$ g である．したがって，収率を $y$ とすると，$y = 0.132 / 0.140 = 94.3$ %．

[*] 一般的に，実験を行ってみると目指す反応が 100% 進むとは限らない場合がある．たとえ 100% の収率で反応が進んだとしても，反応物の質量や生成物の質量を定量する際に誤差が生じて，理論的に予想される値よりも少ない場合もあるし，100% 以上になることも生じる．とくに有機化学においては，しばしばいくつかの生成物が生じるので，収率もしばしば 100% 以下となる．したがって，収率を書くことが通例となっている．

## 3.3 初期の化学における諸法則

化学が物理に比べてむしろ難しいのは，どのような実験事実を基礎に法則や理論を組み立てているのかわかりにくいためである．17 世紀から 19 世紀末にかけて新元素や新物質が次つぎと発見された．事実を系統的な概念で説明できるはずであるという信念のもとに，物質は**原子**という粒からなるという**原子論**と，実質的な物質は原子が結合した**分子**からなるというアボガドロの**分子仮説**と，それぞれの原子には**原子価**(ある決まった数の結合手)がある

---

### 化学反応における質量保存の法則は正しいか

アインシュタインによって提唱された特殊相対性理論によると，質量とエネルギーは等価なものである．すなわち，

$$E = mc^2 \quad m：静止質量，c：光速度$$

この質量-エネルギー等価原理によると，**質量保存の法則は厳密には正しくない**ことになる．とくに原子核反応においてはそうである．ところが，化学反応の前後で質量は変化しないと断言しても実質的には問題ない．その理由は次のようである．

反応熱の変化による質量の変化はきわめて小さいので，実際的には質量不変の法則からのずれは無視できる．たとえば，1 mol の水素と 0.5 mol の酸素が反応して 1 mol の水(液体)ができる反応の生成熱は 285.83 kJ と測定されており，その熱化学方程式は次式で与えられる．

$$H_2 + \frac{1}{2} O_2 = H_2O + 285.83 \text{ kJ}$$

生成物($H_2O$)の質量は，反応物($H_2 + \frac{1}{2} O_2$)の質量に比べて，$285.83 \times 10^3$ J$/c^2 = 3.13 \times 10^{-12}$ kg $= 3.13 \times 10^{-9}$ g だけ少ないことになる．ところが，1 mol の水の質量は 18.0 g であるから，その相対的な変化量は $1.77 \times 10^{-10}$ だけである．

事実，ランドルト(1908 年)やエトベッシュ(1909 年)らは実験的に検討し，ふつうの化学反応においては，$\pm 2 \times 10^{-7} \sim 10^{-8}$ % 程度の実験誤差範囲で正しいことを確かめた．

こと，分子が**三次元的構造**をもっていることなどを証明するために，多くの実験的研究が行われた．

以下では，化学者がどのようにして原子論と分子論を組み立てていったかを示すとともに，化学的な手法の限界を述べることにしよう．科学史的な観点から化学を理解することは，化学者がどのような根拠のもとに物質観をつくりあげていったかを知ることと同じであり，その方法論は他の分野で研究をする際に，現在でも通用する大切なものである．

さて，原子の存在が証明されていなかった間は，化学者は種々の化学物質を分類するために元素記号を用いたが，最初は**単なる記号**でしかなかった．1907 年に J. J. トムソンによって**陽子の質量** $m/e$ が測定されるまでは，分子や原子の質量はわからなかった．ましてや，誰も原子や分子自体を見たわけではなかった．元素は原子からなり，物質は分子からなるという概念を応用すれば，多くの現象が説明できただけであった．その原子論と分子論の確立の過程で重要な役割を果たしたのが，下記の七つの法則であった．

① 化学反応における質量保存の法則
② プルーストの定比例の法則
③ ドルトンの原子説
④ ドルトンの倍数比例の法則
⑤ ゲーリュサックの気体反応の法則
⑥ アボガドロの分子仮説
⑦ 理想気体の法則

以下でこれらを簡単に説明するが，①のラボアジエの化学反応における質量保存の法則についてはすでに述べたので省略する．

### 3.3.1 プルーストの定比例の法則

プルースト（J. Proust, 1754 ~ 1826）は 1799 年に，「**反応にあずかる物質の質量比は何度測定しても常に一定であり，そして純粋な化合物の成分元素の質量比は一定である**」という**定比例の法則**(law of definite proportions) を提唱した（正確には**定組成の法則**と呼ぶべきである）．この法則は，物質が原子からなることを暗に支持するものであり，純物質と混合物とを見分ける重要な法則となった．しかし，プルーストは精製および分析技術が不十分であったために，倍数比例の法則の発見を取りにがした．いずれにしても，重要な点なので繰り返すが，当時は，物質の同定のための実験的な手段として，その沸点や融点の測定のほかには，反応にあずかる物質（すなわち，すべての反応物と生成物）の質量の測定，気体の場合にはその体積の測定という手法しか知られていなかったのである．

### 3.3.2 ドルトンの原子説

ドルトンの提唱した**原子説**(atomic hypothesis)は次のようなものである。
(i) すべての元素は一定量の質量と大きさとをもつ原子からできている。
(ii) 化合物は異なる種類の原子が最も簡単な数の比で結合してつくられる。

ドルトン(イギリス)
J. Dalton(1766~1844)

現在では，ドルトンが考えたように，**原子**(atom)が固有の**質量**(mass)をもっていることはわかっている。当時は原子の質量を測定する手段がなかったので，実験的に可能であったのは，最も軽い原子である水素の質量を1とし，その他の元素の**相対的な質量**を求めることだけであった。ドルトンは1805年に，最初の**原子量**(atomic mass)の表(表3.1)を発表した。これは画期的なことであったが，この表で注意すべき点は，窒素 N，酸素 O，硫黄 S，鉛 Pb の原子量がベルセーリウスが1826年に発表した値と比較すると約1/2倍となっており，また精度が悪いことである。

ドルトンはきわめて画期的な提案をしたが，**分子**(molecule)に関する理解が十分ではなかった。分子のなかにいくつの原子があるのか，その数を知らなかったドルトンは，
(iii) **2種類の元素 A，B からなる化合物**(compound)は，原則として A，B が1個ずつの原子からなる

と仮定した。したがって，現在の表示法で表すと AB となる。たとえば，水は OH と表された(これは間違いである)。さらに，
(iv) **単体からなる気体は一つの原子からなる**(これも間違いである)

と考え，分子が二つの原子からなることを受け入れなかった。そのために混乱が起こった。現在から考えると，このような間違いをしたのは，十分な実験的な根拠もなしに上記の(iii)や(iv)のことを信じてしまったこと，ドルトンが十分に精度の高い実験を行わなかったこと，原子の質量を正確に測定するには行った反応の種類数が少なすぎたことなどの理由による。

表3.1 ドルトンとベルセーリウスが発表した原子量の例および最近(2001年)
IUPAC によって認められた原子量の表

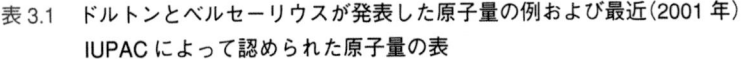

|    | ドルトン(1808年) | ベルセーリウス(1826年) | IUPAC(2001年)* |
|----|---|---|---|
| H  | 1   | 1.00   | 1.00794(7)  |
| N  | 5   | 14.05  | 14.0067(2)  |
| O  | 7   | 16.00  | 15.9994(3)  |
| S  | 13  | 32.18  | 32.065(5)   |
| Cl | 未知 | 35.41  | 35.453(2)   |
| K  | 未知 | 39.19  | 39.0983(1)  |
| Cu | 56  | 63.00  | 63.546(3)   |
| Ag | 100 | 108.12 | 107.8682(2) |
| Pb | 95  | 207.12 | 207.2(1)    |

＊ 不確かさは( )内の数字で表され，有効数字の最後の桁に対応する。

### 3.3.3 ドルトンの倍数比例の法則

原子説からの当然の結果として推論されることであるが，倍数比例の法則 (law of multiple proportions) とは，「2種類の元素が結合して数種類の化合物ができる場合には，一方の元素の一定量に対する他方の元素の質量の比は，簡単な整数の比 (有理数) となる」というものである．

> 【例題3.2】　ドルトンが提案した原子量の表を用いると，一酸化炭素 (CO) と二酸化炭素 ($CO_2$) についてどのような実験結果をもとにすると倍数比例の法則が成り立つことがいえるか．
>
> 【解答】　純粋な CO は，4.3 g の炭素と 5.5 g の酸素が反応して 9.8 g の物質として得られる．同様に純粋な $CO_2$ は，4.3 g の炭素と 11.0 g の酸素が反応して 15.3 g の物質として得られる．したがって，炭素の同一質量に対する酸素の質量の比は 5.5：11.0 ＝ 1：2 となるので倍数比例の法則が成り立つ〔注：なお，ドルトンの与えた物質の相対質量は正確でなかった．現在では水素 ($H_2$) に対する C の相対質量は 6.0 であり，O の相対質量は 8.0 である〕．

### 3.3.4 ゲーリュサックの気体反応の法則

ゲーリュサックは，知られているすべての気体の反応について調べた結果，次のような**気体反応の法則** (law of gaseous reaction) を提唱した．

　気体反応において，反応する気体と生成する気体の体積は常に簡単な整数比となる．

たとえば，一酸化炭素と酸素が反応して二酸化炭素を生成する反応では，関係する化合物の体積を測定すると，2体積分の一酸化炭素と1体積分の酸素が反応して2体積分の二酸化炭素を生成する．現在知られている化学反応式を用いて書くと

$$2\,CO + O_2 \longrightarrow 2\,CO_2 \tag{3.7}$$

となる．その他の気体の反応においても，この気体反応の法則が成立することが確かめられた．

### 3.3.5 アボガドロの分子仮説

ドルトンは相当にいこじなところがあったようで，ゲーリュサックの気体反応の法則を認めようとしなかった．そこで，イタリアのアボガドロは1811年に，「気体は2個以上の原子からできている分子からなっており，また気体分子は互いに著しく離れていて引力を及ぼすことはない」というアボガドロ

ゲーリュサック (フランス)
J. L. Gay-Lussac (1778〜1850)

アボガドロ (イタリア)
A. Avogadro (1776〜1856)

の分子仮説(molecular hypothesis)を提唱し，さらに下記のアボガドロの法則(Avogadro's law)を提唱した*．

> 同温，同圧では，同体積の気体はその種類に関係なく同数の分子を含む．

たとえば，水素と窒素からアンモニアができる反応では，実験的には3体積の水素と1体積の窒素が反応して，2体積のアンモニアができる．さらに，気体の質量を測定してみると，その比は水素の質量(6)：窒素の質量(28)：アンモニアの質量(34)となる．水素分子は2個の水素原子から，窒素分子は2個の窒素原子から，アンモニア分子は1個の窒素原子と3個の水素原子とからなると考え，これにアボガドロの法則を付け加えると，ゲーリュサックの気体反応の法則が難なく説明できる．その他の気体反応についても同様である．

これらの考えは，この時点ではあくまでも仮説であって，それが完全に正しいと証明できる証拠はなかった．当時，相当混乱があった理由は，分子中で何個の原子が結合しているかが不明なことが多かったことである．とくに有機化合物に関してはそうであった．しかし，この分子説の果たしたきわめて重要な役割は，気体物質の分子量(あくまでも相対的な値である)の決定を可能にしたことである．

アボガドロの仮説は，約50年も無視され続けた．その後に，イタリアのカニッツァロは分子説を検討し，1861年にドイツのカールスルーエで行われた第1回国際化学会議で紹介し，認められることとなった．しかし，この時点では多くの化学者がそれで問題ないであろうと納得しただけで，この仮説が証明されるには，原子や分子の質量が正確に測定される1920年のアストンの実験まで待たなければならなかった．現在では，アボガドロの仮説ではなくて，アボガドロの分子説と呼ばれている．

*現在では，1 molは炭素12($^{12}$C)の12 g中にある炭素原子の数と同数の要素粒子を含む物質の量と定義され，その数をアボガドロ定数(Avogadro constant)と呼んでいる．アボガドロ数$N_A$は正確に測定されているが($N_A = 6.0221367 \times 10^{23}$ mol$^{-1}$)，アボガドロの時代にはこれを測定するすべがなかった．

### 3.3.6 理想気体の状態方程式：$pV = nRT$

ギリシャのアルキメデス以来16世紀末まで，真空(vacuum)は論理的に不可能であるという考えが一般的に支配していた．ガリレイは『新科学対話』のなかで，約10 mよりも深い井戸ではポンプは働かなくなると述べている．その後，トリチェリー(E. Torricelli, 1608～1647)が水銀を用いてトリチェリーの真空をつくり(1643年)，パスカル(B. Pascal, 1623～1662)による大気圧の研究が進み，大気圧が存在する理由や真空ができる理由が明らかとなった．さらに，1650年ごろのゲーリケによる空気ポンプの発明によって，真空をつくることが容易となった．その結果，気体の性質を調べる技術的な素地ができたのである．

### ボイルの法則

ボイルは気体を用いた実験を行って，ある一定量の気体の圧力 $p$ と体積 $V$ の積は，温度 $t$(℃)が一定である限り一定であるというボイルの法則(Boyle's law)を発見した．すなわち，

$$pV = p_0V_{0t} = 一定 \tag{3.8}$$

この式で，$V_{0t}$ は温度が $t$(℃)，圧力が $p_0$(= 1 atm)のときの体積である．

### シャルルの法則

フランスのシャルル(J. A. C. Charles, 1746 ～ 1823)は，1787 年に，圧力が一定のとき，酸素，窒素，水素，空気，二酸化炭素などの気体の体積 $V$ は，温度 $t$ とともに一定の割合で変化することを発見したが，その成果を論文の形で発表しなかった．気体の体積と温度の関係を調べて，はじめて明白な形で表したのはゲーリュサックである．ゲーリュサックは，

> ある圧力 $p$(atm)，ある温度 $t$(℃)における気体の体積 $V_{pt}$ は，その温度が 1 ℃ 上昇するごとに，0 ℃，$p$ atm のときの体積 $V_{p0}$ の 1 / 273.15*倍だけ増大する．

* 275.15 は現在の値．ゲーリュサックは 273 という値を求めた．

ことを示した．これを式で表すと，

$$V_{pt} = V_{p0}\left(1 + \frac{t}{273.15}\right) \tag{3.9}$$

で与えられる*．ここで，次式で与えられる温度 $T$(絶対温度，absolute tempera-ture)を定義すると，

$$T = 273.15 + t \tag{3.10}$$

式(3.9)は次式のようになる．

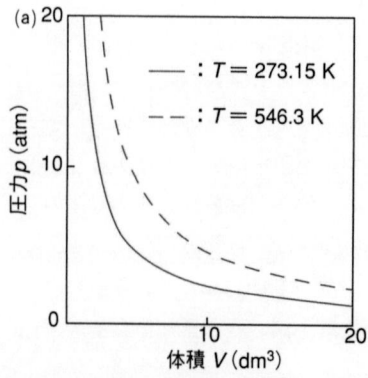 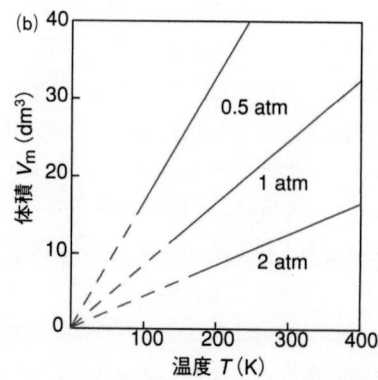

図 3.2 (a)ボイルの法則を示す $p$-$V$ 関係図 (b)シャルルの法則を示す $V_m$-$T$ 関係図

$$V_{pt} = \left(\frac{V_{p0}T}{273.15}\right) \tag{3.11}$$

これをシャルルの法則またはゲーリュサックの法則と呼ぶ．すなわち，一定圧力 $p$ においては，その体積は絶対温度 $T$ に比例するというものである．

### ボイル・シャルルの法則

次に，これら二つの法則をまとめた式であるボイル・シャルルの法則 (Boyle-Charles law) を数学的に導いてみよう．ボイルの法則から，ある温度 $t$ において $pV = p_0V_{0t}$〔式(3.8)〕が成立する．温度 $T$ K，1 atm における体積 $V_{0t}$ は，シャルルの法則から温度 273.15 K，1 atm における体積 $V_{00}$ を用いて，

$$V_{0t} = V_{00} \times \frac{T}{273.15} \tag{3.12}$$

と表せるから，これを式(3.8)に代入すると，

$$pV = \frac{p_0V_{00}T}{273.15}$$

両辺を $T$ で割ると，

$$\frac{pV}{T} = \frac{p_0V_{00}}{273.15} = 一定 \tag{3.13}$$

となり，任意の気体について，このボイル・シャルルの法則が成立する．ところが，ボイル・シャルルの法則のみでは，右辺 $p_0V_{00}/273.15$ はすべての気体について等しいとは限らない．ここでアボガドロの法則，「すべての気体について，同温，同圧では，ある体積のなかにある分子の数は等しい」の重要性が生きてくる．273.15 K，1 atm における 1 mol の気体の体積を $V_{m0}$ とすると，物質量 $n$(mol) の気体の体積 $V_{00}$ は次式で与えられる．

$$V_{00} = nV_{m0}$$

ゆえに

$$\frac{pV}{T} = n\frac{p_0V_{m0}}{273.15} = nR \tag{3.14}$$

これですべての理想気体に対して成立する気体の状態方程式が得られた．理想気体 (ideal gas または perfect gas) とは，ボイル・シャルルの法則に厳密に従う気体をいう．つまり，分子間に力が作用しない気体が理想気体である．実在気体の密度を極限まで小さくしたとすると，分子間に力が作用しないので理想気体となる．現在では，標準状態 0 ℃，1 atm における 1 mol の理想気体の体積 $V_m$ は，22.413996 dm$^3$ であるから，気体定数 $R$(atm dm$^3$ mol$^{-1}$ K$^{-1}$) は，

$$R = 0.08205746 \text{ atm dm}^3 \text{ mol}^{-1} \text{ K}^{-1} \tag{3.15}$$

で与えられる．したがって，理想気体の状態方程式は，

$$pV = nRT \tag{3.16}$$

　理想気体であればその種類に関係なく，同じ方程式を満足する．気体の圧力の単位を atm，体積を dm³ で表したときの気体定数の値を式(3.15)に示したが，国際単位系(SI)では，圧力を 1 atm = 101325 Pa = 101325 N m⁻² と定義している．したがって，気体定数 $R$ を国際単位系(SI)で表すと，次式となる．

$$\begin{aligned} R &= 0.08205746 \times 101325 \text{ N m}^{-2} \times 10^{-3} \text{ m}^3 \text{ mol}^{-1} \text{ K}^{-1} \\ &= 8.314472 \text{ J mol}^{-1} \text{ K}^{-1} \end{aligned} \tag{3.17}$$

　理想気体の状態方程式から，「**同一容器内に複数の気体が存在するとき，混合気体の示す圧力 $p$ はそれぞれの成分の気体の分圧 $p_i$ の和に等しい**」というドルトンの分圧の法則を導くことができる．この場合，分圧とはその成分のみが存在するときの圧力である．気体の温度を $T$，容器の体積を $V$ とし，$i$ 成分の物質量を $n_i$ とすると，$p_iV = n_iRT$，したがって，

$$p_i = \frac{n_iRT}{V} \tag{3.18}$$

ゆえに，$p$ を全圧とすると

$$p = \sum_{i=1} p_i = \sum_{i=1} \frac{n_iRT}{V} \tag{3.19}$$

　なお，分子間に力が作用する気体は**実在気体**(real gas)と呼ばれている．理想気体の状態方程式が成立するのは，分子の体積が気体の体積に比較して無視でき，分子間の相互作用(分子間に働く力)が小さいときのみである．したがって，実在気体について理想気体の状態方程式が成り立つのは，一般に気体の圧力が低く，温度が高いときである．たとえば，室温(25 ℃)では水の蒸気圧は 23.758 Torr(3167.5 Pa)で，1 atm に達しない．この温度では，水には液体で存在する相がある．100.00 ℃ でやっとその蒸気圧が 1 atm = 760.00 Torr となる．実在気体の状態方程式は，気体の圧力が高いときあるいは気体の体積が小さいときは，理想気体の状態方程式から大きくずれる．そこで，実験に合う状態方程式を求めることが次の問題となり，実在気体の状態方程式の定式化に成功したのがファンデルワールス(J. D. van der Waals, 1837 ～ 1923)であった(1873 年)．

### 3.3.7 正確な原子量

　スウェーデンの化学者ベルセーリウスは，当時手に入る最高精度の天秤を用いて精密な定量的実験を行った．2000 余りの化合物を合成し，これらを精製して，43 種類の元素について，それらの化合量を決定した．それをもとに 1818 年と 1827 年の 2 回にわたって現在の原子量表に匹敵する正確な原子量

ベルセーリウス(スウェーデン)
J. J. Berzelius (1779～1848)

の表(表 3.1, p.17)を発表した．また，元素をアルファベットで表す方法は，ベルセーリウスの創意による．多くの原子量は整数に近かったが，塩素(Cl)の原子量は整数から大きくはずれていたにもかかわらずその説明はなかった．この理由の解明には，質量分析器を発明したアストンによる同位体の発見(1919年)まで待たなければならなかった．

## 3.4 電気分解

### 3.4.1 ボルタの電池

電気分解の問題を述べる前に，電気を供給する電池の発見について触れておく．イタリアの解剖学の教授であった**ガルバーニ**(L. Galvani, 1737～1798)は，切り裂いたばかりのカエルの足に金属のメスが触れた途端に足が収縮することを見いだした(1791年)．摩擦で電気をつくって静電気を研究していた物理学者のボルタ(A. Volta, 1745～1827)はこの現象に驚き研究した．最終的に2種類の金属(亜鉛と銀)を食塩水に浸けると金属の間をつないだ導体に電流が流れることを発見した．さらにボルタは，固体はその種類に特有な緊張度の流体を含んでいて，それを接触させると，その流体は高いほうから低いほうに流れ，溶液のなかではその流体が流れて一巡しもとに戻ると考えた．もともと電気は**摩擦電気**(triboelectricity)によって得ていた．ライデンびん(Leyden jar)でこれを直列に連結して一種の蓄電器をつくっていたが，**ボルタの電池**の発明によって大量の電気の定常的な流れをつくれるようになった．ところが，当時は電流が電子の流れであることはわかっていなかった．

### 3.4.2 電気分解

雷電びんにためた電気が，物質に化学変化を起こさせることはわかっていた．たとえば，酸素の発見者であるプリーストリーは，アルコールや油に雷電びんから放電させると水素ガスが生じることを1774年に発見した．

物理学者のボルタは，**電気分解**(electrolysis)によって気体が生成することなどは二次的な現象であるとして問題にしなかった．ボルタが英国の王立学士院の会員であったので，この発見が英国に伝わり，その結果，英国では電池を使ったいろいろな実験が行われた．英国の**カーライル**と**ニコルソン**が，酸や塩基の水溶液を電気分解すると，水が水素と酸素に分解されることを発見した(1800年)．

さらに，硫酸カリウムの水溶液を電気分解すると，陰極(cathode)から水素が発生してそのまわりに水酸化カリウムが，そして陽極(anode)からは酸素が発生してそのまわりの溶液中に酸ができることが発見された．

英国の**デイビー**(H. Davy, 1778～1829)は，純粋な水を電気分解すると水素と酸素の気体ができることを見いだした．さらに，酸やアルカリ，また種々の塩の水溶液の電気分解が研究され，食塩水の電気分解によって陽極からは

塩素ガスが発生し，陰極からは水素が発生するとともに，そのまわりに水酸化ナトリウムができることも見いだされた．現在の考え方からすれば，陽極は電気的に正であるから，溶液中（または溶融塩やアルカリ）から電子を引き抜き，

$$4\,OH^- \longrightarrow 4\,e^- + 4\,\cdot OH \tag{3.20}$$

$$4\,\cdot OH \longrightarrow 2\,H_2O + O_2 \tag{3.21}$$

陰極は電気的に負であるから，溶液（または溶融塩やアルカリ）中に電子を押し込み，

$$4\,H^+ + 4\,e^- \longrightarrow 4\,H\cdot \longrightarrow 2\,H_2 \tag{3.22}$$

のような反応が起こる．水溶液中では陰極にはどうしても水素ガスが発生する．デイビーは，溶融した水酸化カリウム(KOH)の電気分解によって，陰極に水銀のような光沢のある金属カリウム(K)を得た．金属カリウムは，水と激しく反応し，大量の場合には爆発が起こり，空気と激しく反応する．このように溶融塩やアルカリから，アルカリ金属やアルカリ土類金属(Ba, Sr, Ca, Mg)を単離した．さらに，この電気分解の方法を使って，銅の硫酸溶液からCuの精錬を行っている．

1785年には，フランス人のクーロン(C. A. Coulomb, 1736〜1806)がクーロンの法則を発表していたから，同じ符号の電荷は反発するが，異なった符号の電荷は引き合うことはわかっていた．デイビーは，2種類の異なった元素からできた物質は，一方が電気的に陽性を帯び，他方が電気的に陰性を帯びるのではないかと感じていた．そして，化学結合力は電気的な力であるという電気的化学結合観をもっていた．

デイビーの後継者であるファラデーは，当時，物理学の領域と考えられていた電気に関して多くの化学的な観測を行った．彼は流れた電気量を測定するために，図3.3に示した電荷電量計を発明した．それは，希硫酸の電気分解で，白金板のところに発生した水素気体の体積を測定できるように目盛りを取りつけたものであり，これを電気分解槽と直列につなぎ，発生した気体の体積を常に量って，流れた電気量が正確に測定できるようにした．

ファラデーは多くの物質を電気分解し，各極に発生する気体または析出する金属の量を正確に測定して，下記の電気分解の法則を発表した(1833年)．

> 各極に生成する物質の物質量は，流れた電気量に比例し，1 mol のイオンをその価数で割った量を電気分解するに必要な電気量は一定である．

ファラデー（イギリス）
M. Faraday(1791〜1867)

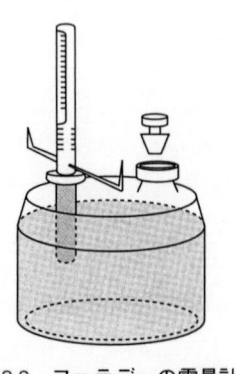

図3.3 ファラデーの電量計

なぜ，電流が水溶液中を流れるのであろうか．ファラデーは，電荷を帯びたイオンを考えることで電気分解現象を説明した．彼は，物質が電荷を帯びたイオンとして存在することを最初に提唱し，化学結合力は正と負の電荷をもったイオンの電気力によると考えた．現在のイオン結合の考えである．ところが，現在の知識からすると信じられないことであるが，ファラデーは，中性の原子とイオンの区別をつけなかった．

## 3.5 有機化学の台頭と原子価理論

### 3.5.1 はじめに

このような電気力に基づく化学結合力は，$H_2$, $O_2$, $N_2$ のような**等核二原子分子**には適用できない．しかし，原子にはそれぞれ結合をすることのできる数，すなわち**原子価**(valence)があると考えると，このような結合を説明できることを**ケクレ**が提唱した．ケクレの**原子価理論**(theory of valence)の登場である．H(1)，C(4)，O(2)，Cl(1)，N(3)，S(2)，Br(1)，I(1)，B(3)の原子価をそれぞれかっこ内の数であると考えると，当時知られていた化合物の原子組成を説明することができた．その結果，多くの炭化水素群，アルコール，ハロゲン化物などの分子における原子の数の推定値は説明できた．実験的には，元素分析を行うことによって，分子を構成する元素の質量比がわかり，さらに気体にしてその密度を測定し，アボガドロの法則を適用すると分子式が決まり，分子量が決定できた．たとえば，アルコールの分子式は $C_2H_6O$ である．また，水素 $H_2$，酸素 $O_2$，水 $H_2O$，メタン $CH_4$，エチルアルコール $C_2H_6O$ は，結合手の数である原子価を考えることによって説明することができた．

ケクレ(ドイツ)
F. A. Kekulé(1829〜1896)

ところが，分子式 $C_2H_6O$ のように表される物質には，原子価だけを考えて分子をつくってみると，2種類の化合物があることがわかった．それらは互いに**構造異性体**と呼ばれ，種々の実験からまったく異なる性質をもっていることが明らかとなり，その性質をも表すことのできる**示性式**が考案された．分子式 $C_2H_6O$ で表される異性体は，ジメチルエーテル $CH_3OCH_3$(b.p. −24.82 ℃)とエチルアルコール $CH_3CH_2OH$(b.p. 78.32 ℃)である．

さらに，分子の立体的な構造を考えるべきであるとする概念をファント・ホッフとルベルが提出し(1874年)，メタンの置換体は炭素を中心として正四面体の頂点方向に原子が結合しているとの考えを提案した．その結合が何に起因するかは，当時まったくわからなかった．

### 3.5.2 有機化合物の定義

動植物体の発酵によって得られた**アルコール**(alcohol)，**酢酸**(acetic acid)や尿のなかにある**尿素**(urea)などは昔から知られていた．1828年までは，有機化合物は，元来，動植物など有機体を構成する化合物および**有機体**(organism)によってつくられる化合物と定義されており，生命の助けがなけ

れば生産されない化合物という意味でそう名づけられた．そして，これらの化合物が鉱物に由来する化合物と著しく違った性質をもっていることも認められていた．

ところが，ウェーラーが1828年に無機物質（シアン酸アンモニウム，$NH_4OCN$）から尿素〔$(NH_2)_2C=O$〕を合成することに成功した．その結果，有機化合物は，有機体によって生産される化合物という意味で使うことができなくなったので，現在のような定義，「炭素の酸化物（二酸化炭素や一酸化炭素）や金属の炭酸塩などの小数の簡単なもの以外のすべての炭素化合物の総称」となった．有機化合物は，共有結合によって結合した炭素を含む分子である．現在は，有機化学(organic chemistry)とは，有機化合物の製法，構造，物理的性質，化学的性質，用途などを研究の対象とする化学の一部門であると定義されている．

ウェーラー（ドイツ）
F. Wöhler（1800〜1882）

ウェーラーは1個の炭素を含む尿素を合成したが，フランスの化学者ベルテロー(C. L. Berthollet, 1827〜1907)は，20歳代でアルコールや酢酸のような簡単な化合物を出発物質にして，ベンゼン(benzene)，フェノール(phenol)，ナフタレン(naphthalene)のように複雑な一連の有機化合物をつくり，"合成(synthesis)"という言葉を創製した．

ベンゼン

OH

フェノール

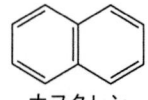

ナフタレン

ベルテローの努力によって，自然界にあるすべての有機化合物が実験室で炭素や水素などの元素から，いつかは合成できると信じられるようになった．彼は，30歳代になると有機化学から少し方向を変え，エステル生成(esterization)の反応速度(rate of reaction)を研究し，反応速度が酸とアルコールの濃度の積に比例すること，および反応が完結しないで，一定の化学平衡(chemical equilibrium)に達することを観測した．これは質量作用の法則(law of mass action)の一部であるが，一般化するところまでには至らなかった．また，彼は40歳代になると反応熱(heat of reaction)に興味をもち，有機化合物の燃焼熱(heat of combustion)を測定した．ベルテローは，熱化学(thermochemistry)の創始者でもある．1840年にスイスのヘス(G. H. Hess, 1820〜1850)が発見した総熱量不変の法則(物質変化の最初と最後の状態が決まっていれば，反応の経路が異なっても出入りする熱の総量は変わらない：熱化学におけるエネルギー保存の法則)を確認した．

ベルテローは化学平衡(chemical equilibrium)の発見者であるが，化学反応がすべて発熱の方向に進むと考えた．しかし実際には，吸熱反応であっても進むことがある（たとえば，氷に食塩をかけると温度が下がるが氷を溶かしながら食塩が溶解していく）．ベルテローの考えは現在では正しいものではなく，自由エネルギーが減少する方向に反応が進むと考えるのが正しい．

### 3.5.3 ケクレの原子価理論

19世紀の前半までにきわめて多数の有機化合物が知られるようになり，それらの分子式も判明してきたが，その分子のうちで原子が互いにどのように結合しているかがわからないものがあり，それをめぐって多くの説が提案された．

そのなかで重要な役割を果たしたのは，コルベの"根"の考え方である．現在の考え方では，"根"は基（group）と呼ばれている．たとえば，分子中の同じ水素原子でも反応の仕方に違いがあることは，当時すでに知られていた．アルコールとナトリウム金属とを反応させると，$H_2$ を放出する部分とその反応にまったく関係しないで，反応後にももとの状態のままに保たれている部分があることがわかった．現在では，エチルアルコールは示性式で $CH_3CH_2OH$ と表される．反応の結果，エチル基（$CH_3CH_2$）はそのまま保たれるが，ヒドロキシ基（OH）は ONa のようになる．しかも，C と O の結合は保たれる．化学式で書くと式(3.23)のようになる．そして，ナトリウムエチラート（$CH_3CH_2ONa$）は水との反応によってアルコールを再生する．

$$2\ CH_3CH_2OH + 2\ Na \longrightarrow 2\ CH_3CH_2ONa + H_2 \tag{3.23}$$

**原子価理論**

**ケクレ**は，メタンの塩化物には1個の塩素原子と3個の水素原子が結合したクロロメタン（$CH_3Cl$），2個の塩素原子と2個の水素原子が結合したジクロロメタン（$CH_2Cl_2$），3個の塩素原子と1個の水素原子が結合したクロロホルム（$CHCl_3$）があることを指摘し，炭素の結合手は四つあることを提唱した（1856年）．

1825年にファラデーによって発見されたベンゼン（$C_6H_6$）は，その高い不飽

---

## 自由エネルギーとは

自由エネルギーについてここで定性的に述べておこう．たとえば，食塩を水に溶解すると温度が下がる．現在の分子論の考え方によると，食塩を構成する $Na^+$ イオンと $Cl^-$ イオンは，そのイオンのまわりを水分子が取り囲んだかたちで水中にばらばらになって溶解する．結晶中では各イオンは空間的な位置が明確に決まっているので，どのイオンがどこにあるかを予想できる．ところが，溶液中ではそれが難しい．別のいい方をすると，**乱雑さ**またはランダムさ（randomness）が高い．実は，そのランダムさを定量的に表す量がエントロピーと呼ばれる量である．

エントロピーは，自然現象を理解するためにはどうしても理解しておかなければならないきわめて重要な量である．きわめて多くの粒子を含む系では，自然は，エネルギー的に許される範囲でなるべくランダムさ（すなわちエントロピー）の増す方向に進もうとする傾向があり，これが自然のもつ本質的な性質であることがわかってきた．自由エネルギーとは，反応熱と系のランダムさを加味した量にマイナス符号をつけたものとの和である．エネルギー的には外界から熱を加えなければ進まない過程でも自由エネルギーが減少する方向に反応は進む．

図 3.4 ベンゼンの構造式

和性(炭素の数が水素の数に比較して多いこと)にもかかわらず化学的に安定であるので,その構造は謎であった.エチレン($C_2H_4$)やアセチレン($C_2H_2$)は塩素を付加して比較的容易にジクロロエタン($C_2H_4Cl_2$)やジクロロエチレン($C_2H_2Cl_2$)を与えるが,ベンゼンは簡単には付加反応をしない.ケクレは1865年に,炭素の原子価は4価であるとし,環状の形をしたベンゼンの構造を提案した.また,その他の炭素を含む多くの化合物には異性体が存在することや,化合物中の結合についても説明した.一つの結合を一本の線(価標)で表す現在の方法(構造式)でベンゼン分子を表すと図3.4のようになる.

**構造異性体**

ところが,このケクレのベンゼンの構造が認められるようになるまでの道のりはそれほど平たんなものではなかった.ジクロロエチレンはエチレンの2個の炭素原子に2個の塩素原子が結合した分子で,1,1-ジクロロエチレン,cis-1,2-ジクロロエチレンおよびtrans-1,2-ジクロロエチレンの3種類がある(図3.5).これらは構造異性体と呼ばれており,実際にこれら三つの化合物を分離することができる.

図 3.5 ジクロロエチレン異性体の構造式

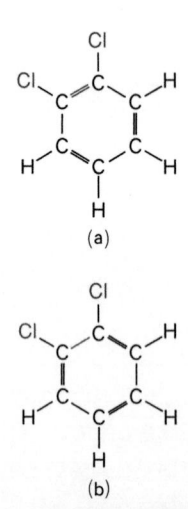

図 3.6 塩素原子が置換した二重結合部位の相違によるo-ジクロロベンゼンの構造式の違い

これらのうち,シス体(b.p. 60.35 ℃)とトランス体(b.p. 47.48 ℃)とは,簡単に異性化しないので別の化合物として分離される.このことから,二本の価標で結ばれている炭素原子のまわりには簡単に回転が起こらないことがわかった.またベンゼン環の隣り合う炭素原子に2個の塩素原子が結合したo-ジクロロベンゼン($C_6H_4Cl_2$)には,二つの異性体があることが予想される.すなわち,二重結合で結合した隣り合う炭素原子に塩素原子が結合した分子〔図3.6(a)〕と,単結合で結合した隣り合う炭素原子に塩素原子が結合した分子〔図3.6(b)〕である.ところが,o-ジクロロベンゼンを合成してみると,1種類しかないということが判明した.そこでケクレは,ベンゼンの二つの構造の間には速い移り変わり(共鳴,resonance)があると提唱した.この考えは,1928年にポーリングによって受け入れられて,共鳴理論の骨子となった.

## 3.5.4 ファント・ホッフと立体化学
### 正四面体説と立体化学

ケクレの原子価理論によって，同じ分子式をもつ多くの異性体が提案されたが，それらが次つぎと発見されるに及んで，有機化学はこれでひとまずは上がりということになっていた．ところが，1848 年にパスツールは，**酒石酸**と**ラセミ酸**の関係を，後者の**光学分割**(optical resolution)にはじめて成功することにより明らかにした．光学不活性なブドウ酸塩の結晶には，右向き半面像をもつものと左向き半面像をもつものがあることを見いだし，これらを注意深く分離して，二つがそれぞれ右旋性および左旋性の酒石酸塩であることを発見した（図 3.7）．パスツールは，**光学活性**(optical activity)が結晶形によるものではなくて，分子の構造にその原因があることを知っていたが，それをはじめて明白に示したのは，ファント・ホッフが提唱した立体化学であった．

パスツール（フランス）
L. Pasteur (1822〜1895)

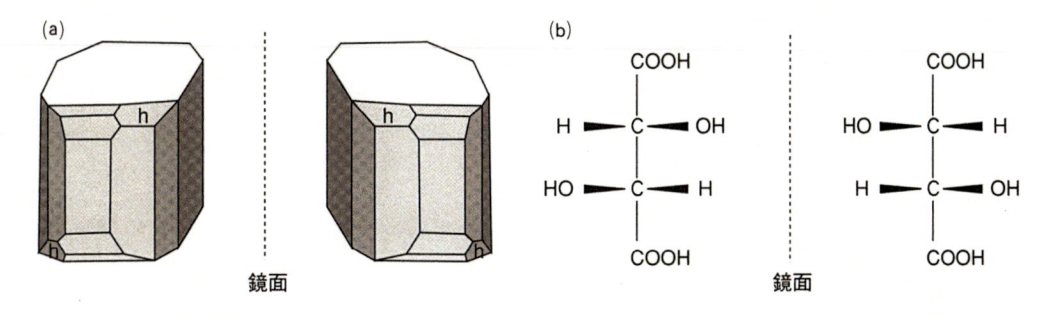

図 3.7　(a) 酒石酸ナトリウムアンモニウムの光学活性体の結晶形．(b) L-酒石酸と D-酒石酸．

酒石酸は HOOC−C*H(OH)−C*H(OH)−COOH の示性式をもつ分子で，2 個の**不斉炭素原子**(asymmetric carbon atom)をもっている（*は不斉炭素原子を表す）．したがって，酒石酸には光学的に 3 種類の分子が存在する．事実，右旋性の L-酒石酸（$d$-酒石酸），左旋性の D-酒石酸（$l$-酒石酸），および光学活性をもたない DL-酒石酸が見いだされている．

1874 年に，弱冠 22 歳のオランダのファント・ホッフは，炭素の**正四面体構造**を仮定することで，酒石酸と乳酸の異性体の数，乳酸〔$CH_3$−*CH(OH)−COOH〕の二つの異性体の旋光度の絶対値が等しく符号が反対であるという事実を説明できることを示した．メタンの置換体で，炭素原子に結合している原子や置換基 X, Y, Z, U がすべて異なる場合には，この炭素原子は不斉炭素原子となり，**光学異性体**(optical isomer)ができることがわかった．通常の実験条件では，光学異性な化合物は互いに変わることはない．たとえば，分子中に 1 個の不斉炭素原子をもつ乳酸の場合に，炭素原子に結合している 4 個の原子または官能基に原子番号の大きいものから小さいものの順に 1 (OH)，2 (COOH)，3 ($CH_3$)，4 (H) のように番号をつけた際に，中心の炭素か

ファント・ホッフ（オランダ）
J. H. van't Hoff (1852〜1911)

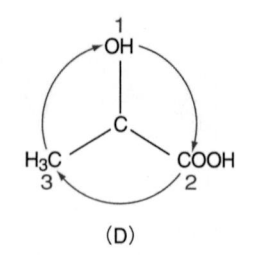

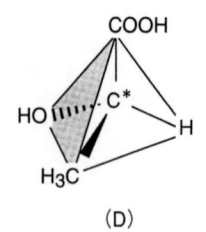

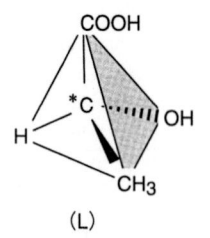

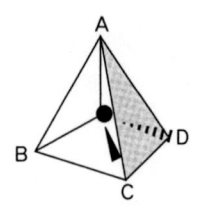

図 3.8　乳酸の光学異性体（D-乳酸，L-乳酸）
右図の●は不斉炭素原子．

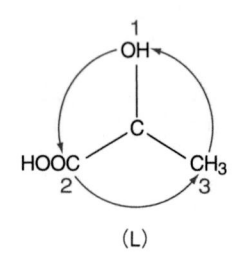

フィッシャー（ドイツ）
E. Fisher（1852〜1919）

野依良治（日本）（1938〜）
2001年度ノーベル化学賞受賞

ら4に向かって見たとき，1→2→3→1が時計回りであればD体，反時計回りであればL体と命名する．

ファント・ホッフの炭素の正四面体構造説は，提出時にはさんざんにこき下ろされた．しかし，分子中の原子間の結合が，三次元的な配置をもつことは一度認められれば当然のこととなった．とくに，4個の不斉炭素原子を含む単糖類の立体構造の確定には，どうしてもファント・ホッフの理論が必要であった．理論的に考えられる光学異性体がすべて存在することを証明したのはフィッシャーであった．彼は，多くの光学異性体を見分けるためにこれらの旋光度を測定した．なお，単糖類は次の示性式をもっている．

$$CHO-C^*H(OH)-C^*H(OH)-C^*H(OH)-C^*H(OH)-CH_2OH$$

光学活性の程度を示す物理量としては旋光度がある．光学活性な物質を含む溶液に平面偏光している光を通すと偏光方向が回転する．互いに光学活性な化合物の同じ濃度の溶液の旋光度を測定すると，一方は右回りの，他方は左回りの偏光をする．その回転角は，溶液の濃度と光が通る溶液のセル長に比例し，比例定数を分子旋光度と定義している．互いに光学異性体の関係にある化合物は，旋光性を除いて，化学的および物理的な性質はまったく同じである．そのため，パスツールはどちらかの光学異性体を意のままに合成することは不可能であるといった．

ところが，名古屋大学の野依良治教授は，パスツールが予想した不可能を可能にできるはずだとの考えで，6年間の苦しい挑戦の末に光学活性な配位化合物を合成した．この光学活性な配位化合物は，ファント・ホッフが提案した正四面体炭素をもつ分子ではない．略して BINAP〔2,2′-ビス（ジフェニルホスフィノ）-1,1′-ビフェニル〕という図3.9に示した化合物で，慣れない者にとっては複雑である．この図で，フェニル（phenyl，略して Ph）基というのはベンゼン環が結合した基という意味なので，$-PPh_2$ は $-P(C_6H_5)_2$ のことである．P原子は3価なのでナフチル基の2位または2′位にも結合している．ベンゼン環が空間的にかさばっているので，二つのナフチル基を結びつけている C−C 軸のまわりにはねじれがある．一度光学的に活性などちらかの

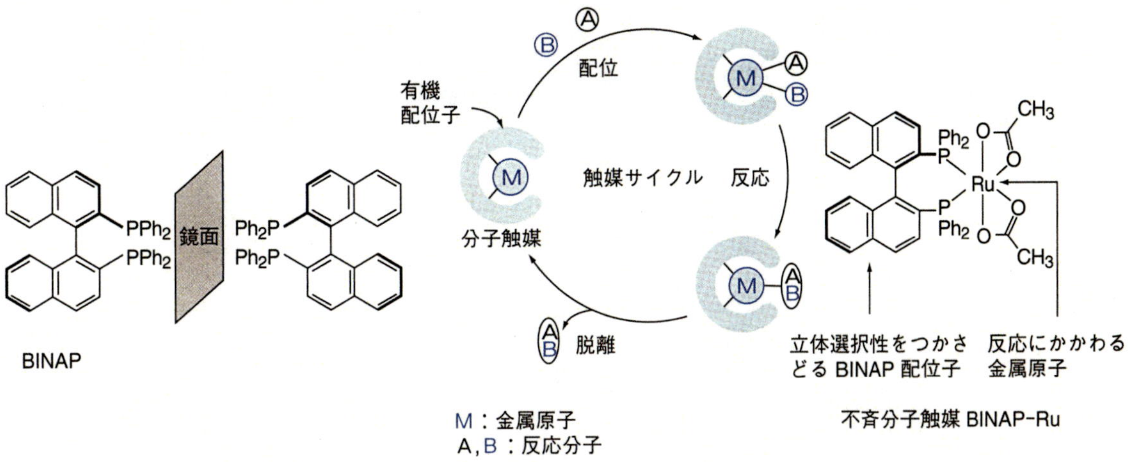

図3.9 光学活性なBINAP化合物(左)とBINAP分子触媒による不斉合成反応の一般原理図(右)

BIBAPができると，もう一方のBINAPには変わらない．この二つの光学活性な配位化合物(これを配位子と呼んでいる)を光学分割した．そして，野依教授と共同研究者は，どちらか一方のBINAPがRu金属原子に配位した光学活性な有機金属化合物をまず合成した．これを触媒に用いて水素化反応を行わせ，望むほうの光学活性な化合物を合成することに成功した．

ジクロロメタン($CH_2Cl_2$)には異性体が存在しないことから，平面分子ではないと考えられる．炭素原子の原子価は4価であり，2個の水素原子および2個の塩素原子と結合している．中心にある炭素原子が4個の原子と結合すると，図3.10に示すように，シス構造およびトランス構造をもつ分子ができるはずである．これが，ジクロロメタンが平面分子ではないとする理由である．

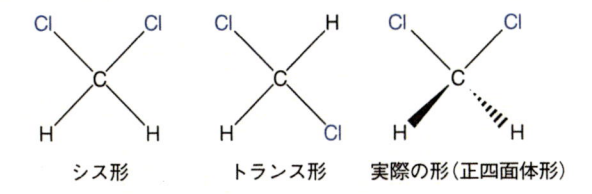

図3.10 シス形およびトランス形(平面形)のジクロロメタンおよび実際のジクロロメタンの構造

分子の立体配置を表すときの慣用
細線で表した価標：その結合が紙面平面内にあることを示す．

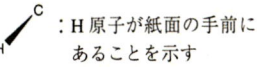

：H原子が紙面の手前にあることを示す

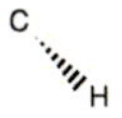

：H原子が紙面の裏側にあることを示す．

### 回転異性

前述したように，1,2-ジクロロエチレンにはトランス体とシス体があることがわかっている．ところが，1,2-ジクロロエタン($CH_2Cl-CH_2Cl$)には，異性体が存在しないので，ファント・ホッフはC−C結合のまわりで自由回転をしていることを提唱した．20世紀になって，量子力学原理で原子・分子の

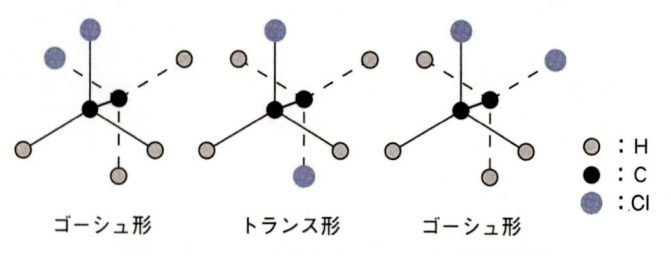

図3.11　1,2-ジクロロエタンの回転異性体

世界の現象を原理的にほぼすべて説明できることがわかってきた．その結果，分子の**回転スペクトル**の測定ができるようになり，そのデータを説明するためには，C−C結合のまわりの回転は完全に自由な回転ではなくて，"**束縛回転**"であることがわかった．ただし，その回転をするために越えなければならない壁（活性化エネルギー）は，数 $kJ\ mol^{-1}$ であり，通常の単結合の解離エネルギーの数％にしかすぎないので，室温では比較的自由に回転できることもわかってきた．

### 3.5.5　グリニャール試薬

19世紀に入って，有機化学の研究はどんどん進んだ．一般式が $C_nH_{2n+2}$ で表される飽和炭化水素のメタン（$CH_4$），エタン（$C_2H_6$），プロパン（$C_3H_8$）など，一般式が $C_nH_{2n}$ で表される不飽和炭化水素のエチレン（$C_2H_4$），プロピレン（$C_3H_6$）など，そして一般式が $C_nH_{2n-2}$ で表されるアセチレン化合物のアセチレン（$C_2H_2$）などが合成された．飽和炭化水素は，燃焼反応や塩素分子との反応は別にして，一般に簡単に反応しないが，エチレンやアセチレンのような不飽和炭化水素は塩素分子や臭素分子などのハロゲン分子を簡単に付加することなども見いだされた．

$$C_2H_4\ +\ Cl_2\ \longrightarrow\ C_2H_4Cl_2 \tag{3.24}$$
　　エチレン　　塩素　　　　1,2-ジクロロエタン

炭素と炭素を結合させる強力な方法を見いだしたのはフランスのグリニャール（F. A. V. Grignard, 1871〜1935）である．それまでは，ハロゲン化アルキル（alkyl halide，RX）*に金属 Na を加えて R−R を得る，フランスの**ウルツ**（C. A. Wurtz, 1817〜1884）による方法が用いられていた．

$$2\ Na\ +\ 2\ RX\ \longrightarrow\ R-R\ +\ 2\ NaX \tag{3.25}$$

この反応は，エネルギー的に安定なハロゲン化ナトリウムを生成するから発熱反応である．ところが，異なる2種類のハロゲン化アルキル R−X と R′−X の混合物を用いて R−R′ だけをつくることができなかった．どうしても R−R と R′−R′ が生成した．

＊　アルキル基とは，メチル（$CH_3$）基やエチル（$C_2H_5$）基のように，メタンやエタンから水素を除いた官能基と呼ばれる部分で，通常 R や R′ で表すことが多い．X は，Cl，Br などのハロゲン原子である．

グリニャールは，ハロゲン化アルキルに金属の Mg を加えると，次のような反応によってアルキル基を与える試薬である R－Mg－X ができ，

$$R-X + Mg \longrightarrow R-Mg-X \tag{3.26}$$

それにケトンを加えると，R が R'R''C＝O のケトン基の炭素に結合し，さらに水を加えると第三級のアルコールができることを見いだした．

$$R-Mg-X + R'R''C=O \longrightarrow RR'R''CO-Mg-X \tag{3.27}$$
$$RR'R''CO-Mg-X + H_2O \longrightarrow RR'R''COH + Mg-X(OH) \tag{3.28}$$

R－Mg－X はグリニャール試薬(Grignard reagent)と呼ばれている．グリニャールの寄与の重要性は，金属と炭素との結合をもった有機金属化合物 (organometallic compound)を合成したことである．後にわかったことであるが，金属 Mg は 2 価の金属で，正イオンになりやすいから，ハロゲン原子とアルキル基が結合したのである．その後，多くの金属について金属－炭素結合をもつ有機金属化合物が合成された．

そのなかでとくに重要な役割を果たしたのが，チーグラー(K. Ziegler, 1898 ～ 1973)とナッタ(G. Natta, 1903 ～ 1979)によって研究されたトリエチルアルミニウム〔Al(C_2H_5)_3〕と四塩化チタン(TiCl_4)を組み合わせたチーグラー－ナッタ(ZN)触媒である．ZN 触媒の発明される前には，ポリエチレンは 180 ℃，2000 atm に近い圧力で合成されていた．ZN 触媒を用いると，常温，10 ～ 30 atm 程度で重合が可能になり(1953 年)，さらに立体規則性の高分子化合物を合成することに成功し，化学工業の推進に大いに寄与した．

## 3.6 メンデレーエフの周期律

19 世紀の前半にはきわめて多くの元素や化合物が発見された．化学者は，元素の性質には類似性があり，ある並べ方で元素を並べると，性質の似たものが並ぶことに気づいた．1829 年には，デーベライナーが，塩素・臭素・ヨウ素，カルシウム・ストロンチウム・バリウムのような性質が近い"三つ組元素"をいくつか発見した．そのほかにもいくつかの規則性を見いだした化学者はいたが，最も現在に近い形の周期表(periodic table)を提案したのがメンデレーエフであった．

メンデレーエフはそれまでに知られていた元素の原子量，原子価，酸化物の化学式などをカード化し，あれこれと並べてみた．原子量の順に並べると，周期性が見つかった(1869 年)．その威力は著しかった．その主たる点は次のようである．

その例の一部を表 3.2 に示す．

メンデレーエフ(ロシア)
D. I. Mendeleev(1834 ～ 1907)

> 1) 原子量の順を重んじるが，必要に応じて原子価も参照した．たとえば，原子量 128 のテルル(Te)は，その原子価からみて，原子量 127 のヨウ素(I)の前にくるべきだとした．
> 2) 周期表を完全なものでなく，未発見の元素のための空白を含む不完全なものとした．1869 年の周期表には 63 種の元素が掲載されていたが，同時に 37 の空欄も含まれていた．
> 3) 周期表は，原子量だけでなく，さまざまな物理的および化学的な性質にも及ぶと考えた．未発見の元素だけでなく，未発見元素の化合物，たとえば酸化物の化学的な性質や物理的な性質も予言できるとし，実際に予言のとおりとなった．

メンデレーエフが予想したとおりに，1875 年にフランスのボアボドランは新元素ガリウムを発見した．さらに，1886 年にはドイツのウィンクラーはゲルマニウムを発見した．いずれの元素も，メンデレーエフの予言とよく一致した．

ちなみに，メンデレーエフの周期表と今日の周期表のおもな違いは次の 2 点にある．
1) 1890 年代に発見された希ガス元素が入っていなかった．
2) 希土類元素や遷移元素の取り扱い方に違いがあった．

「なぜそのような周期性が存在するか」に答えるには，量子論の発展を待たなければならなかった．結局は，元素の周期的な性質を決めるのは，価電子（最外殻の電子）であることがわかった．

表3.2 メンデレーエフが予言した元素の種々の性質と後に発見された元素の性質の比較

|  | メンデレーエフの予言 | 現在値 |
|---|---|---|
| 元素名 | エカアルミニウム | ガリウム |
| 原子量 | 68 | 69.9 |
| 比重 | 6.0 | 5.95 |
| 原子容 | 11.5 | 11.7 |
| 元素名 | エカケイ素 | ゲルマニウム |
| 原子量 | 72 | 72.3 |
| 比重 | 5.5 | 5.469 |
| 酸化物 | $EsO_2$，比重：4.7 | $GeO_2$，比重：4.703 |
| 塩化物 | $EsCl_4$，沸点 < 100 ℃ | $GeCl_4$，沸点 = 86 ℃ |
| フッ化物 | $EsF_4$，気体ではない | 白色固体 |

原子容とは，元素 1 mol の示す体積をいい，原子量を密度で割った値をもつ．
日本化学会編，竹内敬人，山田圭一，新化学ライブラリー「化学の生い立ち」，大日本図書(1992)，p.33.

## 3.7 錯体化学と無機化学
### 3.7.1 ウェルナーの配位説

19世紀の有機化学の発展には目を見張るものがあった．これに重要な役割を果たしたのは，**原子価理論**であった．ところが，この原子価理論がまったく使えそうになかったのが無機化合物である．とくに金属元素には2種類以上の酸化数をもつものが多い．とりわけ今日の言葉でいうと，アンミン錯塩が化学者を悩ませた．代表的な例が，コバルトのアンミン錯塩であるルテオ塩($CoCl_3 \cdot 6NH_3$)の構造であった．

スイスのウェルナー(A. G. Werner, 1866〜1919)は，原子価には**主原子価**と**副原子価**の2種類があり，副原子価は原子と基をかなり強く結びつけるが，主原子価とは異なるやり方で結合するとした．いわゆる**配位結合**(coordinate bond)の提案である．副原子価によって結びつけられる原子または基の数は，6が多いが，2, 3, 5, 7, 8の場合もある．これらの配位子に囲まれたイオンがあって，このイオンでは主原子価が満足されている．$CoCl_3 \cdot 6NH_3$では，副原子価は6で，主原子価は3である．主原子価は金属イオンの価数を決める．

たとえば，エチレンジアミン($H_2NCH_2CH_2NH_2$)を en で表すと，2個のN原子がCoイオンに配位することができる．そのようにしてできた6配位の錯体$[Co(en)_2Cl_2]Cl$が正八面体構造をとると仮定すると，二つの異性体があることが説明できる．また，シス体は二つの光学異性体をもつはずである(図3.12)．ウェルナーは，合成によってこれを確かめた(1911年)．1914年にはまったく炭素を含まない光学活性錯体を合成して，この種の錯体の光学活性は，不斉炭素の存在によるのではないことを証明した．

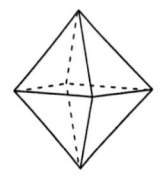

正八面体

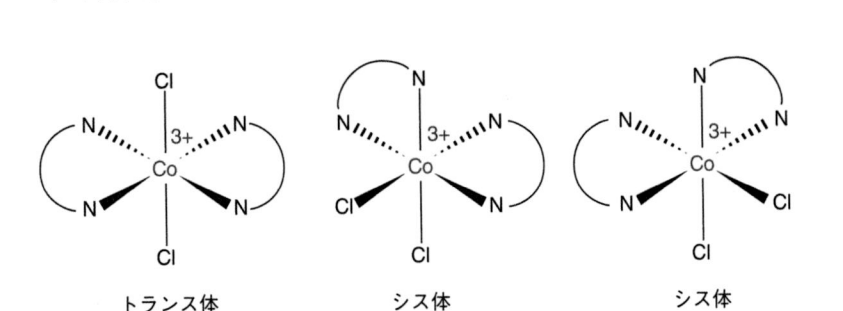

図3.12 6配位の錯体$[Co(en)_2Cl_2]Cl$の可能な立体異性体
　　　右の二つは互いに光学異性体である．

トランス体　　　シス体　　　シス体

ウェルナーは，副原子価の本質を理解していなかった．それがどのようなものであるかが討論されるようになったのは，ルイスの共有結合の理論(八隅子説，8章)が提案されて以降のことである．1923年，英国のシジウイクは，ある種の化合物では共有結合に関与する電子対が，同じ原子または配位子から出てくることもありうることを示した．**配位結合の提案**である．ウェル

ナーの研究以降にはきわめて多くの金属錯体が合成された．生体において触媒として働く多くの酵素は高分子量の金属錯体であるので，実は金属錯体の化学は生化学においてはきわめて重要な分野である．ウェルナーはこれらの功績により1913年にノーベル化学賞を受賞した．

　以上のような原子価理論は，ある化学式をもつ分子や錯体イオンにおいて，どのように原子やイオンが結合しているかについて答えたが，**原子間距離**や**分子構造**についての問いに答えるにはまったく無力であった．その決定は，後で述べるX線回折の方法の開発や，分子の回転スペクトルの測定ができるようになるまで待たなければならなかった．

### 3.7.2　不活性元素の発見

**ヘリウム(He)**：ドイツのブンゼン(R. W. Bunsen, 1811～1899)はキルヒホフとともに開発した分光器を用いて，火炎中で加熱した元素からの発光を分析し，新しい元素を発見した(1859年)．また，ロッキヤーとフランクランドは，インドでの日食に際して太陽の彩層(chromosphere)のスペクトルを観測し，そのなかにあるスペクトル線が地球のどの元素の線とも符合しないことに気づき，新元素であると認めた(1867年)．この元素を太陽(*helios*)にちなんで**ヘリウム**(helium)と命名した．

**アルゴン(Ar)**：英国の気体化学はボイル以来の伝統がある．水素の発見者である**キャベンディッシュ**(H. Cavendish, 1731～1816)は，空気中の窒素を完全に固定するために空気と酸素とを混合して電気火花で化合させたが，常に少量の不活性な気体が残り，その体積が空気の約1/120であることを発見した(1785年)．しかし，それが何であるか解明できないままになっていた．

　**レイリー卿**(Lord Rayleigh, 1842～1919)と**ラムゼー**(W. Ramsay, 1852～1916)は，キャベンディッシュの実験を約100年後に再度行い，化学的に不活性な気体があることを確かめた．さらに，Mgを空気に入れて窒素を固定し，残った気体の密度を測ったところ，比重が酸素のそれを32.00とすると39.88と見積もられた．この気体は化学反応性をまったく示さなかったので，**アルゴン**(argon, 怠け者の意味)と命名された(1894年)．

**ネオン(Ne)，クリプトン(Kr)，キセノン(Xe)**：ラムゼーは，さらにこの希ガスを分留してHeを得た．また，大量の液体空気のなかから，**ネオン**(1898年)，**クリプトン**(1898年)，**キセノン**(1898年)を発見した．この功績により，ラムゼーは1904年のノーベル化学賞を受賞した．レイリー卿はAr発見の功績により1904年のノーベル物理学賞を受賞した．

**Xeの化合物**：希ガスは化合物をつくらないと長い間信じられていたが，カナダのバートレットは，キセノンと$PtF_6$とを反応させると$XePtF_6$が生成することを見いだした(1962年)．その後，一連のXe化合物($XeF_2$, $XF_4$, $XeF_6$など)が合成された．不安定であるがクリプトンの化合物も合成され，希ガス

も反応することが示された．

### 3.7.3 フッ素の発見

フッ素(F, fluorine)は自然界では蛍石($CaF_2$)，氷晶石($Na_3AlF_6$)などの鉱物のかたちで産出する．19世紀初頭から多くの研究者がフッ素元素の単離を試みたが，あまりにも反応性が高いので，猛毒であるフッ素ガスの取扱いに失敗して，中毒や死亡事故に見舞われた．それに成功したのがモアッサンで，1886年のことである．彼は，フッ化カリウムをフッ化水素(b.p. 18.5℃)に溶かし，低温で白金電極で電気分解を行いフッ素気体を単離し，蛍石の容器に貯蔵した．

フッ素単体は反応性が高く，He, Ne, Arを除くすべての元素と反応するので，Fe, Ni, モネル合金などの容器が使われている．金属容器が使える理由は，フッ素は金属と容易に反応するが，金属のフッ化物が薄い不動体の膜をつくり，内部の金属が守られるからである．化合物中のフッ素は，電気を引きつける傾向が強く，酸化数は −1 か 0 (元素)である．酢酸($CH_3COOH$)のメチル基の水素原子をフッ素で置換したトリフルオロ酢酸($CF_3COOH$)においては，酸性度が1万倍も上がる．すなわち，$CF_3COO^-$ イオンが安定となる．

モアッサン(フランス)
F. F. H. Moissan(1852～1907)
1906年度ノーベル化学賞受賞

### 3.7.4 元素発見の歴史

元素が発見された年を図3.13に示す．18世紀の後半から19世紀末までに

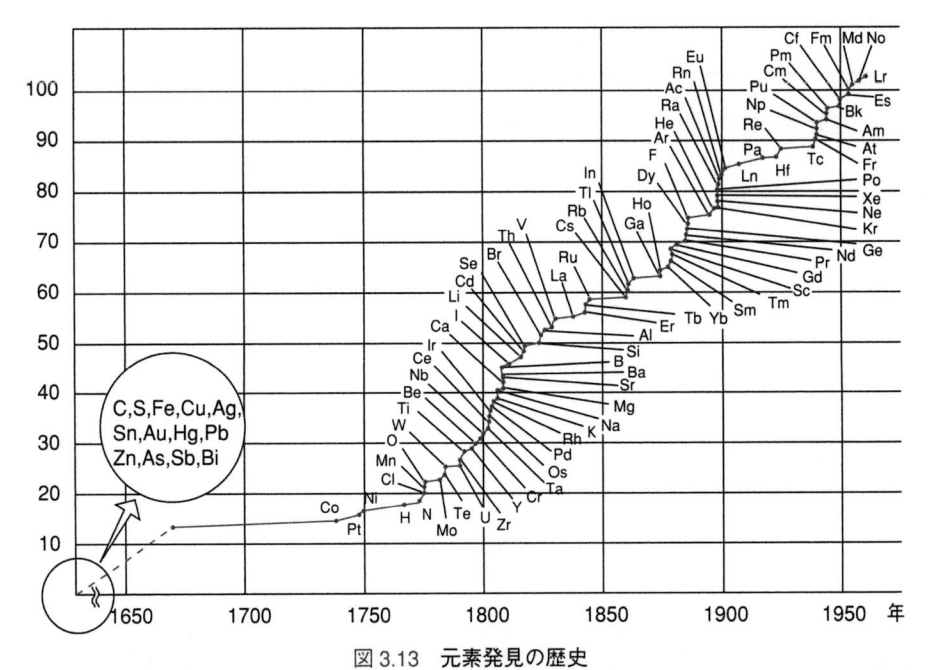

図 3.13 **元素発見の歴史**
田丸謙二編，物質の科学「化学基礎」，放送大学教育振興会(1991), p.14.

67種類の元素が発見された．まさに元素のボナンザ(bonanza, 金鉱を掘り当てたような大当たり)の時期であった．非金属元素の数は比較的少なく，常温で1 atmで気体であるのは11種類(希ガス元素，ハロゲン元素の一部と窒素，酸素，水素)である．臭素は液体であるが，その他の8種類は固体である．金属である水銀も室温では液体である．

## 3.8 酸化数

電気化学や酸化還元反応において原子や分子の電気を帯びている状態を示す目安として，**酸化数**(oxidation number)が使われている．これは化合物の結合を説明するための八隅子則(8章)と同様に経験的な法則である．その取り決めは次のようになっている．

(ⅰ) 単体中の原子の酸化数を0とする．
(ⅱ) 単原子イオンの酸化数は，そのイオンの電荷数に等しい．
(ⅲ) 多原子イオンでは，それぞれの原子の酸化数の和がイオンの電荷数に等しい．
(ⅳ) 中性の化合物の酸化数の和は0とする．
(ⅴ) 共有結合化合物の酸化数の和は0である．各原子の酸化数の符号は，電気陰性度(9章)の大きいほうを負とする．
(ⅵ) 同種の原子によって共有される電子対は両原子に等分し，酸化数に対する寄与は0とする．

原子イオンとして存在するときその価数をもって酸化数とする．$F^-$, $Cl^-$, $Br^-$, $I^-$イオンの酸化数は$-1$で，$H^+$, $Li^+$, $Na^+$, $K^+$, $Rb^+$, $Cs^+$イオンの酸化数は$+1$, $O^{2-}$, $S^{2-}$の酸化数は$-2$である．これはあくまでも便宜的なもので，たとえば硫黄化合物には，$H_2SO_4$(硫酸)，$SO_2$(二酸化硫黄)，$S$(硫黄)，$H_2S$(硫化水素)があるが，酸素の酸化数を$-2$，水素の酸化数を$+1$とすると，Sの酸化数はそれぞれ，$+6$, $+4$, $0$, $-2$となる．しかし，硫黄原子がそれぞれ，$+6e$, $+4e$, $0$, $-2e$の電荷を帯びているということではない．フッ素原子の電気陰性度は$-4.0$で最も陰性度が高いから，化合物中ではその酸化数は$-1$とする．

共有結合によって結合した分子中の原子の酸化数は，さらに便宜的なものである．たとえば，メタン($CH_4$)，二酸化炭素($CO_2$)のCの酸化数は，それぞれ$-4$, $+4$となる．

## この章のまとめ

1. **質量保存の法則** シュタールとベッヒャーが，ものが燃えるのは燃素というものが関与しているからであるという燃素説を唱えた(1670年)．また，ラボアジエが，化学の実験において，物質の重さを量る天秤を有効に利用し，酸化反応の前後で反応物の質量と生成物の質量が等しいことを確かめ，

化学における質量保存の法則を確立した(1772年). 化学反応において, 反応物と生成物の質量を正確に測定することが重要であることが明白となった.
2. **定比例の法則** プルーストが, 実験を何度してみても反応にあずかる物質の質量比は常に一定であることを発見し, 定比例の法則を提唱した(1799年).
3. **ドルトンの原子説** ドルトンが原子説を提唱し, 原子量の表をつくった. しかし, 分子に対しては間違った理解をしていた. また, 倍数比例の法則を提唱した.
4. **気体反応の法則** ゲーリュサックが, 気体反応において, 反応する気体と生成する気体の体積は常に簡単な整数比になるという気体反応の法則を提唱した(1808年).
5. **分子仮説** アボガドロが, 同温, 同圧, 同体積の気体は, その種類に関係なく同数の分子を含むというアボガドロの法則を提唱した(1811年). しかし, この時点ではその仮説を証明する方法はなかった.
6. **理想気体の状態方程式** ボイルの法則(1662年)とシャルル(ゲーリュサック, 1802年)の法則およびアボガドロの法則から, 理想気体の状態方程式 $pV = nRT$ が得られた. この法則によって, 気体の密度を測定すると分子の質量が決定できるようになった.
7. **電気分解** 電解質溶液に電池からの電流を流すと両極から気体が発生することがわかった. デイビーが, 溶融した KOH の電気分解によって金属 K を単離した(1807年). そのほかのアルカリ金属, アルカリ土類金属も単離した. ファラデーが, 電気分解の法則を提唱した(1833年).
8. **有機化学の台頭** 19世紀の初頭までに多くの有機化合物が知られていた. 1823年にウェーラーがシアン酸アンモニウムから生物体がつくる尿素を合成した. その結果, 有機化合物は有機体からつくられる化合物という定義から炭素を含む化合物という定義に変わった. 多くの有機化合物が合成され, その分子量が決定され, 分子式が提案された. 分子内の原子間の結合を説明するために, ケクレが原子価理論を提唱した(1856年). C, H, N, O などの原子の原子価をそれぞれ 4, 1, 3, 2 とすると, 分子内の原子組成がうまく説明できた.
9. **炭素の正四面体模型** ある種の置換メタンには光学活性な化合物があることが知られるようになり, それを説明するためにファント・ホッフが炭素の正四面体模型を提唱した(1874年).
10. **周期律** メンデレーエフは元素の化合物のデータを整理して, 現在知られている元素の周期律によく似たものを提唱し, 未知の元素の存在と性質を推論した(1869年).
11. **金属錯体** ウェルナーが金属イオンに配位子が配位した金属錯体を合成し, 主原子価と副原子価があることを提唱し, その構造や立体異性体の存在を説明した(1914年).
12. **酸化数** 酸化還元反応について考えるとき酸化数の概念は便利であるのでよく使われる. しかし, 共有結合で結合した分子においては, 相手原子によって酸化数が大きく変化することがあるので適当ではないことも多い.

## 章末問題

1. 下記のような実験結果から, 水素, 酸素, 窒素, 炭素, 塩素の原子量を求める手順を示せ. ただし, 以下の気体の体積は標準状態 0 ℃, 1 atm の条件下の値であり, 気体の密度は標準状態 (0 ℃, 1 atm) における理想気体であると仮定して計算した値である. この問題を解く際には, ボイル・シャルルの法則とアボガドロの法則(同温, 同圧, 同体積中に存在する分子数は等しい)は使ってもよいが, 気体定数 $R$ はまだ知らないとする.

　　**実験1** 純水を電気分解すると質量 0.040 g, 448 cm³ の軽い気体が陰極に, 質量 0.32 g, 体積 224 cm³ の重い気体が陽極に生成した. また, 水蒸気の密度を 0 ℃, 1 atm に換算すると 0.804 g dm⁻³ であった.

実験2 一連の実験の結果，質量 0.34 g, 体積 448 cm$^3$ のアンモニア気体は，質量が 0.060 g で体積が 672 cm$^3$ の水素気体と，質量 0.28 g, 体積 224 cm$^3$ の窒素気体とからなることがわかった．

実験3 液体であるクロロホルムの元素分析をしたところ，C：10.06 %, H：0.84 %, Cl：89.10 % が得られた．クロロホルム気体の密度を測定したところ，0 ℃, 1 atm に換算すると 5.327 g dm$^{-3}$ であった．

実験4 塩化水素ガスの元素分析をしたところ，H：2.76 %, Cl：97.24 % であった．また，その密度を測定したところ 1.627 g dm$^{-3}$ であった．

2. $C_2H_4O$ と化学式で表すことのできる簡単な分子の分子構造を予想せよ．

3. Hope と名づけられた 44.5 カラット (8.9 g) のダイヤモンドの物質量を計算せよ．

4. 容積が 2.000 dm$^3$ の球のなかに 0.32 g の純物質の気体を入れる．この球を氷浴に浸し，全体が均一な 0 ℃ の温度にする．圧力を測ったら 85.20 Torr = 0.1121 atm になった．以上のことから，気体分子の分子量を計算せよ．

5. シクロブタン($C_4H_8$) は，シクロペンタン($C_5H_{10}$) と同じ炭素組成をもっている．元素分析をした場合には，重量％は炭素および水素の値についていくらになるか．純粋なシクロブタン 1.403 g を 100 ℃, 1 atm で気化させたときに占める体積を計算し，シクロペンタンとは容易に区別できることを示せ．ちなみに，元素分析とは，物質中にある元素の重量の割合を測定する方法で，すべての元素の割合を加えると 100 % となることに注意せよ．

6. ボイルは化学の発展にきわめて重要な役割を果たした．それについて簡単に述べよ（図書館で科学史に関する本を読むか，百科事典を調べること）．

7. ボイル・シャルルの法則と理想気体の状態方程式の根本的な相違について述べよ．

8. ベンゼンを空気中で完全燃焼させると水と二酸化炭素が生成する．ベンゼンの酸素による燃焼反応の化学式を書け．

9. 化学という学問に対してラボアジエが果たした役割について述べよ．

10. ドルトンは原子説を提唱したが，本当に何か実験的な証拠があったのか．

11. アボガドロは分子仮説を提唱したが，約 50 年間は認められなかった．約 50 年後の 1861 年に開催された第一回国際化学会議で，カニッツァロが紹介して認められることになったという．ところが，物理学者のなかには原子や分子の存在を認めない学者も多かった．なぜ，そのようなことが起こったのか説明せよ．また，アボガドロの分子仮説の果たした実用的な役割を述べよ．

12. 初期の原子量は本当に原子の質量であったか．

13. ケクレの原子価理論の果たした役割を述べよ．

14. 次の分子中のすべての原子の酸化数を 3.8 節の規則によって与えよ．
 (a) $H_2O$, (b) $H_2O_2$, (c) $HNO_3$, (d) $KClO_4$, (e) $NaIO_2$, (f) $SF_6$, (g) $XeF_2$, (h) $Na_2SO_3$

# 4
# 電子と原子核の発見
## ——古典物理学の進歩

## 4.1 はじめに

定性分析や定量分析などの化学的な実験方法を用いて多くの元素が発見され，化合物が合成された．また，アボガドロの分子説によって分子量がわかり，多くの元素の原子量が水素の質量をもとにして求められた．しかし，原子や分子の質量や大きさおよびその性質は，化学的手段のみでは解明できず，物理学的な手法に頼るしかなかった．この章では，化学的な手段では得られなかった原子や分子の質量や原子の構造に関する知見が，物理学的な手法を用いてどのようにして得られたかを概括する．

## 4.2 ニュートンによる古典力学の大成

**ケプラー**（J. Kepler, 1571～1630）は，テイコブラーエが長年にわたって観測した火星の運行に関する位置に基づいて，三つの法則〔(1) 惑星は太陽を一つの焦点とする楕円軌道を描く，(2) 惑星の動径ベクトルの描く面積速度は一定である，(3) 各惑星の公転周期 $T$ の2乗は太陽からの平均距離 $a$ の3乗に比例する〕を導出した．ニュートンは，星の運行に関する**運動方程式**をたて，これを解いてケプラーが導きだした三つの法則を説明することに成功した．この場合に，

① 二つの天体の重心間に**万有引力**が働くこと，**引力の大きさ** $F$ は二つの天体の重心間の距離 $r$ の2乗に反比例し，質量の積 $mM$ に比例する．

$$F = \frac{GmM}{r^2} \qquad G: 万有引力定数 \qquad (4.1)$$

② 外力が働かない質点の速度は変わらない（第一法則）．運動量の時間に関する変化の割合は，その質点（質量）に作用する力に等しいというニュートンの第二運動方程式〔式(4.2)〕が成り立つと仮定した．

ニュートン（イギリス）
I. Newton (1642～1727)

$$\frac{d}{dt}\left(m\frac{dr}{dt}\right) = -F \tag{4.2}$$

ここで，$r$ はある質点(質量：$m$)の位置ベクトル，$t$ は時間，$-F$ は方向も含めた質点にかかる力である．この式は，質点の加速度を $a$ とすると，

$$\frac{d}{dt}\left(m\frac{dr}{dt}\right) = m\frac{d^2r}{dt^2} \equiv ma = -F \tag{4.3}$$

とも表すことができる．この式で力の大きさの前にマイナス記号がついている理由は，万有引力は常に運動量を減少させる方向にかかるからである．この一つの方程式を解いて，天体の運動法則を説明した．古典力学で重要なことは，そのように位置によって変わる力を及ぼす場があるという考えである．

このニュートンの運動方程式は，質点の運動を記述するには強力な方程式である．この運動方程式が修正されるのは，運動の速度が光速に近くなったときであり，その場合にはアインシュタインの相対性理論が使われる．原子・分子の問題で，相対性理論が必要となることは比較的少ない．

### 4.3 クーロンの法則

二つの異なる物質を摩擦すると電気を帯びることは B.C. 600 年ごろから知られていた．いろいろな実験をしてみると，帯電した電気には2種類あることもわかった．クーロン(C. A. Coulomb, 1736～1806)は，自分が発明した感度のよいねじり秤を使って，摩擦電気を帯びた二つの小さな球の間に働く力を測定し，静電気学における**クーロンの法則**を発見した(1785年)．すなわち，

> 二つの小さい帯電体の間に働く力の大きさは，二つの帯電体の電荷 $q_1$, $q_2$ の積に比例し，二つの帯電体の距離 $r$ の2乗に反比例する．

これを式で表すと，

$$F = \frac{kq_1q_2}{r^2} \tag{4.4}$$

$k$ は比例定数で，電荷の単位として C(クーロン)，長さの単位として m を用いると，真空中では，

$$k = \frac{1}{4\pi\varepsilon_0} \tag{4.5}$$

で，$\varepsilon_0$ は真空中の誘電率($\varepsilon_0 = 10^8/4\pi c^2 = 8.8541878 \times 10^{-12}\,\mathrm{m^{-3}\,kg^{-1}\,s^4\,A^2}$)である．重要な点は，符号の異なる電荷どうしでは**引力**，同符号の電荷どうしでは**斥力**が働くことである．

電荷 $q_1$, $q_2$ を帯びた二つの物体が真空中で距離 $r$ を隔てて存在するとき，クーロン力による**位置エネルギー**[potential energy, $V(r)$]を求めてみよう．

## 4.3 クーロンの法則

> 位置エネルギーの定義：質点に外力を加えて，基準の点から考えている点まで保存力に逆らってゆっくりと移動させたときに外力のした仕事．換言すれば，質点を考えている点から基準点まで保存力で移動させたときに外部に対してすることができる仕事．

クーロン力の基準点は，二つの電荷 $q_1$, $q_2$ の距離 $r$ が無限大であるときとする．後者の定義にしたがって位置エネルギーを計算すると，

$$V(r) = \int_r^\infty F \, dr = \int_r^\infty \frac{kq_1q_2}{r^2} dr = \left[-\frac{kq_1q_2}{r}\right]_r^\infty = \frac{kq_1q_2}{r} = \frac{q_1q_2}{4\pi\varepsilon_0 r} \quad (4.6)$$

ゆえに

$$V(r) = \frac{q_1q_2}{4\pi\varepsilon_0 r} \quad (4.7)$$

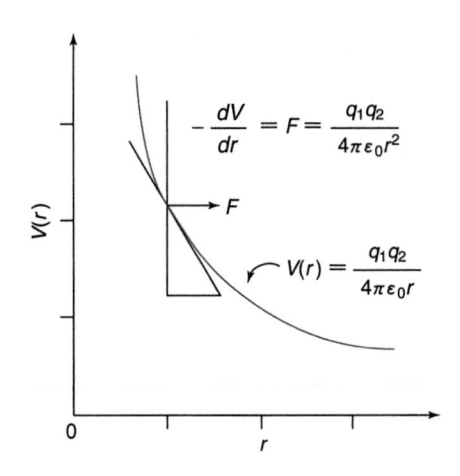

図 4.1 位置エネルギー関数 $V(r)$

なぜ，ここでクーロンの法則について述べるのか．後でわかることであるが，物質は原子からできており，また，原子は正電荷をもつ原子核と負電荷をもつ電子からできていることがわかったからである．その結果，

> 化学物質の間に働く力の根元は，電荷間に作用する電気力にある．

と考えられるからである．

なお，国際単位系(The International System of Units, SI)では，クーロンの功績を称えて電気量の単位としてはクーロン(C)が用いられている．これは，1アンペア(A)の電流が1秒間に運ぶ電気量と定義されている．すなわち，1 A s = 1 C である．

このクーロン力に加えて量子力学原理が働いて，電子の運動する空間が決まり，この物質世界に空間的な広がりができている．

## 4.4　電磁気学と光学

光が粒子であるかそれとも波であるかの論争の歴史は長い．ニュートンは，屈折現象や光の直進性から粒子であると考えた．ニュートンがあまりにも偉大であったために，当時，光の粒子説を否定するには相当な勇気が必要であった．ところが，光が回折することや干渉することなどの実験結果から，光は波動であるとの結論に達した．むしろ，光の粒子性を否定したのである．

ここで，**回折格子**(diffraction grating)の作動原理を簡単に述べておこう．最も簡単な回折格子は，平らな表面に平行な溝を彫ったものである．電気洗濯機のなかった時代に使われた，木板の面を加工してほぼ平行な溝をつくった洗濯板のようなものである．また，回折格子の役割を果たす身近にあるものに CD がある．この表面には，ほぼ同心円の溝が切られており，これが回折格子の働きをしていることは，表面が虹色に見えることがあることからわかる．溝の間隔を $d$ とする．$d$ は光の波長またはその数倍程度である．簡単のために，きわめて遠くにある光源 P から波長 $\lambda$ の光を，回折格子面に**垂直**に入射することにする．回折格子面に入射し，回折した光を，回折角 $\theta$ の方向にある検出器 D で検出する．問題は，回折角 $\theta$ をいくらにすると検出器に入る光の強度が大きくなるかである．光源から検出器までの距離は，$d$ に比較すると長い．光は一点から出て（$R_0$ の距離を進んだ後に）回折格子の頂上 A 点に当たり検出器 D に入る．別のルートを通った光は，同じく隣りの回折格子の頂上 B 点に当たり検出器 D に入る．

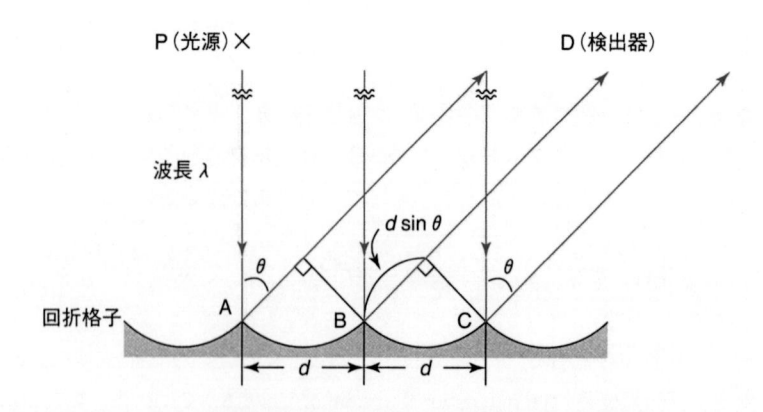

**図 4.2　反射型回折格子を用いた光の回折現象の説明図**
波長 $\lambda$ の光がきわめて遠方の光源から表面の一次元格子に当たって，またきわめて遠方にある検出器 D で検出される．光は面に垂直に入射し，法線と $\theta$ の角をなす方向に進む．格子の頂上 A 点を通って D に入る光と，B 点を通って D に入る光の光路の差は $d\sin\theta$ となる．

線分 PA と線分 PB は平行であり，また線分 AD と線分 BD とは平行であると考えてよい．P→A→D を通った波の強度は，$u_0 \sin\left[\frac{2\pi}{\lambda}(R_{PA}+R_{AD})\right]$ に比例し，P→B→D を通った波の強度は，$u_0 \sin\left[\frac{2\pi}{\lambda}(R_{PB}+R_{BD})\right]$ に比例すると考えてよい．この式で $R_{PA}$ は線分 PA を表す．したがって，前者の式中の $(R_{PA}+R_{AD})/\lambda$ は，光源 P から出て回折格子 A に当たり検出器 D に入るまでに光が通ってきた距離が波長の何倍であるかを表す値である．二つの経路を通って検出器に入ったときの経路長の差 ($\Delta R$) が，次式で表されることは容易に理解できる．

$$\Delta R = (R_{PB}+R_{BD}) - (R_{PA}+R_{AD}) = -d\sin\theta \tag{4.8}$$

したがって，二つの波の重なりによる光の強度 ($\Psi$) は，重ね合わせの原理を使うと式 (4.9) となる．

$$\Psi = u_0 \sin\left[\frac{2\pi}{\lambda}(R_{PB}+R_{BD})\right] + u_0 \sin\left[\frac{2\pi}{\lambda}(R_{PA}+R_{AD})\right] \tag{4.9}$$

共通部分をくくると，

$$\Psi = u_0 \sin\left[\frac{2\pi}{\lambda}(R_{PA}+R_{AD})\right] + u_0 \sin\left[\frac{2\pi}{\lambda}(R_{PA}+R_{AD}+\Delta R)\right]$$
$$\equiv u_0[\sin\alpha + \sin(\alpha+\beta)] \tag{4.10}$$

ただし，$\alpha \equiv \dfrac{2\pi(R_{PA}+R_{AD})}{\lambda} \quad \beta \equiv \dfrac{2\pi\Delta R}{\lambda} = -\dfrac{2\pi d\sin\theta}{\lambda}$

$\beta = 2\pi n$ ($n$ は整数) のとき $\Psi = 2u_0\sin\alpha$ となり，二つの波は強め合う．とくに，A, B の 2 点から回折された光だけでなく，さらに隣りの山から回折された $m$ 個の波を加えると，

$$\Psi = u_0[\sin\alpha + \sin(\alpha+\beta) + \cdots\cdots + \sin\{\alpha+(m-1)\beta\}] \tag{4.11}$$

波を強め合う条件は $2\pi\Delta R/\lambda = 2\pi n$，すなわち，

$$d\sin\theta = n\lambda \quad (n=0, \pm1, \pm2, \cdots) \tag{4.12}$$

これが回折条件であり，重ね合わせた波の強度は，$\Psi = u_0 m \sin\alpha$ となる．このような考え方をすると，$d\sin\theta = n\lambda$ の回折条件を満足する方向には光が進むが，その他の方向では多くの波が打ち消し合って光の強度がまったくないということが起こる．

> **【例題 4.1】** 回折格子の溝の間隔 $d$ が波長 $\lambda$ の 3 倍であるとき，回折される角度 $\theta$ を求めよ．
>
> **【解答】** $d\sin\theta = n\lambda$, すなわち $(d/\lambda)\sin\theta = n$ より，$\sin\theta = n/3$
> $|\sin\theta| = |n/3| \leq 1$ より，$|n| \leq 3$
> ∴ $n = 0, \pm 1, \pm 2, \pm 3$．∴ $\sin\theta = 0, \pm 1/3, \pm 2/3, \pm 1$
> ∴ $\theta = 0$（鏡面反射），$\pm 19.47°$，$\pm 41.82°$，$\pm 90°$（見えない）

マクスウェル(J. C. Maxwell, 1831～1879)は，ファラデーによって見いだされた電磁誘導の理論をいわゆる**マクスウェル方程式**に定式化した．**電磁誘導の法則**によると，電場が時間的に変わると磁場が生じ，また磁場が時間的に変化すると電場が生ずる．マクスウェルはこの方程式を解いて，**電磁波**(electromagnetic wave)が空間的に伝搬する横波であることを示し，光も電磁波の一種であることを予言した(1873 年)．また，ヘルツ(H. R. Herz, 1857～1894)は，空間的に離れた 2 点間の電圧を時間的に変化させると電磁波が放出されることを実験的に示した．ラジオの電波やテレビの電波が伝わるのはこの原理による．

真空中で $x$ 軸方向のみに伝搬する電磁波を考えると，進行方向に垂直な方向(たとえば $y$ 方向)の電場 $E_y$ の強さは，時間 $t$ と位置 $x$ との関数 $E_y(x, t)$ で表されるが，それは次のような波動方程式を満足する．

$$\frac{\partial^2 E_y}{\partial t^2} = c^2 \frac{\partial^2 E_y}{\partial x^2} \tag{4.13}$$

$x$ 軸の正の方向に伝搬する電磁波に対するこの方程式の解は次式で与えられる．

$$E_y = E_{y0} \sin\left[\frac{2\pi(x - ct)}{\lambda} + \delta\right] \tag{4.14}$$

振幅 $E_{y0} = 1$，位相 $\delta = 0$ とおいたとき，$ct = 0$ および $ct = 0.1\lambda$ のときの式(4.14)の関数形を図 4.3 に示す．$ct = 0.1\lambda$ のとき，式(4.14)で与えられ

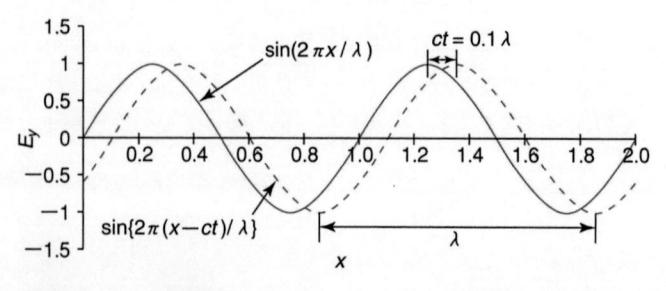

図 4.3 振幅 $E_{y0} = 1$，位相を $\delta = 0$ とおいたとき，$ct = 0$ および $ct = 0.1\lambda$ のときの式(4.14)の関数形

る関数は，$E_y = E_{y0}\sin\left(\frac{2\pi x}{\lambda} + \delta\right)$ の関数を $x$ 軸方向に $ct$ だけ平行移動したものである．また式 (4.14) から，$(x-ct)$ が同じならば電場の強さ $E_y$ は同じとなる．すなわち，$E_y$ は光速度 $c$ で右方向に進む電磁波の電場の大きさを表す．

## 4.5 電場・磁場中の荷電粒子の運動 ── フレミングの左手の法則とローレンツ力

イギリスの電気工学者であったフレミング (J. A. Fleming, 1849〜1945) は，磁場中で電流が導線を流れるとき導線には力がかかることを発見した．ローレンツ (H. A. Lorentz, 1853〜1928) は，フレミングの左手の法則 (Fleming's rule) と呼ばれているこの法則を一般化して，荷電粒子が電場および磁場中で運動するとき，その粒子 (電荷 $q$) にかかる力の一般的な式を提案した (1895 年)．それを式で表すと次のようになる．

$$F = qE + qv \times B \tag{4.15}$$

ただし，$v$ は電荷の移動速度，$B$ は磁束密度である．これを言葉で説明すると，

> 運動する電荷 $q$ にかかる力 $F$ は，電場 $E$ による力 $qE$ と，磁場による力 $qv \times B$ の合力である．電場 $E$ による力は，電荷 $q$ の大きさに比例し，電場ベクトル $E$ の方向に向かう力 $qE$ である．磁場による力は，電流 (電荷 $q$ とその速度 $v$ の積) と磁束密度 $B$ のベクトル積 $qv \times B$ で与えられる．

このローレンツ力の式は，電子や原子イオンの質量 (実際にはその質量 $m$ と電気素量 $e$ の比 $m/e$) を測定するために使われたので，きわめて重要な式である．ここで，ローレンツ力について簡単に説明する．簡単のために磁場による力のみを考える (図 4.4 参照)．

いま，正の電荷 $q$ をもつ粒子 (質量 $m$) が，真空中で $t = 0$ において位置 $(0, 0, 0)$ にあって，$x$ 軸方向に速度 $v_{x0}$ で進んでいるとする．また，$y$ 軸方向 (紙面に垂直で下の方向) を向いている一様な磁場 (磁束密度 $B$) があるとすると，時刻 $t = 0$ においては，速度ベクトル $v_{x0}$ ($x$ 軸方向) と磁束密度ベクトル $B$ ($y$ 軸方向) の両者に垂直で，$v_{x0}$ ベクトルを $B$ ベクトルに重ね合わせるようにベクトルを回転したとき，ローレンツ力は右ねじが進む方向 (すなわち $z$ 軸方向) に向いており，その大きさは $F_{z0} = qv_{x0}B$ である．磁場のみによるローレンツ力の特徴は，常に進行方向と垂直の方向に力がかかるために方向は変わるが，荷電粒子の速度は変わらないということである．したがって，粒子は $zx$ 面内で運動する．また，任意の時間 $t$ において，常に磁場に垂直で，進行方向に垂直な方向に力を受けるから $zx$ 面内の力を受けることになるので，運動の軌跡は $zx$ 面内にあることになる．実は，このように磁束密度が一定で

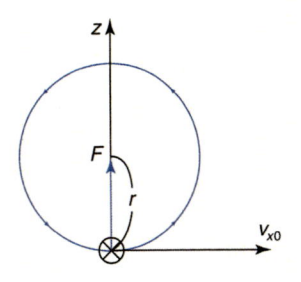

図 4.4
ローレンツ力の概念的な説明図
説明は本文を見よ．

ある領域では，円運動をすることは容易に理解できる．円運動の半径を$r$とすると，求心力と粒子にかかる力が釣り合うから，

$$\frac{mv_{x0}^2}{r} = qv_{x0}B \tag{4.16}$$

したがって，

$$r = \frac{mv_{x0}}{qB} \tag{4.17}$$

このような運動に対して計算ができる必要はないが，ニュートンの運動方程式を解くと，荷電粒子は$(0, 0, mv_{x0}/qB)$を中心とする円運動をする．その周期$T$は，$2\pi m/qB$である．質量が小さいほうが回転半径は小さい．実際は，限られた領域で磁場が作用するだけであるから，磁場が0となる点からは直線運動をすることになる．最初にもっていた荷電粒子のエネルギーと磁場の強さから飛行する方向が決まり，質量/電荷の比が決定できる．この方法を使って，電子や陽子に対する質量/電荷の比が決定されたのである．

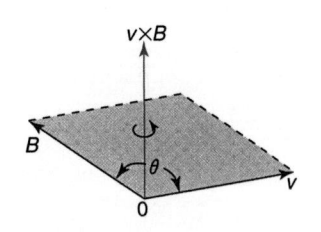

なお，ベクトル積$v \times B$とは，ベクトル$v$を$B$に近づけるように右ねじを回転したとき，そのねじの進む方向を向いており，またベクトルの大きさは二つのベクトルがつくる平行四辺形の面積となる．すなわち$vB\sin\theta$である．ただし，$\theta$は二つのベクトルのなす角である．

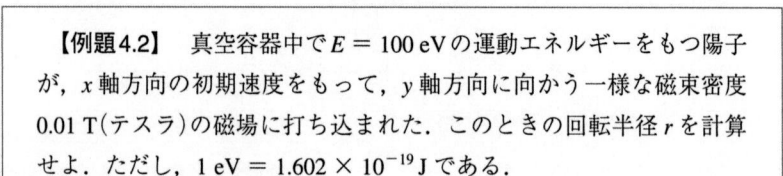

図 4.5
**ベクトル積 $v \times B$ の定義**
$v$と$B$を含む平面内でベクトル$v$をベクトル$B$に合わせるように回したとき，右ねじが進む方向をもつ．

---

**【例題4.2】** 真空容器中で$E = 100$ eVの運動エネルギーをもつ陽子が，$x$軸方向の初期速度をもって，$y$軸方向に向かう一様な磁束密度0.01 T(テスラ)の磁場に打ち込まれた．このときの回転半径$r$を計算せよ．ただし，1 eV $= 1.602 \times 10^{-19}$ Jである．

**【解答】** これを計算すると，エネルギー$E$をもつ陽子の運動量の大きさ$p$は，$p = \sqrt{2m_pE} = m_pv$で与えられる．
$$p = m_pv = \sqrt{2 \times m_p \times E}$$
$$= \sqrt{2 \times 1.6726 \times 10^{-27} \times 200 \times 1.602 \times 10^{-19}}$$
$$= 2.315 \times 10^{-22} \text{ kg m s}^{-1}$$
式(4.17)より，$r = \dfrac{p}{Be} = \dfrac{2.315 \times 10^{-22}}{1.602 \times 10^{-19} \times 0.0100} = 0.144$ m $= 14.4$ cm

---

## 4.6 減圧気体放電実験
### 4.6.1 X線の発見とX線回折

19世紀の後半には，真空をつくる技術が発達した．1895年にレントゲン(W. C. Röntgen, 1845〜1923, 1901年に最初のノーベル物理学賞受賞)は，真空中で加速して高エネルギー状態にした陰極線(電子線)を金属に衝突させると，

物質に対して強い透過力をもつ**放射線**が出てくることを発見し，不可解な線という意味でこれを **X線** と名づけた．この線は，電場中でも磁場中でも曲げられないことから，電磁波の一種であることが判明し，その波長は $10^{-10}$ m程度という短いものであることがわかった．

ラウエ(M. T. F. von Laue, 1879～1960, 1914年度ノーベル物理学賞受賞)は，X線を結晶に照射すると回折現象を示すのではないかと提唱し，セン亜鉛鉱(zinc blende, ZnS)の結晶に照射すると回折が起こることを発見した(1912年)．これを知ったブラッグ父子(W. H. Bragg, 1862～1942, W. L. Bragg, 1890～1971, 1915年度ノーベル物理学賞受賞)は，結晶の格子面の間隔を $d$，回折した既知波長 $\lambda$ のX線の散乱方向と格子面のなす角を $\theta$ とすると，これらの間には式(4.18)の関係(ブラッグの関係式)があることを発見した．

$$2d\sin\theta = n\lambda \tag{4.18}$$

回折格子による光の回折と同様な式であるが，詳しいことはここでは述べない．このX線回折現象によって，X線が波のふるまいをすることが判明し，結晶中の原子間隔やその構造を決定する方法が確立された．図4.6 はラウエの門下生のフリードリッヒとクニッピングが用いた実験装置の概念図とセン亜鉛鉱のラウエ斑点である．

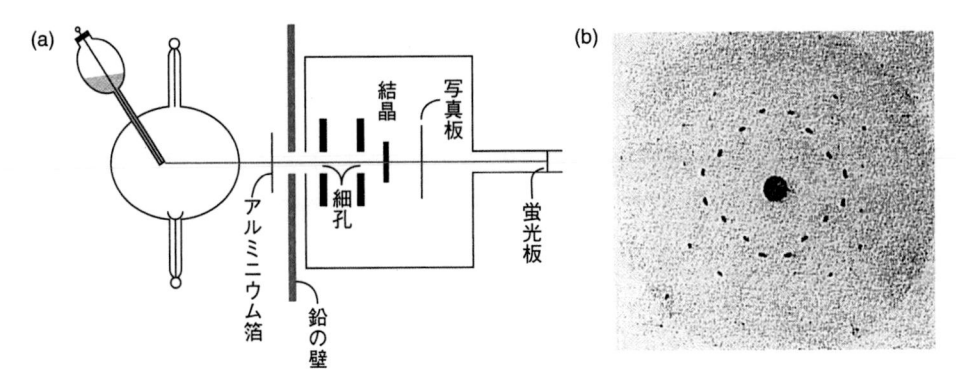

図4.6 フリードリッヒとクニッピングが用いた実験装置の概念図(a)と二人が測定したセン亜鉛鉱(ZnS)のラウエ斑点(b)

物理学の発展という観点から次に求められるのは，気相分子の高分解回転スペクトルの測定やそのスペクトルの解釈であったが，これには量子論の発展を待たねばならなかった．

### 4.6.2 陰極線 ── 電子の発見

クルックス (W. Crooks, 1832～1917) は，低圧気体内で放電すると陰極から陰極線が放出され，それがさまざまな性質をもっていることを発見した．とくに，電場や磁場によって進行方向が曲げられることから，陰極線は**陰電荷**をもつ粒子であることがわかった (1879 年)．J. J. トムソンは，陰極線が電場や磁場内で曲げられる程度を測定して，粒子の質量 $m$ と電気素量 $e$ の比 $m/e$ を決定した．電子 (electron) の発見である (1897 年)．

$$\frac{m}{e} = 5.686 \times 10^{-12} \text{ kg/C} \tag{4.19}$$

J. J. トムソン (イギリス)
J. J. Thomson (1856～1940)
1906 年度ノーベル物理学賞受賞

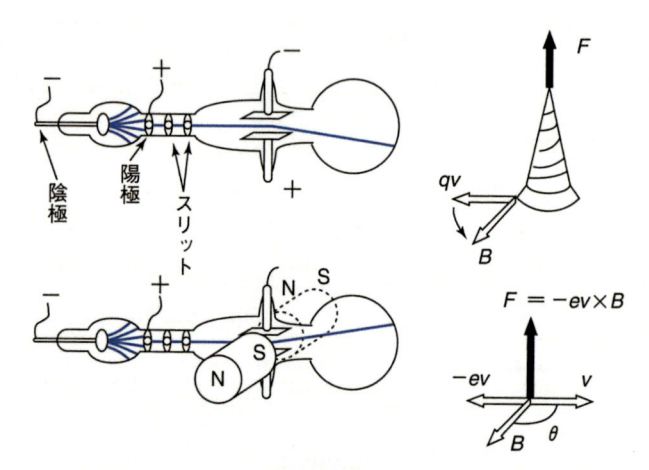

**図 4.7 陰極線管の概念図**
陰極から出た陰極線を電場または磁場，あるいはその両方を通したとき，それが曲がる程度を測定し，質量と電荷の比 $m/e$ を決定した．

### 4.6.3 陽極線 ── 陽子の発見

ゴルトシュタイン (E. Goldstein, 1850～1930) は放電中の陽極から正の電荷をもつ粒子線 (陽極線) が出ることを発見した (1886 年)．J. J. トムソンは，図 4.8 に示す装置を用いて，電場や磁場中で陽極線の曲がる程度を測定し，陽極線粒子の質量の電気素量に対する比 $M/e$ を決定した (1907 年)．そして $H_2$ 気体の放電から $H^+$ イオンの質量 $M$ の電荷 $e$ に対する比が次式のように求められた．

$$\frac{M}{e} = 1.044 \times 10^{-8} \text{ kg C}^{-1} \tag{4.20}$$

これらの実験によって，電子が水素原子イオン $H^+$ に比較して 1/1836 ときわめて軽い負電荷をもつ粒子であることが判明した．

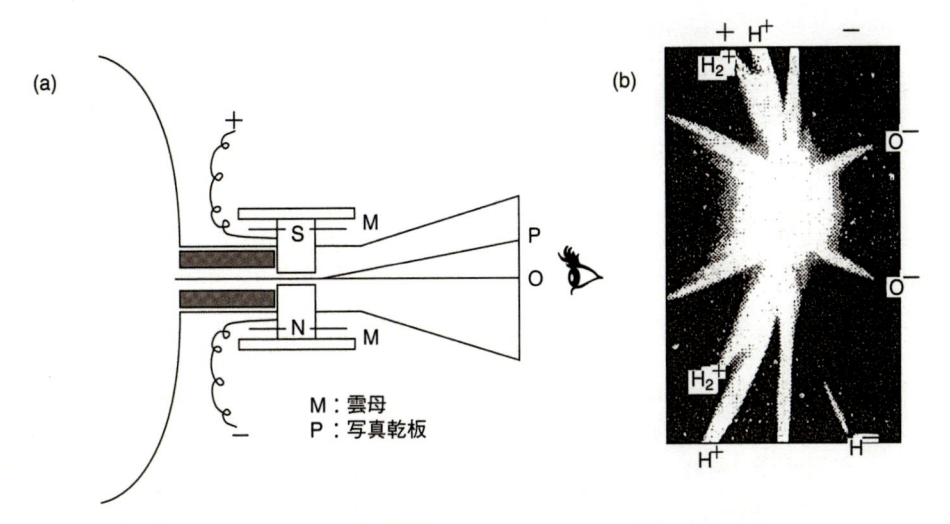

図 4.8　陽極線分析装置の概念図(a)と陽極線粒子の示す放物線(b)
(a) 左側の減圧希薄 $H_2$ 気体中で高い電圧 $V$ をかけると，放電によってイオンができ，これが右方向に加速されて進む．イオンが進行方向と垂直に電場および磁場がかかった領域を通るとき，ローレンツ力によってその進行方向が曲げられ，向かい側の写真乾板に衝突する．(b) 写真乾板をイオンビームが進む側から見たときの像で，明るい領域は粒子が衝突したことを示す．かけられた電場によってイオンは水平方向に曲げられ，また磁場によって上下方向に曲げられる．この像は，電圧 $V$ が正のときできる正イオンの像と，負のときに得られる電子および負イオンによる像が重ねられている．さらに，磁場の極性を反対にしたときに得られた像も重ねられている．微量の空気が残っているので，$H^+$ や $H_2^+$ イオンのほかに，$H^-$，$O^-$，$N^+$，$N_2^+$，$O^+$，$O_2^+$ などのイオンも観測される．同じイオンについて得られた像を結ぶと放物線となる．この像を解析すると，それぞれのイオンの質量 $M$ と電気素量の比 $M/e$ が得られる．

## 4.7　ミリカンの油滴実験 —— 電気素量 $e$ の測定

アメリカのミリカン(R. A. Millikan, 1868～1953, 1923年度ノーベル物理学賞受賞)は，X線照射によってイオン化した小さな油滴の落下速度の精密測定をして，イオンの電荷を測定した．ミリカンは，球形の粒子が気体中を運動する際の抵抗は，経験的な式であるストークスの式に従うと仮定し，また空気の内部摩擦係数 $\eta$ に比例すると考えた．**この測定結果の解析から電気素量 $e$ が決定された**．ミリカンの実験の寄与はきわめて重要であった．すなわち，

> 正電荷や負電荷のもととなる電気素量 $e$ を直接的に求めることができたので，電子と原子の質量が求まり，アボガドロ数も決定することができた．

現在，最も正確な電気素量の値は，アボガドロ数 $N_A$ を正確に求め，$1F$（ファラデー）をアボガドロ数で割って求める．すなわち，$e = 1F/N_A$ である．それでは，このアボガドロ数はどのようにして求めるか．その方法は以下のとおりである．1 mol の密度が最も正確に求まっている Si の結晶の原子核間

距離を X 線回折によって求めると，単位格子中の密度がバルク結晶の密度に等しいことから，アボガドロ数が決定できる．

## 4.8 放射能と元素の放射壊変の発見

1896 年にベクレル（A. H. Bequerel, 1852〜1908, 1903 年度ノーベル物理学賞受賞）は，ウラン（U）からきわめて透過力の強い放射線が出てくることを発見した．続いて 1899 年には，強い放射線は強い磁場によって部分的に偏向されることを発見した．これらの放射線の一つは，負の電荷をもった粒子であることが判明し，これを $\beta$ 線と命名した．さらに，1903 年にはイギリスのラザフォード（E. Rutherford, 1871〜1937, 1908 年度ノーベル化学賞受賞）が，より強い磁場中で偏向される正の電荷をもつ粒子（$\alpha$ 粒子）の流れである $\alpha$ 線を発見した．この $\alpha$ 粒子については，その質量の電荷に対する比から電気素量 $e$ の 2 倍の正電荷をもつ $He^{2+}$ 粒子であることが判明した（1909 年）．その後，X 線と同様に電荷をもたない放射線の $\gamma$ 線も発見された．この $\gamma$ 線は，電場によっても磁場によっても方向が曲げられない波長の短い電磁波であることが判明した．

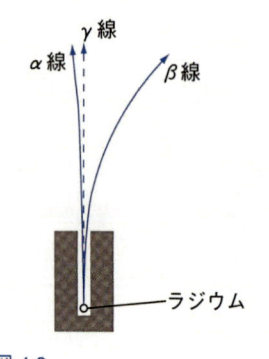

図 4.9　放射性物質から出る放射線が磁場によって偏向される様子

## 4.9 原子の構造

原子が正電荷と，負電荷をもつ電子とからなっていることはわかった．次に解決すべき重要な問題は，原子はどのような構造をもっているのかということであった．すなわち，**正電荷と質量が占める空間的な大きさはいくらか**である．換言すると，正電荷は原子の大きさ全体に広がっているのか（トムソン模型，1904 年），それともきわめて小さい空間を占めるのみである（長岡模型）のかが問題となった．長岡半太郎は，1904 年に **Nagaoka の原子模型**を提案した．トムソンの模型では，正の電荷も質量も原子の大きさ一杯に均一に分布しているとした．一方，長岡は，正の電荷は原子の中心に集中しており，電子はその周囲を土星の環のように取り巻いているとした．

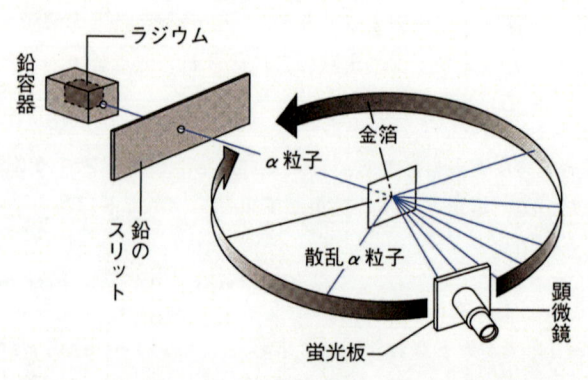

図 4.10　ガイガーとマースデンによる $\alpha$ 粒子の薄い金箔による散乱実験の模式図

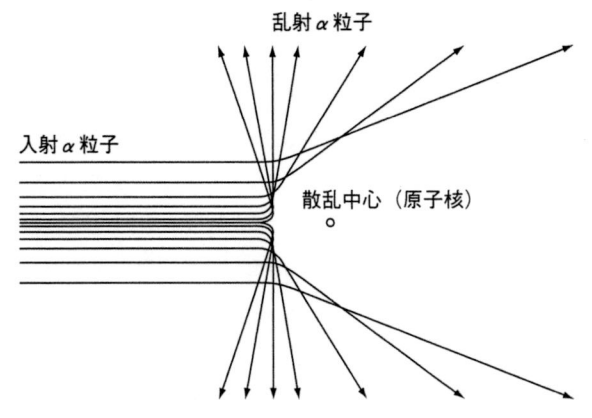

図 4.11 ラザフォードの散乱計算による α 粒子の軌跡

　1909 年に，ラザフォードの指導を受けていたガイガーとマースデンは，きわめて薄い金箔に高エネルギーの α 粒子を当てると，大部分はわずかな方向のずれを見せるだけで透過するが，確率的には極めて低いが，90°以上の散乱角をもって散乱される α 粒子も存在することを発見した（図 4.10）. 90°もの散乱角を示すこの現象を説明するために，ラザフォードは，正電荷をもつ比較的軽い α 粒子が，1 回の衝突によって，正の電荷をもつ重い金の原子核によって散乱されると仮定した．そしてこの散乱過程を，ニュートンの古典力学を用いて説明した．その散乱の様子を図 4.11 に示す．
　この場合，当然ながら，この二つの粒子の間に働く力はクーロン斥力である．散乱された α 粒子の強度の散乱角度依存性の理論値を，実験値と比較すると完全に一致した．トムソンの模型では，α 粒子は原子を突き抜けるので後方に散乱されることはないはずである．これらの事実から，ラザフォードは，

> 原子は，きわめて小さい空間にそのほとんどの質量をもつ，原子核と呼ばれる正電荷の核と，そのまわりを回る軽い電子とからなる．

というラザフォードの原子模型（Nagaoka の原子模型）を証明した．さらに，ガイガーとマースデンが正確に測定した散乱 α 粒子の強度の散乱角分布を，理論値と比較することにより，原子核の電荷 $Ze$ は相対的な原子量の約半分であることを見いだした．ラザフォードの原子模型の確立である．
　結果的には，Nagaoka の原子模型が正しかったのであるが，後述するように，この模型も電子運動の安定性を説明できなかった．すなわち，長岡の模型を発展させたボーアの水素原子模型によって，水素原子スペクトルは説明できたが，最終的には，量子力学が必要となった．

## 4.10 質量分析器による分子量や原子量の測定

前述したように，J. J. トムソンは $M/e$ を決定したが，彼の助手であったアストン（F. W. Aston, 1877〜1945, 1922 年度ノーベル化学賞受賞）は，1919 年に原子イオンの質量をより高い精度（1/1000）で測定できる装置を開発した（図 4.12）．これは現在の磁場型質量分析器の原型である．この分析器では，気化した原子または分子を放電によってイオン化し，これを既知の運動エネルギーまで加速する．さらにスリットを通過したイオンを静電場に通すと，質量の違いによって広がるが，イオンの進行方向と静電場の方向に垂直（紙面に対して垂直）な磁束密度をもち，その磁束密度の断面がほぼ円形である磁場に打ち込む．磁場の強さを調節すると，イオンの速度が異なっても，質量が同じであれば写真乾板の一点に焦点を結ぶように収れんする（その理由は省略する）．

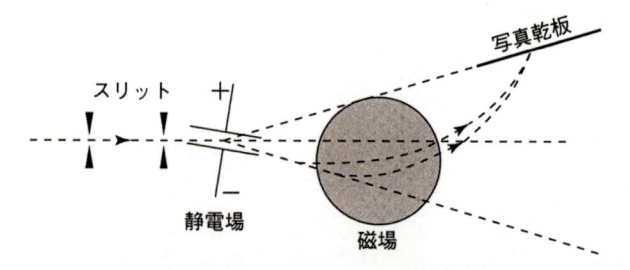

図 4.12 アストンの質量分析器の原理

質量分析器によって Ne の同位体 $^{20}$Ne と $^{22}$Ne が分離され，その同位体の存在比は，後者が前者の約 10 % あることが見いだされた．この方法によって，原子番号は同じであるが質量数が異なる元素の同位体が次つぎと発見された．

---

### この章のまとめ

1. **ニュートン力学** 星のように巨視的な物体の運動を解明する物理学の重要な分野である古典力学は，ニュートンによって大成された．ニュートン力学の根本原理は，物体の質点の速度と質量の積である運動量の時間的な変化は，その質点にかかる力に比例するとした点にある．星の運行の場合には，質点にかかる力は万有引力で，これは二つの質点の質量の積に比例し，距離の 2 乗に反比例し，質点を結ぶ方向にかかるベクトル量であるというものである．これは星の位置ベクトルの時間に関する 2 階の微分方程式で，これを解いて得た解から，ケプラーの三つの法則を理論的に証明することができた．このニュートンの運動方程式の重要な点は，すべての物体の運行は，その物体にかかる力が知られていて，運動の初期条件（時刻 $t$ における位置ベクトルと速度ベクトル）がわかれば，その後の任意の時刻における位置が決まるということである．

2. **クーロンの法則** クーロンは電荷を帯びた物体の間にかかる力を厳密に測定し，二つの電荷にかかる力は二つの電荷の積に比例し，距離の 2 乗に反比例すること，2 種類の電荷があり，同じ電荷どうしには斥力が働くが，異なる種類の電荷には引力が働くというクーロンの法則を提出した．電荷 $q_1$, $q_2$ を帯びた二つの物体が真空中で距離 $r$ を隔てて存在するとき，クーロン力による位置エネ

ギーは次式で与えられる.

$$V(r) = \frac{q_1 q_2}{4\pi\varepsilon_0 r}$$

通常，距離の2乗に反比例する力が作用するような場合には，距離が無限遠にあるときの位置エネルギーを基準[$V(\infty) = 0$]とする．二つの電荷の符号が等しいときには，斥力が働くので無限遠まで動かしたとき外に仕事をすることができる．それに対して，符号が異なるときには引力が働くために，無限遠にある状態よりもエネルギー的に低い．したがって，無限遠まで電荷を引き離すには，外からその絶対値分の仕事を与えなければならない．このクーロンの法則が化学にとってきわめて重要である理由は，その後の研究によって，すべての物質は元素からなり，その元素は原子からなり，さらに原子は正の電荷をもつ原子核と負の電荷をもつ電子からなることがわかったからである.

3. **電磁気学** 光や電磁波は化学反応にとって直接的な関連性はないが，原子や分子のなかの電子のふるまいを理解し，分子や結晶の原子間の距離を測定するためには不可欠である．ニュートンは，光は粒子であると宣言したが，その後の光の回折や干渉の実験によって，波の性質をもっていることが断定された．19世紀後半になってマクスウェルは電磁気学を定式化し，電磁波の満足する方程式をたて，それを解いて電磁波の波動性を理論的に証明した．ヘルツは，電磁波の存在を実験的に証明し，その理論の正当性を証明した.

4. **ローレンツ力** フレミングの左手の法則と電場のなかで荷電粒子にかかる力とをまとめた力として，ローレンツは電場と磁場のなかで運動する荷電粒子にかかる力，ローレンツ力を提案した(1895年).

5. **電子(陰極線)と陽子(陽極線)の発見** 低圧気体の放電によって陰極から放出される荷電粒子に電場と磁場をかけたとき，その粒子の曲がる程度と方向から，負の電荷をもった軽い粒子の質量の電荷に対する比をJ. J. トムソンが決定し，これを電子と名づけた(1897年)．同様に，水素気体の放電によって陽極から放出される荷電粒子の電場および磁場中において曲がる方向と大きさとを測定して，正の電荷をもつ粒子，陽子の質量の電荷に対する比を決定した．その結果，陽子の質量は電子の1836倍であることがわかった(1912年).

6. **電気素量の測定** ミリカンは巧妙な油滴の実験を行い，電気素量$e$を測定した．その結果，電子や陽子の質量が決定され，さらにアボガドロ数も決定することができた．その後のアストンによる質量分析器の実験によって，多くの原子や分子のイオンの質量を正確に決定することができた.

7. **放射性元素と放射線** 1896年にベクレルはウランからきわめて透過力の強い放射線がでてくることを発見した．その放射線の電場や磁場によるふるまいの研究から，$\alpha$線(ヘリウムの原子核であることが判明)，$\beta$線(電子線であることが判明)，$\gamma$線(波長の短い電磁波であることが判明)であることが判明した.

8. **原子の構造** ラザフォードの指導のもとに，ガイガーとマースデンが$\alpha$粒子を金の薄い箔に当てた実験を行い，散乱された$\alpha$粒子の角度分布を測定した(1909年)．その結果，確率は小さいが，衝突前に進んでいた方向とは逆の方向に散乱される$\alpha$粒子もあることを見いだした．この結果を古典力学を使って解析したラザフォードは，次のような原子の構造を提案した．すなわち，金原子の大部分の質量をもち，正の電荷をもった原子核がきわめて狭い空間を占めており，そのまわりを陽子数と同じ数の質量の小さい電子が回っているという原子模型を提案した.

9. **X線の発見とX線回折** 1885年にレントゲンは加速した陰極(電子)線を金属に当てると，透過力の強い放射線が放出されることを発見した．その後の実験から，これが波長の短い電磁波であることがわかった．ラウエは，1912年に固体結晶にこの電磁波を照射すると回折が起こることを提案し，ラウエの弟子がこれを実験的に証明した．ブラッグ父子は，X線が回折して散乱される方向と結晶構造との関係を研究した．X線散乱の実験は，X線が波としてふるまうと仮定すると見事に説明できることを明らかにした.

## 章末問題

1. ニュートンの提案した運動方程式の基本的な考えは何であるかを述べよ．

2. ギリシャ語の原子（アトム）はもともと，「分割できない」を意味する語である．分割できないという原子観が破れたことを証明する実験事実はいくつかある．これらについて説明せよ〔ヒント：電子の発見，原子の質量スペクトルの測定，放射性元素の壊変の発見，ガイガー–マースデンの実験など〕．

3. 図 4.9 には，$\alpha$ 線，$\beta$ 線および $\gamma$ 線の帰属がなされているが，それはどのような根拠によるかを述べよ．

4. 原子や電子の発見にローレンツの力が果たした役割について述べよ．

5. 放射線の発見が原子の構造の解明に果たした役割について述べよ．

# 5
# 量子論の台頭
## ——古典物理学の破綻

## 5.1 はじめに

19世紀から20世紀の初頭にかけて行われた多くの実験から,電子,陽子,原子核の電場や磁場中におけるふるまいは,これらが粒子の性質をもっていると仮定し,古典力学を適用すると説明できることがわかり,それなりにつじつまが合っていた.また,電波,光,およびX線は,波の性質をもつ電磁波に属すると考えると合理的に説明できる多くの実験事実があった.それだけで終わっていればまったく問題はなかったが,19世紀後半から20世紀の初頭にかけて行われた多くの実験によって,電磁波は波動の性質をもち,電子や原子核などは粒子の性質をもつという決めつけをすると説明できない多くの実験事実が発見された.そして,古典物理学では説明できない実験事実が,これまでとは異なるまったく新しい概念である量子論を適用すると説明できた.この章では,これらについて述べる.

## 5.2 黒体放射 —— エネルギー量子(1)

黒体放射の問題がなぜ重要かというと,このスペクトルを説明するために,これまでになかった**量子**の概念が導入され,量子力学の黎明となったからである.

外界と熱的に隔離され,温度が一定$T$に保たれている空洞を考える.この壁に小さな孔を開けたとき,空洞内の温度$T$に依存した電磁波が放出される.この電磁波の強度を波長の関数として求めたものが**黒体放射**(black body radiation)の**スペクトル**\*である.この際,絶対温度$T$に保たれている空洞に閉じこめられた電磁波は,そのまま外に放出されると考える.陶磁器などの焼き物を焼く窯には小さな孔が開いており,その孔を通して見える色から炉内温度を見積もることができる.炉内の温度が高くなるにつれて,炉の色は

\* 一般にスペクトルとはある量をある変数に対してプロットしたものと定義されている.放射のスペクトルとは,電磁波のエネルギーを波長または振動数に対してプロットしたものである.

赤みかかった色から白味かかった色になる．

19世紀に，黒体放射の放射スペクトルがなぜ温度によって変わるのかという問題が提起されたが，長い間，その原因は解明できなかった．1900年になって，実験的に測定した黒体放射のスペクトルに合う式を見いだしたのがプランクである．しかし，式を見いだしただけでは意味がない．そこで，プランクはその式が得られる理論的根拠を追究し，次のような仮定をもとに，実験結果と合うプランクの放射スペクトルの理論式を得ることに成功した．

① 黒体のなかに閉じこめられた電磁波の振動数(固有振動数)$\nu$は，その空洞の大きさと形で決まる定在波である．
② その固有振動に電磁波のエネルギーをためることができるが，固有振動に対して許されるエネルギーは$h\nu$という単位のエネルギーの0, 1, 2, 3, …倍だけである．すなわち，$E_n = nh\nu$．ただし，$h$は実験に合うように定めた定数で，現在ではプランク定数と呼ばれており，最も重要な物理定数の一つである．
③ ②のような条件があるときに，黒体放射場がもつことのできる全エネルギーは，統計力学という理論を用いて求められる．
④ 黒体から外部に放射される電磁波のエネルギーは，黒体内部の電磁波のエネルギーに比例する．

プランクは，空洞の固有振動数$\nu$に許されるエネルギーが$h\nu$の$n$倍だけであることの意味を理解していなかったが，とにかくそのように仮定すると，黒体放射のスペクトルを見事に説明することができたのである．温度が入ってくるような多数の系の問題を考えるときには，統計力学に関する取扱いの知識が必要であるが，それについては割愛する．

## 5.3 光電効果 ── エネルギー量子(2)

光を物質に照射すると電子が放出される現象を光電効果(photoelectric effect)と呼んでいる．ドイツのヘルツ(H. R. Herz, 1857〜1894)がこの現象を1887年に発見した．ドイツのレナード(P. E. A. Lenard, 1862〜1947，1905年度ノーベル物理学賞受賞)は，図5.1に示す装置を用いて実験を行い，放出された光電子の運動エネルギーの最大値$E_K$と照射した光の振動数$\nu$との間には，$a$(負の数)と$b$を定数とすると，式(5.1)のような直線関係があることを発見した(1902年).

$$E_K = a + b\nu \tag{5.1}$$

アインシュタインは，次に示す光電効果の式

$$E_K = h\nu - W \tag{5.2}$$

を提出し，この事実を説明した(1905年). この式で，$W$は電子を物体から引

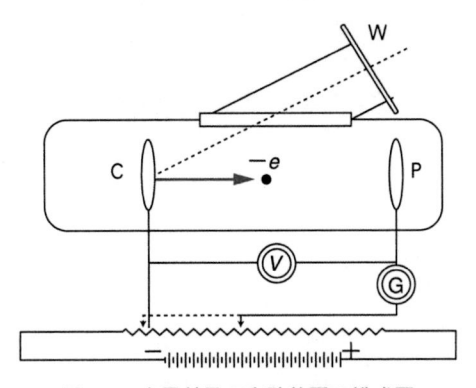

**図5.1　光電効果の実験装置の模式図**
W：窓，C：陰極，P：極板，G：検流計．窓Wを通過した光が陰極Cに当たると，Cから，Cに対して正の電位にある極板Pに向かって，検流計Gを通って負電荷が流れる．Cに対するPの電圧 $V$ を正から負に変えていくと，ある電位よりも低くなると検流計には電流が流れなくなる．その結果から，電子のもっている最大の運動エネルギー $E_K$ は，電子の電荷（$-q$，当時はまだ電気素量は測定されていなかった）を用いると，$E_K = -qV$ で与えられることが判明した．

きだして無限遠にもっていくために外からしなければならない最小限の仕事（イオン化するために必要な最小の仕事），すなわち**仕事関数**（work function）であり，$h\nu$ はプランクによって提案された振動数 $\nu$ の電磁波がもっている**固有のエネルギー**である．アインシュタインは，光が物質によって吸収されるときには，$h\nu$ というひと塊のエネルギーを物質に与えると考えたのである．彼は，光が粒子としてふるまうことを示しているので**光量子**（photon, 光子ともいう）と呼んだ．光量子のエネルギー $E$ は次式で与えられる．

$$E = h\nu \tag{5.3}$$

この式は，プランク・アインシュタインの式と呼ばれており，現在の $h$ の値は，

$$h = 6.62606876 \times 10^{-34} \text{ J s} \tag{5.4}$$

光の波長 $\lambda$ と振動数 $\nu$ との間には次のような関係がある．ここで $c$ は真空中の光速度である．

$$\nu = \frac{c}{\lambda} \tag{5.5}$$

それまでは，光は干渉し，回折現象を示すという事実から波動性のみをもつと考えられていたが，光電効果の実験によって，光は粒子の性質ももつことが示唆された．

アインシュタイン（アメリカ）
A. Einstein（1879～1955）
1921年度ノーベル物理学賞受賞

\* 1 eVとは，電気素量の電荷を，1Vの電位差で加速したときに粒子が得るエネルギーである．ゆえに，1 eV = 1.6022 × $10^{-19}$ CV = 1.6022 × $10^{-19}$ J．1 Cの電荷を1 Vの電位差で加速した際に得られるエネルギーは1 Jと定義されている．

---

**【例題5.1】** 波長が351 nmのXeFエキシマーレーザー光を仕事関数$W$が2.28 eV\*のカリウム金属に照射した．放出される光電子の最大エネルギーを求めよ．また，カリウム金属の限界波長(threshold wave length)を求めよ（限界波長とは，光電子が放出しはじめる光の波長である）．

**【解答】** アインシュタインの光電効果の式より，光電子の最大エネルギーは$E_K = h\nu - W$で与えられるから，$h\nu = hc/\lambda = h \times 8.54 \times 10^{14}$ = $5.66 \times 10^{-19}$ J．また2.28 eV = 2.28 × $1.602 \times 10^{-19}$ CV = $3.65 \times 10^{-19}$ J．したがって，

$$E_K = (5.66 \times 10^{-19} - 3.65 \times 10^{-19}) \text{ J} = \underline{2.01 \times 10^{-19} \text{ J}} = \underline{1.25 \text{ eV}}$$

限界波長$\lambda_t$は，$h\nu = hc/\lambda_t = W$より，$\lambda_t = hc/W$であるから，

$$\lambda_t = hc/2.28 \text{ eV} = 5.44 \times 10^{-7} \text{ m} = 544 \text{ nm}$$

注：eV単位のエネルギーをJ単位に変換して計算すること．

## 5.4 ボーアの水素原子模型

ボーアの原子模型の果たした役割は次のようである．すなわち，J. J. トムソンの実験から，原子のまわりを運動する電子は粒子としてふるまうと信じられていたが，水素ガスの放電によって得られる水素原子からの発光スペクトルは，ある特定の波長において**線スペクトル**として観測されることがわかった（図5.2）．ところが，電子が粒子であると考えて古典力学を適用すると，どうしても線スペクトルを説明することができない．そこで，ボーアは，新しい概念を導入して線スペクトルが現れる理由を説明した．古典力学に量子条件などの仮定を導入して説明したのである．しかしながらその後の研究によってボーアの模型は，多電子原子の説明には不十分なことが判明した．原子レベルの世界を理解するためには量子力学の黎明まで待たなければならなかった．しかし，ボーア模型によって得られるエネルギー準位は，シュ

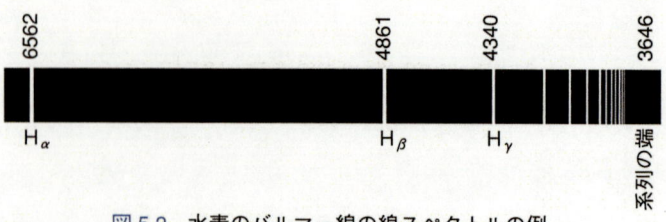

**図5.2 水素のバルマー線の線スペクトルの例**
図中には初期のスペクトル波長を示している．

レーディンガーの波動方程式を解いて得られたエネルギー準位の結果と完全に一致することから，ボーア模型は捨てがたい．したがって，以下ではボーア模型について述べることにする．

### 5.4.1 原子スペクトル

レンズや望遠鏡の製作をしていたドイツの**フラウンホーファー**(J. Fraunhofer, 1787～1826)は，太陽からの光を自分の製作した分光器で測定した際に，576本にも達する多くの黒線を発見した(1814年)．彼は回折格子による回折現象をはじめて研究し，光が波であることで回折現象を説明した．そして，これら**フラウンホーファー線**と呼ばれている黒線の波長を決定した(1814年)．またその後の研究から，これらの黒線は，太陽の表面付近にある原子，原子イオンおよび大気中の分子によって，太陽からの連続的なスペクトルをもつ電磁波のうち，これらに固有な波長の光が吸収されたことによるものであることがわかった．

### 5.4.2 水素原子のスペクトル

その後，多くの種類の気体の放電によってスペクトルが測定された．気体放電によって得られるスペクトル線は，明るく光る線なので**輝線スペクトル**と呼ばれている．スイスの数学者であり物理学者であった**バルマー**(J. J. Balmer, 1825～1898)は，水素放電による輝線スペクトルの波長 $\lambda$ は，次のような関係式(バルマーの式)を満足することを発見した(1885年)．

$$\frac{1}{\lambda} = R_\mathrm{H}\left(\frac{1}{2^2} - \frac{1}{n_2^2}\right) \qquad n_2 = 3, 4, \cdots \tag{5.6}$$

$R_\mathrm{H}$ は水素原子の**リュードベリ定数**で，現在の正確な値は，

$$R_\mathrm{H} = 1.096776 \times 10^7 \, \mathrm{m}^{-1}$$

である．その後，リュードベリの式と呼ばれる一般的な式〔式(5.7)〕で表される系列が次つぎと発見された．

$$\frac{1}{\lambda} = R_\mathrm{H}\left(\frac{1}{n_1^2} - \frac{1}{n_2^2}\right) \tag{5.7}$$

$$n_1 = 1, 2, 3, 4, \cdots \qquad n_2 = n_1+1, n_1+2, n_1+3, \cdots$$

これらの系列は，発見した研究者の名前にちなんで次のように名づけられている(これらを記憶する必要はない)．

$n_1 = 1$：ライマン系列　　　　紫外部(1906年)
$n_1 = 2$：バルマー系列　　　　可視部(1885年)
$n_1 = 3$：パッシェン系列　　　赤外部(1908年)
$n_1 = 4$：ブランケット系列　　赤外部(1922年)

$n_1 = 5$：プント系列　　　　　赤外部（1924年）

ところが，これらの離散的なスペクトル線が現れる理由は，28年後にボーアによって水素原子模型が提出されるまで不明のままであった．

### 5.4.3　ラザフォード・長岡の原子模型の欠陥

ラザフォード・長岡の原子模型は，正電荷をもつ原子核が，原子のほとんど全部の質量を占め，また空間的には小さな空間を占めており，そのまわりを負の電荷をもつ軽い電子が運動しているというものである．ところが，古典物理学によると，この原子模型には理論的な欠陥があった．すなわち，電磁気学によると，回転運動のような加速運動をしている荷電粒子（電子）は，そのエネルギーを電磁波として放出してどんどん原子核に近づき，最後には核に吸収されてしまうはずであった（図5.3参照）．原子の大きさ程度の半径〔$1\,\text{Å}(=1\times10^{-10}\,\text{m})$〕で陽子のまわりを円運動をしている電子は，1 ns程度の後に陽子に吸収されてしまうので，原子は消滅し中性の粒子（現在の知識からすれば中性子）となる．ところが，ガスボンベに入っている水素分子や水素原子が，完全に中性の粒子に変換され，水素原子や水素分子がなくなるということは起こらない．すなわち，古典力学と電磁気学の考え方を応用すると，原子核のまわりを電子が運動しているという模型は，原子中で電子が原子核に吸収されてしまうので，物質のあるべき姿を説明できないという重大な欠陥があることがわかった．

### 5.4.4　ボーアの原子模型

このような矛盾から脱するためには，新しい概念を導入しなければならなかった．ケンブリッジ大学のJ. J. トムソンの下で，またマンチェスター大学のラザフォードの下で学んだボーアは，古典力学を少し修正してこの問題を解決しようとした．ボーアの水素原子模型は不十分ではあったが，少なくとも水素原子のスペクトルを驚くような正確さで説明できるし，概念は簡単であった．次にボーアの原子模型について詳しく述べる．

まず，電子の質量 $m$ は陽子の質量 $M$ の $1/1836$ であるから，電子の質量は無視できるとした．また，次のような第1の仮定を導入した．

仮定1：電子は原子核のまわりで円運動をしている．

質量 $m$ の電子が半径 $r$ の円運動をしていると仮定し，これにニュートンの古典力学を応用する．円運動を続けるためには，電子の電荷 $-e$ と陽子の電荷 $+e$ の間に作用するクーロン引力と，円運動を保つための向心力とが釣り合う必要がある．クーロン引力の大きさ $f$ は，次式で与えられる．

$$f = \frac{e^2}{4\pi\varepsilon_0 r^2} \tag{5.8}$$

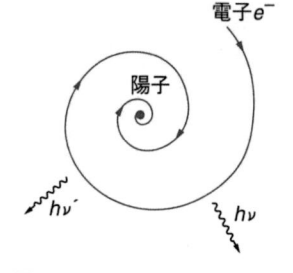

図5.3
古典力学と電磁気学による原子模型

ボーア（デンマーク）
N. H. D. Bohr（1885〜1962）
1922年度ノーベル物理学賞受賞

円の接線方向の速度を $v$ とすると，円運動を起こしているときの加速度による向心力は，$\dfrac{mv^2}{r}$ で与えられることが知られている．これらが釣り合うから，

$$\frac{mv^2}{r} = \frac{e^2}{4\pi\varepsilon_0 r^2} \tag{5.9}$$

この式には，$r$ と $v$ という二つの未知数が含まれている．この式の両辺に $r$ を掛けると，

$$mv^2 = \frac{e^2}{4\pi\varepsilon_0 r} \tag{5.10}$$

が得られ，両辺を 2 で割ると，運動エネルギー $E_K$ は変数 $r$ を用いて次式で与えられる．

$$E_K = \frac{mv^2}{2} = \frac{e^2}{8\pi\varepsilon_0 r} \tag{5.11}$$

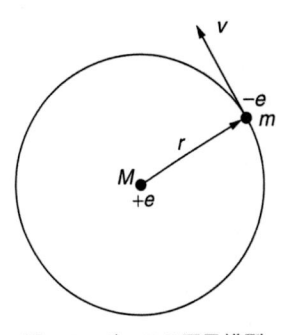

図 5.4　ボーアの原子模型
量子条件 $mrv = n(h/2\pi)$

電子と陽子とのクーロン引力による位置エネルギー $V(r)$ は次式で表される〔4 章の式(4.7)参照〕．

$$V(r) = -\frac{e^2}{4\pi\varepsilon_0 r} \tag{5.12}$$

全エネルギー $E$ は $E_K$ と $V(r)$ の和であるから，式(5.11)と(5.12)を用いると，

$$E = E_K + V(r) = \frac{mv^2}{2} - \frac{e^2}{4\pi\varepsilon_0 r} \tag{5.13}$$

これに上で求めた運動エネルギー $E_K$ の関係式〔式(5.11)〕を代入すると，

$$E = -\frac{e^2}{8\pi\varepsilon_0 r} \tag{5.14}$$

が得られる．すなわち，**電子の運動に伴う全エネルギーは，円運動の半径 $r$ の関数であるから，半径の値によって連続的に変わりうる．軌道半径 $r$ を決める条件はないから $r$ はどのように小さい値もとれる．すなわち，原子の大きさはいくらでも小さくなれることになる．また，電子の運動に伴う全エネルギーが連続的な値をとるならば，そのエネルギー差が発光または吸収される光のエネルギーに相当すると考えると，得られるスペクトルは波長に関して連続的なスペクトルになるはずである．ここまでが，古典力学のみで得られる結果である．**

ところが，図 5.2 に示したように**実験事実はそうではない**．そこで，ボーアはさらに次のような三つの根本的に新しい仮定を導入した．

**仮定 2：電子の運動に伴う水素原子の全エネルギーは，とびとびの(不連続なまたは離散的な)値しかとらない．このような状態を定常状態と呼んだ．**

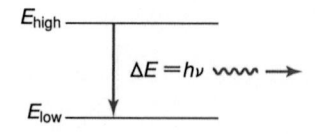

図 5.5
エネルギー準位 $E_{high}$ から $E_{low}$ へ遷移が起こるとき，その差に相当するエネルギーが光量子のエネルギー（$h\nu$）として放出される．

> **仮定 3**：電子がエネルギー準位の高い状態から低い状態に遷移した際にエネルギーが光として放出されるとき，エネルギー差$\Delta E$と光の振動数$\nu$との間に次のような**振動数条件**の関係がある．
> $$\Delta E = h\nu \tag{5.15}$$

この式で，$h$はプランク定数である．

振動数条件の意味する内容を図5.5に示した．式(5.15)は，光のもっている固有のエネルギーは，プランク・アインシュタインの式，すなわち，プランク定数$h$と光の振動数$\nu$との積で表されるとの考えを認めることを意味する．

そのほかに，ボーアは**量子条件**と呼ばれるまったく新しい概念を導入した．半径$r$の円周上を速度$v$で等速円運動するとき，角運動量$mrv$という量が離散的な値しかとらないという仮定である．すなわち，

> **仮定 4**：電子の円運動に伴う角運動量の大きさ$mrv$は，$h$をプランク定数とすると，$\hbar \equiv \dfrac{h}{2\pi}$の自然数($n$)倍で与えられる．これを式で表すと次のようになる．
> $$mrv = \frac{h}{2\pi}n \equiv \hbar n \quad \text{主量子数 } n = 1, 2, 3, \cdots \tag{5.16}$$

円運動の条件〔式(5.9)〕とこの量子条件の式から，$r$と$v$について解くことができる．ただし，$r$と$v$はパラメータである主量子数$n$の関数であることに注意してほしい．

$$r = \frac{h^2 n^2 \varepsilon_0}{\pi m e^2} = \left(\frac{h^2 \varepsilon_0}{\pi m e^2}\right) n^2 = 52.9177\, n^2 \quad [\text{pm}] \tag{5.17}$$

$$v = \frac{e^2}{2nh\varepsilon_0} \tag{5.18}$$

このようにして離散的な値として決まった$r$の式を全エネルギーの式に代入すると，水素原子のエネルギー準位が主量子数$n$の関数として得られる．

$$E_n = -\left(\frac{me^4}{8h^2\varepsilon_0^2}\right)\frac{1}{n^2} = -\frac{2.17987 \times 10^{-18}}{n^2}\,\text{J} \tag{5.19}$$

上式で$E$に添え字$n$を加えてあるのは，エネルギー準位が**主量子数$n$の関数**であることをあからさまに示すためである．また，第2項に，現在知られている物理定数を代入して係数を計算した結果が第3項である．

以上のようにして求めたエネルギー準位と線スペクトルの波長を図5.6に示す．また，水素原子エネルギー状態に関連して特徴的な点を次ページのようにまとめることができる．

① エネルギー準位の符号は負である．すなわち，電子と陽子が無限遠にある状態から，その値の分だけ安定化している．
② 電子のエネルギーは主量子数の2乗 $n^2$ に反比例する．
③ エネルギー準位の最も低い状態は $n=1$ の場合で，電子が無限遠にあるイオン化された状態から $2.1799 \times 10^{-18}$ J だけ安定化している．この状態は基底状態と呼ばれる．
④ $n=2, 3, 4, \cdots$ に対応する状態は，それぞれ第1，第2，第3，$\cdots$ 励起状態と呼ばれる．

主量子数 $n_1$ で与えられる状態から，$n_2 (< n_1)$ で与えられる状態へ遷移が起こったときに放出される光(発光)の波長を $\lambda$ とすると，振動数条件から，

$$\frac{hc}{\lambda} = \left(\frac{me^4}{8h^2\varepsilon_0^2}\right)\left(\frac{1}{n_1^2} - \frac{1}{n_2^2}\right) \tag{5.20}$$

が得られるので，波長 $\lambda$ の逆数は次式で与えられる．

$$\frac{1}{\lambda} = \left(\frac{me^4}{8ch^3\varepsilon_0^2}\right)\left(\frac{1}{n_1^2} - \frac{1}{n_2^2}\right) \tag{5.21}$$

この式の係数はリュードベリ定数 $R_\infty$ である．

$$R_\infty = \left(\frac{me^4}{8ch^3\varepsilon_0^2}\right) = 1.097373 \times 10^7 \text{ m}^{-1} \tag{5.22}$$

上式を用いて式(5.21)を変形すると

$$\frac{1}{\lambda} = R_\infty \left(\frac{1}{n_1^2} - \frac{1}{n_2^2}\right) \tag{5.23}$$

となる．これはまさに水素原子に対するリュードベリの式の形〔式(5.7)〕をしている．ところが，その係数 $R_\infty$ は，実験的に得られた係数 $R_H$ と比較するとわずかに異なっている．これは上記のボーア模型による計算式の導出の際に，電子の質量 $m$ が陽子の質量 $M$ に比べて無視できるくらい小さいと仮定したことによる．電子の運動とともに陽子も少しは引っ張られる．ここでは詳しくは述べないが，より正確な式は電子の質量 $m$ の代わりに**換算質量** $\mu$ を代入したものである．

$$\mu = \frac{mM}{(m+M)} = \frac{m}{\left(1 + \dfrac{m}{M}\right)} = 0.999456\, m \tag{5.24}$$

これにより実験によって得られたスペクトルを説明できる．水素原子に対するリュードベリ定数は $R_H = 0.999456\, R_\infty = 1.096776 \times 10^7$ m$^{-1}$ で与えられる*．

### 5.4.5 水素類似原子のエネルギー準位

このボーアの原子模型は，電子を1個しかもたない He$^+$ イオン，Li$^{2+}$ イオン，Be$^{3+}$ イオンなど(これらを水素類似原子と呼ぶ)にも適用できることがわかっ

* $R_\infty$ と $R_H$ の差は小さいので実質的には問題にならない．また，水素ガスの放電で得られたスペクトルは，強度的にきわめて弱いながらも波長の少しずれた位置に共鳴線が現れる．これらの線は，水素の同位体である重水素 D によることがわかった．この結果から，水素ガスの放電によって得られる水素原子のスペクトルのすべての発光線についてこの式を用いて説明することができた．

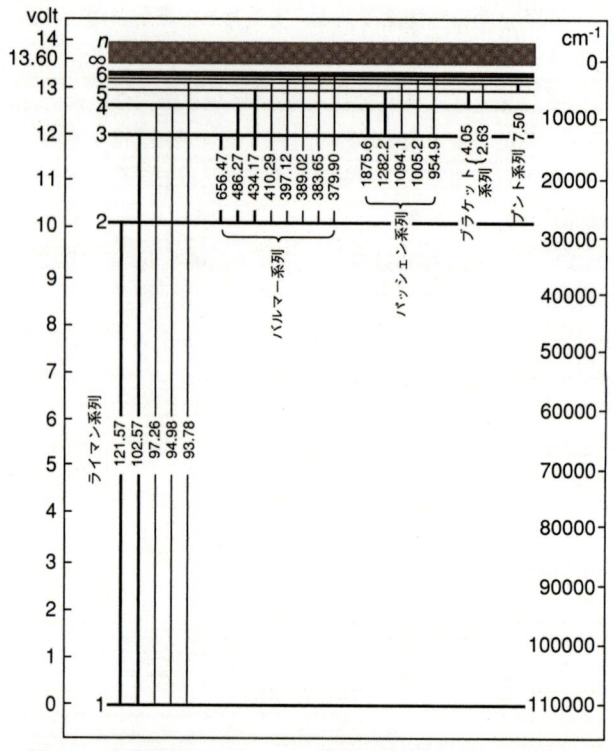

**図 5.6　水素原子のエネルギー準位と発光スペクトル波長**
スペクトル線の波長は nm 単位で示す．ブラケットおよびプント系列については μm 単位で示す．

表 5.1　水素原子のスペクトル波長 (nm)

| $n_2 \backslash n_1$ | 1 | 2 | 3 | 4 | 5 |
|---|---|---|---|---|---|
| 2 | 121.57 | | | | |
| 3 | 102.57 | 656.47 | | | |
| 4 | 97.26 | 486.27 | 1875.6 | | |
| 5 | 94.98 | 434.17 | 1282.2 | 4052.3 | |
| 6 | 93.78 | 410.29 | 1094.1 | 2625.9 | 7459.9 |
| 7 | 93.08 | 397.12 | 1005.2 | 2166.1 | 4653.8 |
| ∞ | 91.18 | 364.71 | 820.6 | 1458.8 | 2279.4 |

$n_1$ および $n_2$ は式 (5.23) における主量子数を示す．

た．この場合のエネルギー準位は，次のようにして求めることができる．水素類似原子の原子核の電荷は，原子の原子番号を $Z$ とすると $+Ze$ であるから，クーロンの引力は，水素原子のクーロン引力〔式 (5.8)〕の $Z$ 倍である．したがって，エネルギー準位を求めるために用いた式 (5.19) の $e^2$ の代わりに，$Ze^2$ を代入すればよい．よって，得られるエネルギー準位は，

$$E_n = \left(\frac{me^4}{8h^2\varepsilon_0^2}\right)\left(\frac{Z^2}{n^2}\right) \tag{5.25}$$

すなわち，エネルギー準位は，水素原子のそれの $Z^2$ 倍となる．原子核の引力を強く受ける電子ほど，より低いエネルギー準位にあることになる．

この式は，すべての水素類似原子について成り立つから，たとえば原子番号が6($Z=6$)の炭素原子イオン $C^{5+}$ のエネルギー準位は，水素原子のそれの36倍となり，$Z=28$ の $Ni^{27+}$ 原子イオンでは，784倍となる．この重要性に関しては，2個以上の電子をもつ多電子原子のスペクトルやエネルギー準位を考察する際に重要となるので，そこでまた述べる．

**ボーア半径**：円運動をしている水素類似原子の軌道半径 $r$ は，

$$r = \left(\frac{h^2\varepsilon_0}{\pi me^2}\right)\left(\frac{n^2}{Z}\right) \tag{5.26}$$

で与えられる．水素原子の $n=1$ に対する軌道半径(ただし，電子の質量として換算質量を用いないで電子の質量を用いる)を**ボーア半径**と呼び $a_0$ と表す．これを計算してみると，

$$a_0 = \frac{h^2\varepsilon_0}{\pi me^2} = 5.29177 \times 10^{-11} \text{ m} = 52.9177 \text{ pm} \tag{5.27}$$

となる．$Z=92$ の $U^{91+}$ の基底状態の軌道半径は，水素原子のそれの原子番号($Z=92$)分の1である．すなわち，$5.752 \times 10^{-13}$ m ときわめて小さい．円運動をしていると考えると，電子は原子核のきわめて近傍を運動していることになる．

**イオン化エネルギー**：原子中で運動をしている電子のエネルギー準位を知るための実験的な量として，**イオン化エネルギー**($I_p$)がある．これは電子を無限遠まで離すために必要なエネルギーであり，英語で ionization energy または ionization potential と呼ぶ．日本語ではイオン化エネルギーが最近の正式な呼び名であるが，イオン化ポテンシャルと呼ぶこともある．

水素類似原子のエネルギー準位は，

$$E_n = -2.1799 \times 10^{-18} \frac{Z^2}{n^2} \text{ [J]} \tag{5.28}$$

で与えられる〔このエネルギーは，電子と原子核が無限遠にある状態を基準($E=0$)としていることを記憶すること〕．したがってイオン化エネルギーは，エネルギー準位の符号を除いた値である．式(5.28)ではJ単位で表されているが，通常は eV 単位で表される．

基底状態にある水素原子の正確なイオン化エネルギーは，

$$I_p = 2.178688 \times 10^{-18} \text{ J} = 13.59829 \text{ eV} \tag{5.29}$$

である．励起状態に対応するイオン化エネルギーもある．第1励起状態($n=2$)にある水素原子のイオン化エネルギーは，基底状態の値の1/4倍であるから，そのイオン化エネルギーは 3.39957 eV である．

### 5.4.6 ボーア模型の欠点

水素類似原子のように電子が1個しかない系に対しては，実験値をきわめてよく説明できる．しかし，2個以上の電子をもつ原子または原子イオンにおいては，電子間に反発があり，その反発によるエネルギーを正確に見積もる一般式は導きだせないので，この理論は多電子原子やイオンのスペクトルには使えないことがわかった．

## 5.5 コンプトン効果

光電効果によって光が粒子性をもつことは示唆されたが，光が粒子の性質である運動量をもつことを実験的に証明したのはアメリカのコンプトン(A. H. Compton, 1892～1962, 1927年度ノーベル物理学賞受賞)である．彼は波長 $\lambda_0$ のわかったX線を物質に当てたとき，より長い波長 $\lambda$ のX線が散乱されることを発見した．この波長 $\lambda$ の散乱角 ($\theta$) 依存性を精密に測定したところ，次のような簡単な関係式を得た．

$$\Delta\lambda \equiv \lambda - \lambda_0 = \lambda_C(1 - \cos\theta) \tag{5.30}$$

ここで，$\lambda_C$ はコンプトン波長と呼ばれる波長で，

$$\lambda_C = \frac{h}{mc} = 2.4263 \times 10^{-12} \text{ m} = 2.4263 \text{ pm} \tag{5.31}$$

で与えられる．

この実験事実は，光が式(5.32)で与えられる運動量をもつ粒子として電子に衝突すると仮定すると説明できることをコンプトンは示した*．

$$p = \frac{h}{\lambda} \tag{5.32}$$

このようにして，粒子が必ずもっているはずの運動量を光がもっていることから，光が粒子性をもつことが実験的に証明されたのである．ここに，

**光が粒子性と波動性の両方をもつことが確実となった．**

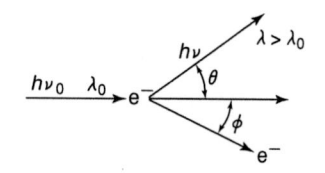

図5.7
コンプトン散乱の模式図

\* その証明方法は省略するが，コンプトン散乱では，光は主として多数ある電子と衝突すると考えた．その際に，衝突の前後で運動量の保存と光のエネルギーも含んだエネルギー保存則をたてることで，散乱されたX線の波長 $\lambda$ と散乱角の関係式〔式(5.30)〕を理論的に導いた．

---

### この章のまとめ

1. **黒体放射** 温度 $T$ の物体から放射される電磁波のスペクトルが19世紀末の解けない問題の一つであった．マックスプランクは，ある温度 $T$ に保たれた空洞(黒体)に閉じこめられた電磁波が，壁に開けた小さな孔から放出されるときのスペクトルを理論的に説明することに成功した．そのために，波長 $\lambda$ できまる電磁波のエネルギーは，その振動数 $\nu$ に比例することおよびその他の仮定を採用した．まったく新しい量子の概念の導入である．

2. **光電効果** ヘルツは光を物質に照射すると電子が放出される現象を1887年に発見した．レナートは，放出される光電子の運動エネルギーの最大値 $E_K$ を測定し，これが照射した光の振動数 $\nu$ と直線関係にあることを1902年に発見した．アインシュ

タインは，アインシュタインの**光電効果の式**

$$E_K = h\nu - W$$

を提案して，この現象を説明した．この式で，$W$ は物質から電子を放出するのに必要最小限のエネルギーである仕事関数である．彼は，波長 $\lambda$ で決まる電磁波のもつ固有のエネルギーがその振動数 $\nu$ とプランク定数 $h$ の積 $h\nu$ で与えられ，光のエネルギーがひと塊として吸収されるので，光に**光量子**(photon)という名前を与えた．

3. **ボーアの原子模型** 水素気体の放電によって得られる発光の波長 $\lambda$ は，バルマーの式

$$\frac{1}{\lambda} = R_H \left( \frac{1}{2^2} - \frac{1}{n_2^2} \right)$$

$$n_2 = 3, 4, \cdots \quad R_H = 1.096776 \times 10^7 \text{ m}^{-1}$$

で与えられることが提案された(1885年)．ボーアはこれを説明するために，(a) 負電荷をもつ電子が正電荷をもつ陽子のまわりを円運動する，(b) 電子運動に対する位置エネルギーと運動エネルギーの和を全エネルギーとすると，電子のもつ全エネルギーがとびとびの値をもち(**定常状態**)，(c) そのエネルギー差に相当するエネルギーが光エネルギー $h\nu$ として放出される，(d) 電子の円運動に対する角運動量 $L$ は $(h/2\pi)$ の自然数$(n)$倍となるという**量子条件**を導入すると，実験的に求められたバルマーの式より一般的なリュードベリの式を完全に説明することができた．この結果，水素原子の電子の円運動に伴う全エネルギー $E_n$ は，$n$ を量子数とし $m$ を電子の質量とすると，

$$E_n = -\left( \frac{me^4}{8h^2\varepsilon_0^2} \right) \frac{1}{n^2} \quad n = 1, 2, 3, \cdots$$

で与えられることがわかった．量子数 $n$ によって決まるエネルギー準位にある電子のイオン化エネルギーが，そのエネルギー準位の符号を除いたものである．また，円運動の軌道半径は量子数 $n$ の関数として $52.9177\, n^2$ [pm]で与えられる．1個の電子だけをもつ原子イオンを水素類似原子と呼ぶが，このエネルギー準位は原子番号 $Z$ の2乗倍となる．

4. **コンプトン効果** コンプトンは，波長 $\lambda_0$ の X線を物質に照射して散乱された X線の波長 $\lambda$ を散乱角 $\theta$ の関数として精密に測定したところ，

$$\Delta \equiv \lambda - \lambda_0 = \lambda_C (1 - \cos\theta)$$

の関係が得られた．ただし，$\lambda_C = 2.4263$ pm(コンプトン波長)である．コンプトンはこれを説明するために，波長 $\lambda$ の X線がもつ運動量が

$$p = \frac{h}{\lambda}$$

である粒子として衝突し散乱されると仮定すると，上の式が説明できることを証明した．これによって，光も上式で与えられる運動量をもつことがわかった．

## 章末問題

1. 真空中で波長が 400 nm の紫外光の振動数を求めよ．この光量子のエネルギーを J，eV，kJ mol$^{-1}$ 単位で求めよ．

2. 蛍光灯内では，水銀蒸気の放電によって波長 253.7 nm に強い発光がでており，これをガラス管の内面に塗布した蛍光剤に当てて可視光を得ている．水銀共鳴線の光エネルギーを J，eV，kJ mol$^{-1}$ 単位で表せ．このエネルギーは水素分子を解離させるに十分であるか．なお，水素分子の結合エネルギーは 432.07 kJ mol$^{-1}$ である．

3. 植物の炭酸同化作用によって次のような単糖ができる反応

$$6\, CO_2 + 6\, H_2O \longrightarrow C_6H_{12}O_6 + 6\, O_2$$

は 2870 kJ mol$^{-1}$ のエネルギーを必要とする．この反応のためには，多くの酵素が働き，太陽エネルギーをエネルギー

源として取り込んで反応が進む．いま簡単のために，吸収される光の波長が 500 nm であると仮定したとき，この反応が起こるためには最低何個の光量子が必要か．

4. 水 18.0 g を 0 ℃ から 100 ℃ まで加熱するのに必要な熱量はいくらか．cal および J 単位で答えよ．ただし，水の比熱は 1.000 cal g$^{-1}$ K$^{-1}$ = 4.184 J g$^{-1}$ K$^{-1}$ であるとし，水に加えられた熱は 100 % 加熱するのに使われると仮定せよ．さらに，緑色光(波長 $\lambda$ = 500 nm とせよ)を用いてこの水を加熱するとき物質量がどれだけの光量子を必要とするか．

5. 光電効果とはどのような現象であるか説明せよ．また，この現象が果たした歴史的な役割について述べよ(注意：まず，実験的な側面を的確に述べること．次にその定量的な実験結果について述べ，それを理論的に説明したアインシュタインの功績について言及するとよい)．

6. バルマーの式について知るところを述べよ(注意：このような問題を与えられた場合には，まずバルマーという人がどのようなことをしてこの式を求めたかを簡単に説明する．余裕があれば，その他の水素原子のスペクトル線について述べ，その一般式としてのリュードベリの式について言及し，この式を理論的に説明したのはボーアであることを述べる．どこまで答えるかは，問題を出された状況から判断すること)．

7. ボーアの水素原子模型について説明せよ．これが現代物理学の発展に寄与した重要な点とその理論の限界について述べよ．

8. 17 世紀ごろから光が波であることを証明する事実がいくつか発見された．身近に起こる現象でどのようなものがあるか，それについて簡単に答えよ．

9. 原子，分子，イオンのイオン化とはどういう現象か．その定義を述べよ．基底状態にある $C^{5+}$ イオンをイオン化すると何ができるのか．そのイオン化エネルギーを求めよ．そのエネルギーは，基底状態にある水素原子のイオン化エネルギーの何倍か．さらに，$C^{5+}$ イオンをイオン化することのできる光量子の限界波長を求めよ．

10. 波長 120 pm の電磁波について次の設問に答えよ．a) この電磁波のエネルギーはいくらか．b) その運動量を計算せよ．c) この運動量の大きさと等しい運動量をもっている電子のエネルギーはいくらか．J および eV 単位で答えよ．

11. 主量子数が 3 ($n$ = 3) の状態にある水素原子のイオン化エネルギーを計算し，eV, J, kJ mol$^{-1}$ の単位で与えよ．このために必要な光の波長を求めよ．

12. $He^+$ イオンが $n$ = 2 の状態から $n$ = 1 の状態に遷移するときに放出される光を用いて Kr 気体原子をイオン化して得られる光電子のエネルギーを推定せよ．Kr のイオン化エネルギーは 13.999 eV である．

13. コンプトン効果とはどのような現象か．また，これが量子力学の形成に果たした役割について説明せよ．

# 6 物質波とシュレーディンガー方程式

## 6.1 化学において量子力学の果たす役割

初学者にとって理解しにくいシュレーディンガー方程式に進む前に，化学における量子力学の役割と大きな流れについて述べておく．コンプトン効果の実験から，**光が粒子の性質をもつことが確実**となった．それなら，すべての物質が粒子と波動の両方の性質をもつのではないかと提案したのがド・ブロイであり，**電子線について波の性質をもつことを実験的に検証**したのが，G. P. トムソンおよびデビッソンとガーマーである．

電子も波動の性質をもつことが明らかとなったから，次に必要なことは，物質が波であるという仮定のもとに，電子のように粒子の性質をもつと考えられていた物質が満足する方程式をつくることであった．これに成功したのがシュレーディンガーで，彼は波動力学を打ち立てた．彼は，水素原子のシュレーディンガー方程式をたて，これを解いた．得られたエネルギー準位はボーア模型のそれとまったく一致した．1925年に**ハイゼンベルグ**が打ち立てた行列力学とシュレーディンガーが確立した波動力学とが等価なものであることが証明されたので，ここに**量子力学**が誕生した．

シュレーディンガーが波動力学を提案した年の翌年(1927年)には，ハイトラーとロンドンが水素分子の結合を説明するためにこの波動力学を応用し，成功した．彼らは，水素分子のシュレーディンガー方程式を，**原子価結合法**（valance bond method）という近似法を用いて解き，中性の原子どうしが近づいてきたときは，二つの原子が無限遠にある状態と比較すると，エネルギー的に低くなりうることを証明した．これらの成果は，原子のなかで多くの電子が運動している様子も，複数の原子が近づいて化学結合をつくる際にも，この量子力学が使えるであろうとの感触を与えた．このように量子力学を化学の問題に応用したのが**量子化学**という分野である．

複数の電子をもつ原子や分子については，シュレーディンガー方程式を解析的に厳密に解くことはできない．したがって，どのような近似法を用いれば，原子・分子の電子構造，化学結合，分子構造，化学反応性などの化学において興味ある諸問題を理解できるかが，量子力学の完成後の約50年間の課題であった．

量子化学を実際の物質の性質を理解するために応用するには，シュレーディンガー方程式を数値的に正確に解くことがどうしても必要となる．現在，それが可能になったのは，多くの量子化学者がこの原子や分子の世界において正しいとされるシュレーディンガー方程式を数値的に解く方法を精力的に開発したこと，および電子計算機の計算能力の飛躍的な進歩があったからである．数個の原子からなる分子において，分子中の原子核間の距離を変化させて最もエネルギー的に低くなる平衡核間距離，結合角，原子間の結合を切るエネルギーである結合（解離）エネルギー，分子の生成エネルギー，ならびに分子内の結合を完全に切り離して原子状にするための原子化熱などが実験とほぼ同精度で計算できるようになってきた．その例を表6.1に示す．この表において実験とあるのは，実験的な測定によって得られたデータを解析して得た値である．計算とあるのは，シュレーディンガー方程式を数値的に解いて得られた結果である．このように，比較的簡単な分子については，量子力学をもとにした理論的な計算によって実験をほぼ完全に再現できるところまできた．ここで強調したいのは，現在，原子・分子の世界を統べる量子論の概念に慣れることは，化学現象を予想するためには必要であるということである＊．

とくにここで頭に入れておくとよいことがある．それは，原子間の結合をつくるのに糊（のり）の働きをしているのは電子であり，また分子に光を照射したり電子を衝突させたりするとエネルギーに富んだ分子（すなわち励起分子）が得られて，分子の結合が切断されることがあるが，その高いエネルギー状態をつくって鋏（はさみ）の役割をするのも電子であるということである．

## 6.2 粒子-波動の二重性

コンプトン散乱による実験から，波動性をもつと考えられていた光が粒子性ももつことが明らかになった．理論物理学者のド・ブロイは，理論的考察から光の運動量が $h/\lambda$ となることを示した．すなわち，アインシュタインの相対性理論によると，質量 $m$ とエネルギー $E$ は等価であり，$c$ を光速度とすると次の関係がある．

$$E = mc^2 \tag{6.1}$$

光量子のエネルギー $E$ は，プランク・アインシュタインの関係から，光の波長 $\lambda$，および振動数 $\nu$ と式(6.2)の関係がある．

＊ 現在ますます電子計算機の計算速度が上がっており，計算法が進歩してきたので，物質の性質を相当な確かさで予想できる時代が来つつある．現代の物質科学を理解するためには，物質の波動性の考えについて慣れることがぜひとも必要である．そこで，本章と次章とで波動関数に慣れることにする．

ド・ブロイ（フランス）
L. V. de Broglie（1892 ～ 1987）
1929年度ノーベル物理学賞受賞

表6.1　17個の簡単な分子の平衡核間距離 $R_e$，双極子モーメント $\mu_e$，原子化熱，結合角の実験値と純理論的な (ab initio) MO 計算による値との比較

| | | 平衡核間距離 $R_e$(pm) | | $\mu_e$(D) | | 原子化熱 (kJ mol$^{-1}$) | | 結合角(°) | | |
|---|---|---|---|---|---|---|---|---|---|---|
| | | 実験 | 計算 | 実験 | 計算 | 実験 | 計算 | | 実験 | 計算 |
| $H_2$ | $R_{HH}$ | 74.144 | 74.2 | 0 | 0 | 458.0 | 458.1 | — | | |
| HF | $R_{HF}$ | 91.680 | 91.6 | 1.803 | 1.80 | 593.2 | 593.3 | — | | |
| $H_2O$ | $R_{OH}$ | 95.72 | 95.7 | 1.847 | 1.85 | 975.3 | 975.5 | HOH | 104.56 | 104.2 |
| HOF | $R_{OH}$ | 96.57 | 97.2 | NM | 1.89 | 674.9 | 662.9 | HOF | 97.54 | 97.8 |
| | $R_{OF}$ | 143.50 | 143.3 | | | | | | | |
| $H_2O_2$ | $R_{OH}$ | 96.7 | 96.2 | 2.2 | 1.74 | — | 1126.1 | HOO | 102.32 | 100.0 |
| | $R_{OO}$ | 145.56 | 145.0 | | | | | | | |
| $NH_3$ | $R_{NH}$ | 101.1 | 101.1 | 1.561 | 1.52 | 1247.9 | 1247.4 | HNH | 106.7 | 106.4 |
| $N_2H_2$ | $R_{NH}$ | 102.9 | 102.8 | NM | | NM | 1240.2 | HNN | 106.3 | 106.2 |
| | $R_{NN}$ | 124.7 | 124.7 | | | | | | | |
| HCN | $R_{CH}$ | 106.501 | 106.6 | 2.985 | 3.02 | 1312.8 | 1311.0 | 直線分子 | | |
| | $R_{CN}$ | 115.324 | 115.4 | | | | | | | |
| $C_2H_2$ | $R_{CH}$ | 106.215 | 106.2 | 0 | 0 | 1697.8 | 1697.1 | 直線分子 | | |
| | $R_{CC}$ | 120.257 | 120.4 | | | | | | | |
| $C_2H_4$ | $R_{CH}$ | 108.1 | 108.1 | 0 | 0 | 2359.8 | 2360.8 | HCH | 117.37 | 117.11 |
| | $R_{CC}$ | 133.4 | 133.1 | | | | | | | |
| $CH_4$ | $R_{CH}$ | 108.58 | 108.6 | 0 | 0 | 1759.3 | 1759.4 | 正四面体構造 | | 109.27 |
| $N_2$ | $R_{NN}$ | 109.768 | 109.8 | 0 | 0 | 956.3 | 954.9 | — | | |
| $CH_2(^1A_1)$ | $R_{CH}$ | 110.7 | 110.7 | 0 | 0 | 757.9 | 757.1 | HCH | 102.4 | 102.0 |
| CO | $R_{CO}$ | 112.832 | 112.9 | 0.123 | 0.12 | 1086.7 | 1086.9 | — | | |
| $CO_2$ | $R_{CO}$ | 115.995 | 116.0 | 0 | 0 | 1632.5 | 1633.2 | 直線分子 | | |
| $O_3$ | $R_{OO}$ | 127.17 | 126.6 | 0.5324 | 0.56 | 616.2 | 605.5 | OOO | 116.78 | 117.2 |
| $F_2$ | $R_{FF}$ | 141.193 | 141.1 | 0 | 0 | 163.4 | 161.1 | — | | |

NM：未測定．$\mu_e$：平衡核間距離における双極子モーメント(単位：1D = 3.336×10$^{-30}$ Cm)．原子化熱：平衡核間距離における原子化エネルギー．T. Helgaker, P. Jorgensen, J. Olsen, "Molecular Electronic-Structure Theory," John Weiley & Sons, LTD., New York (2000), p. 819 より．

$$E = h\nu = \frac{hc}{\lambda} \tag{6.2}$$

また，運動量は $p = mc$ と考え，質量とエネルギー等価の原理〔式(6.1)〕が適用できると考えると，

$$E = mc^2 = pc = h\nu = \frac{hc}{\lambda} \tag{6.3}$$

ド・ブロイは $pc = hc/\lambda$ より式(6.4)を導いた．

$$p = \frac{h}{\lambda} \tag{6.4}$$

次にその他の物質についても，

> すべての物質は波動と粒子の両方の性質をもっている

と提案した．粒子-波動の二重性の提案である．これだけでは定量性がない

のであまり意味がないのであるが，ド・ブロイはさらに，波動を特徴づける量である波長 $\lambda$ と，粒子の性質を特徴づける量である運動量 $p$ の間に，光量子のもつ関係と同じ関係式〔式(6.5)〕が成り立つことを提案した．

$$p\lambda = h \tag{6.5}$$

この式で，$h$ はプランク定数（$= 6.62606876 \times 10^{-34}$ J s）である．

また，粒子であると信じられている物質（その運動量が $p$）が衝突して回折現象を起こす場合には，その粒子の波の性質を特徴づける波長 $\lambda$ は，式(6.6)で与えられるはずであるというのである．

$$\lambda = \frac{h}{p} \tag{6.6}$$

この波長をド・ブロイ波長（de Broglie wavelength）と呼ぶ．これは実に単純な関係であり，最も基本的な物理法則の一つであるので是非とも記憶しておくとよい．

なお，運動エネルギー $E_K$ をもつ自由電子の運動量 $p$ は，古典力学から式(6.7)で与えられる．

$$p = \sqrt{2mE_K} \tag{6.7}$$

これをド・ブロイの式に代入すると，運動エネルギー $E_K$ をもつ電子のド・ブロイ波長を計算することができる．この式はすべての物質について成立すると考えられ，われわれが投げたボールでも波動性をもつことになる．

ここで，粒子と考えられていた電子も波動の性質をもつことが提案された．そこで，この提案が正しいかどうかを証明するための実験に二つの研究グループがチャレンジし，成功した．すなわち，G. P. トムソン（G. P. Thomson, 1892～1975）が 1926 年に，またデビッソン（C. J. Davisson, 1881～1958）とガーマー（L. H. Germer, 1896～1971）が 1927 年に，電子の波動性を証明する電子線回折の実験を行った．後者の実験のほうがより直接的であるので，その結果を示す．

図 6.1 は，結晶性のよい銅の Cu(110) 面に，37 eV の運動エネルギーをもつ電子線を法線方向から衝突させ，結晶表面から入射電子線が散乱された電子の角度依存性を測定したものである．その実験の概念図を図 6.2 に示す．

真空室のなかでフィラメントから放出された熱電子を電気的に加速して，30～350 eV の範囲内で，ある運動エネルギーをもつ電子線をつくる．この電子線を，数 mm 角に切って研磨した半導体や金属表面に衝突させる．結晶表面から散乱された電子は，衝突させた点からほぼ放射線状に広がるが，ある特定の方向に強い強度をもって進む．実際には，球形のガラスの表面に蛍光

図 6.1　37 eV の電子線を垂直に照射した銅の Cu(110)面から散乱された電子の回折像

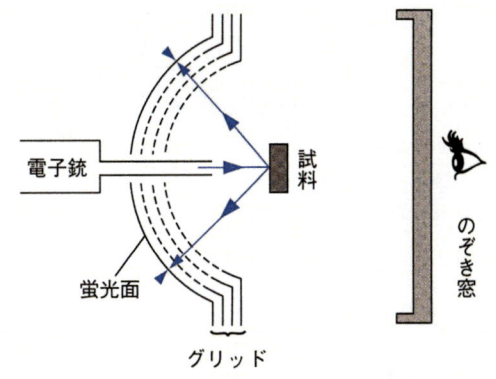

図 6.2　電子線回折実験装置の模式図

剤を塗布しておくと，蛍光剤に衝突した電子が蛍光を発し，たくさんの電子が進む方向が輝いて見える．この像を目のある位置から観測すると，ガラス面上のいくつかの点が輝いて見える．この像の写真を撮ったのが図 6.1 である．

この回折像から**ある決まった方向にのみ電子は強く散乱される**ことがわかった．この結果は，電子が波動性をもつと考えると説明できる．現在では，非常に多くの実験から，粒子と考えられている電子のみではなくて原子やイオンもまったく同様に波の性質をもっていることが明らかになっている．

4.4 節において，光の回折現象について説明した．回折格子は，CD の表面のように溝を平行に切ったものである．結晶表面による電子線の回折像は，表面上に二次元的に規則正しく配列した原子から回折されて検出器に入る電子の飛行距離の違いが，電子のド・ブロイ波長の整数倍であるとすると，説明できる．

---

**【例題 6.1】**　運動エネルギーが 37.0 eV である電子線のド・ブロイ波長を求めよ．

**【解答】**　まず，運動エネルギーが 37.0 eV である電子の運動量 $p$ を求める．式 (6.7) を用いると，

$$\begin{aligned}
p &= \sqrt{2 \times 9.1094 \times 10^{-31} \text{ kg} \times 37.0 \text{ eV}} \\
&= \sqrt{2 \times 9.1094 \times 10^{-31} \text{ kg} \times 37.0 \times 1.60218 \times 10^{-19} \text{ J}} \\
&= 3.286 \times 10^{-24} \text{ kg m s}^{-1}
\end{aligned}$$

ド・ブロイの式〔(式 6.6)〕より，

$$\lambda = h/p = 2.02 \times 10^{-10} \text{ m} = 202 \text{ pm}$$

## 6.3 シュレーディンガーの波動方程式

先に述べたように，電子のふるまいを古典力学のみを用いて記述しようとする試みはことごとく失敗した．古典力学の特徴は，出発した点と初速度（初期条件）を決めると，粒子の間に作用する力がわかれば，$t > 0$ のすべての時刻におけるすべての粒子の位置を少なくとも数値的には解くことができるということである．星の運行についてはこれが正しく，相当先の未来における星の位置が予想でき，日食や月食も予想できる．ところが，原子レベルの粒子の運動については使えないことは，水素原子のスペクトルを説明できなかった事実から明らかである．それでは，電子の運動を記述するにはどうしたらよいのか．電子の運動を，電磁波の伝播を記述する波の方程式を用いて記述できないかというのが，シュレーディンガーの考え方である．新しい方程式をたてる際に考慮すべきことは，ド・ブロイの粒子-波動の二重性を特徴づける物理量である波長 $\lambda$ と運動量 $p$ との間の関係式 $p\lambda = h$ を組み込むことである．

シュレーディンガー(オーストリア)
E. Schrödinger(1887 ～ 1961)
1933 年度ノーベル物理学賞受賞

### 6.3.1 シュレーディンガー方程式の導出法

まず，もっともらしいシュレーディンガー方程式の導き方を述べる．この導出法は簡単であるから，方程式の形を忘れた際にも比較的簡単に導きだせる．ところが，シュレーディンガー方程式は，ある原理のもとに導かれるというような種類のものではなくて，とにかくこれを解いて得た結果から，自然に起こる事象を完全に説明できるということである．なぜそうなのかという問いに対して，物理学者も答えることができない．前節で述べたように，化学の世界でも量子力学は十分使えるのである．すなわち，量子力学を応用すると自然が再現できるのである．

$x$ 軸方向に，波長 $\lambda$，速度 $v$ で進む平面波の強度は，位置 $x$ と時間 $t$ の関数として式(6.8)で与えられる．

$$u(x, t) = u_0 \sin\left\{\frac{2\pi(x - ct)}{\lambda} + \delta\right\} \tag{6.8}$$

ここでは位置変数 $x$ のみを含む関数を考えれば十分であるし，理解しやすいので，時間 $t$ に依存する部分を除いた関数，すなわち，時間 $t$ には依存しない定在波 $\Psi(x)$ を考える．

$$\Psi(x) = u_0 \sin\left(\frac{2\pi x}{\lambda}\right) \tag{6.9}$$

ゴールはこの関数を満足する方程式を導くことである．$\Psi(x)$ を $x$ で 2 回微分すると，もとの関数と同じ形で，係数として定数 $(2\pi / \lambda)$ が 2 度出て，それに負の記号がついた関数となる．

$$\frac{d^2\Psi(x)}{dx^2} = -u_0\left(\frac{2\pi}{\lambda}\right)^2 \sin\left(\frac{2\pi x}{\lambda}\right) = -\left(\frac{2\pi}{\lambda}\right)^2 \Psi(x) \tag{6.10}$$

すなわち

$$\frac{d^2\Psi(x)}{dx^2} = -\left(\frac{2\pi}{\lambda}\right)^2 \Psi(x) \tag{6.11}$$

　これが，時間に依存しない定在波が満足する方程式である．これから，質量 $m$ である物質が満足する波動方程式（シュレーディンガー方程式）を導く．ド・ブロイ波長 $\lambda = h/p$ の関係式 $1/\lambda = p/h$ を定在波の方程式〔式(6.11)〕に代入すると，式(6.12)が得られる．

$$\frac{d^2\Psi(x)}{dx^2} = -\left(\frac{2\pi p}{h}\right)^2 \Psi(x) \tag{6.12}$$

　式(6.11)までは，波長 $\lambda$ は定数であると仮定してきた．すなわち $p$ も定数であると仮定してきたが，ここで飛躍をする．すなわち，**運動量 $p$ は古典力学におけるエネルギー保存法則を満足する**と仮定するのである．

$$E = \frac{mv^2}{2} + V(x) = \frac{p^2}{2m} + V(x) \tag{6.13}$$

この式(6.13)を変形すると，

$$p^2 = 2m\{E - V(x)\} \tag{6.14}$$

　この式で $V(x)$ は位置エネルギー（またはポテンシャルエネルギー），$E$ は全エネルギーである．これを定在波の式〔式(6.12)〕に代入すると，シュレーディンガー方程式〔式(6.15)または式(6.16)〕が得られる．

$$\frac{d^2\Psi(x)}{dx^2} = -\left(\frac{2\pi}{h}\right)^2 2m\{E - V(x)\}\Psi(x) \tag{6.15}$$

$$\frac{d^2\Psi(x)}{dx^2} = -\left(\frac{8\pi^2 m}{h^2}\right)\{E - V(x)\}\Psi(x) \tag{6.16}$$

　式(6.15)にあるプランク定数 $h$ を $2\pi$ で割ったものが常に現れるから，これを $\hbar$（エイチバーと発音する）とおくと，

$$\hbar \equiv \frac{h}{2\pi} \tag{6.17}$$

式(6.16)は少し簡単になった次式となる．

$$\frac{d^2\Psi(x)}{dx^2} = -\left(\frac{2m}{\hbar^2}\right)\{E - V(x)\}\Psi(x) \tag{6.18}$$

　次に，三次元空間で運動をする物質に対するシュレーディンガー方程式はどうなるであろうか．電磁気学においては，一次元から三次元に移ったとき

には，波動方程式は 1 変数に関する二次微分 $\frac{d^2}{dx^2}$ の代わりに $\frac{\partial^2}{\partial x^2} + \frac{\partial^2}{\partial y^2} + \frac{\partial^2}{\partial z^2}$ で置換すると得られることは知られている．三次元のシュレーディンガー方程式は，天下り的であるが，次式で与えられそうである．

$$\left(\frac{\partial^2}{\partial x^2} + \frac{\partial^2}{\partial y^2} + \frac{\partial^2}{\partial z^2}\right)\Psi = -\frac{8\pi^2 m}{h^2}(E - V)\Psi \tag{6.19}*$$

＊ 偏微分の詳しい解説については当社 HP 参照(HP アドレスは目次 vii)．

実際にこれが三次元のシュレーディンガー方程式である．この式の $\Psi$ は波動関数と呼ばれており，$V$ は位置エネルギーである．$\Psi$ も $V$ も点 $(x, y, z)$ の関数であるが，それをあからさまには書いていない．

これらの方程式はそもそも何なのかという疑問がまずわいてくる．古典力学においては，物理量は位置ベクトル，速度ベクトル，運動量ベクトル，運動エネルギー，角運動量ベクトル，位置エネルギーなどである．また電磁気学では，電場の強さ，磁場の強さなどである．物理学の常道であるが，ニュートンの運動方程式を例にとってみると，ある物理量が満足する方程式をたて，物理量を計算していくらの値が得られるか予想して，その結果が実験と合えばそれでよしとする．もし正しいならば，これらの理論から実験で測定できるすべての物理量が計算できなければならない．さらに実験的に精密な測定をしてみると，厳密には合わない現象が発見された場合には，別の理論を考えださなければならない．特殊相対性理論もそのようにして生まれたのである．ある理論が正しいかどうかは，その方程式を解いて得られた結果が自然を正確に予想できるかどうかによる．

### 6.3.2 シュレーディンガー方程式の数学的な意味

シュレーディンガー方程式〔式(6.16)，式(6.18)および式(6.19)〕の形をした方程式は，数学では固有方程式と呼ばれている．通常，この固有方程式は次の形に変形できる．

$$\text{演算子} \times \text{固有関数} = \text{固有値} \times \text{固有関数} \tag{6.20}$$

演算子とは，微分記号とか積分記号が入ったものである．式(6.16)を変形すると，

$$-\frac{h^2}{8\pi^2 m}\frac{d^2\Psi(x)}{dx^2} + V\Psi(x) = E\Psi(x) \tag{6.21}$$

そこで演算子として，

$$\hat{H} = -\frac{h^2}{8\pi^2 m}\frac{d^2}{dx^2} + V \tag{6.22}$$

とおくと，シュレーディンガー方程式〔式(6.21)〕は次式で与えられる．

$$\hat{H}\Psi \equiv \left(-\frac{h^2}{8\pi^2 m}\frac{d^2}{dx^2} + V\right)\Psi = E\Psi \tag{6.23}$$

これはまさに式(6.20)の形をしている．数学的なことは詳しくは述べないが，**固有値は実数になる**ことがすでにわかっている．式(6.23)では$E$が固有値で実数である．実験から得られる値は必ず実数である．固有値は実測値と比較できるはずであるというのである．

ついでに，三次元の場合の演算子$\hat{H}$を求めると次式となる．

$$\hat{H} \equiv \left[-\frac{h^2}{8\pi^2 m}\left(\frac{\partial^2}{\partial x^2} + \frac{\partial^2}{\partial y^2} + \frac{\partial^2}{\partial z^2}\right) + V\right] \tag{6.24}$$

したがって，三次元のシュレーディンガー方程式は次式で与えられる．

$$\hat{H}\Psi \equiv \left[-\frac{h^2}{8\pi^2 m}\left(\frac{\partial^2}{\partial x^2} + \frac{\partial^2}{\partial y^2} + \frac{\partial^2}{\partial z^2}\right) + V\right]\Psi = E\Psi \tag{6.25}$$

これらの演算子は運動エネルギーを表す演算子と位置エネルギーとの和であるから，**量子力学的ハミルトン演算子**，または単にハミルトニアンと呼ばれており$\hat{H}$で表す．

量子力学では，この式の意味は次のようにすることにしようというのである．シュレーディンガー方程式

$$\hat{H}\Psi = E\Psi \tag{6.26}$$

が満足されているとき，**運動エネルギーと位置エネルギーの和である全エネルギーを，$\Psi$という波動関数で表される運動状態にある物質に対して測定すると，実数である固有エネルギー$E$がいつも測定値として得られる**ということにする．運動量や運動エネルギーなど他の物理量を表す演算子についても同様に意味をもたせる．後にも述べるが，この式を満足する$\Psi$および$E$の組は，通常，無限にあるのでそれらに番号$j$をつけて次式とすることがある．

$$\hat{H}\Psi_j = E_j\Psi_j \tag{6.27}$$

**演算子法**

もっと別の方法でシュレーディンガー方程式が簡単に出せないだろうか．量子力学的ハミルトニアン$\hat{H}$をつくりあげる方法は次のようである．古典力学では，1質点の運動に対する古典的ハミルトニアン$H$は，運動エネルギーと位置エネルギー$V$の和であると定義されている．一次元の運動に対しては，古典的ハミルトニアン$H$は

$$H = \frac{mv^2}{2} + V(x) = \frac{p^2}{2m} + V(x) \tag{6.28}$$

この式で運動量 $p$ は速度 $v$ と質量 $m$ の積であることを使っている．三次元の運動に対しては，古典的ハミルトニアン $H$ は

$$H = \frac{m(v_x^2 + v_y^2 + v_z^2)}{2} + V(x, y, z) = \frac{p_x^2 + p_y^2 + p_z^2}{2m} + V(x, y, z) \tag{6.29}$$

この式で三次元の速度ベクトルは $v = (v_x, v_y, v_z)$ で表され，運動量ベクトルは式(6.30)で表されることを使っている．

$$p = (p_x, p_y, p_z) = m(v_x, v_y, v_z) \tag{6.30}$$

そこで，一次元の場合には，古典的ハミルトニアンの $p$ の代わりに $\frac{\hbar}{i}\frac{d}{dx}$ で置き換えると量子力学的ハミルトニアン $\hat{H}$ ができる．すなわち式(6.31)の置換をする．

$$p \to \frac{\hbar}{i}\frac{d}{dx} \tag{6.31}$$

ただし $i$ は虚数単位で，$i^2 = -1$ である．$\frac{p^2}{2m} + V(x)$ の $p$ の代わりに $\frac{\hbar}{i}\frac{d}{dx}$ で置き換えると，量子力学的ハミルトニアン $\hat{H}$ が得られる．

$$\hat{H} = \frac{1}{2m}\left(\frac{\hbar}{i}\frac{d}{dx}\right)^2 + V(x) = -\frac{\hbar^2}{2m}\frac{d^2}{dx^2} + V(x) \tag{6.32}$$

式(6.23)のなかの量子力学的ハミルトニアンと同じである．

次に三次元のハミルトニアン $\hat{H}$ は，運動量で表した運動エネルギーの項 $(p_x^2 + p_y^2 + p_z^2)/2m$ のなかの $(p_x, p_y, p_z)$ を下のように置換して得られる．

$$p_x \to \frac{\hbar}{i}\frac{\partial}{\partial x}, \quad p_y \to \frac{\hbar}{i}\frac{\partial}{\partial y}, \quad p_z \to \frac{\hbar}{i}\frac{\partial}{\partial z} \tag{6.33}$$

したがって，三次元の運動に対する量子力学的ハミルトニアン $\hat{H}$ は，式(6.34)のように得られる．

$$\begin{aligned}\hat{H} &= \frac{1}{2m}\left[\left(\frac{\hbar}{i}\frac{\partial}{\partial x}\right)^2 + \left(\frac{\hbar}{i}\frac{\partial}{\partial y}\right)^2 + \left(\frac{\hbar}{i}\frac{\partial}{\partial y}\right)^2\right] + V(x, y, z) \\ &= -\frac{\hbar^2}{2m}\left(\frac{\partial^2}{\partial x^2} + \frac{\partial^2}{\partial y^2} + \frac{\partial^2}{\partial z^2}\right) + V(x, y, z)\end{aligned} \tag{6.34}$$

このようにして，演算子を用いて量子力学的ハミルトニアン $\hat{H}$ ができ，

$$\hat{H}\Psi = E\Psi \tag{6.35}$$

をつくれば，それがシュレーディンガー方程式となる．この方法を**演算子法**

と呼んでいる．このようにしてシュレーディンガー方程式をつくりあげたならば，それを解き，またその意味を考えることが次の問題である（注意：演算子はその後に置かれる関数に作用するものである）．たとえば，

> 式(6.32)の量子力学的ハミルトニアンを関数 $\Psi$ に作用させるとは
> $$\hat{H}\Psi = \left(-\frac{\hbar^2}{2m}\frac{d^2}{dx^2} + V(x)\right)\Psi = -\frac{\hbar^2}{2m}\frac{d^2\Psi}{dx^2} + V(x)\Psi$$
> 関数 $\Psi$ を $x$ に関して2度微分し $-\frac{\hbar^2}{2m}$ を掛けたもの $-\frac{\hbar^2}{2m}\frac{d^2\Psi}{dx^2}$ と，$\Psi$ と位置エネルギー関数の積 $V(x)\Psi$ との和をとるという操作をすることである．

### 波動関数の図式的な意味

少し数学的な意味も述べておく．三次元のシュレーディンガー方程式〔式(6.25)〕を考えてみよう．

$$\hat{H}\Psi(x,y,z) \equiv \left[-\frac{h^2}{8\pi^2 m}\left(\frac{\partial^2}{\partial x^2} + \frac{\partial^2}{\partial y^2} + \frac{\partial^2}{\partial z^2}\right) + V\right]\Psi(x,y,z)$$

$$= E\Psi(x,y,z) \tag{6.36}$$

この波動関数の一つ $\Psi(x,y,z)$ と固有エネルギー $E$ が得られたとしよう．波動関数 $\Psi(x,y,z)$ は三次元空間の位置 $\mathrm{P}(x,y,z)$ の関数である．あらゆる点 P における値が定義できる．図 6.3 はその波動関数の形を模式的に描いたものである．

$\mathrm{d}_{yz}$

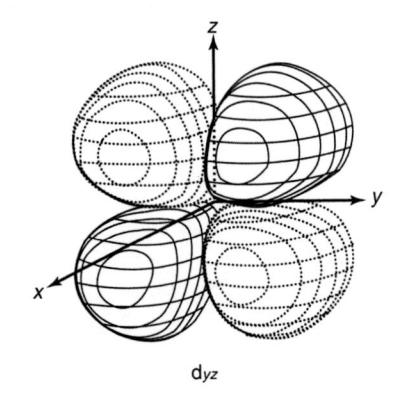

図 6.3 三次元空間に広がる波動関数 $\Psi(x,y,z)$ の模式図
　　　実線部分はその領域で波動関数の値が正であることを表し，点線部分は負であることを表す．すべての点で値が定義されていると想像せよ．

さて，波動関数の値はある点では大きな値であったり，ある面上では0であったり，またある領域では負の値をとる．空に浮かぶ雲のようである．波動関数には，符号もあるので，雲に色をつけるとすれば赤いところと青いところがある．色の濃い領域では波動関数の値の絶対値が大きいと想像しよう．

シュレーディンガー方程式を満足するということは，任意の点 $P(x, y, z)$ においてこの方程式が成り立つということである．すなわち，P点の波動関数 $\Psi(x, y, z)$ に演算子 $\hat{H}$ を作用させて $\hat{H}\Psi(x, y, z)$ を計算すると，その値は常に $\Psi(x, y, z)$ の固有値($E$)倍となるのである．

## 6.4 箱のなかの粒子

原子の場合とは関係はないように見えるが，数学的に比較的簡単に解けてしかもわかりやすいうえに，いくつかの実験を説明するのに使えるので，まずは箱のなかの粒子について考える．その後に水素原子の場合を考えることにする．質量 $m$ の粒子が運動する際の位置エネルギーが，長さ $a$ の部分を除くと無限に高いといういわゆる一次元の箱のなかの粒子の問題を考える．その位置エネルギー $V(x)$ は図6.4のような形をしている．粒子が動きうる範囲は $0 < x < a$ である．したがってシュレーディンガー方程式は式(6.16)で与えられる(再掲)．

$$\frac{d^2\Psi(x)}{dx^2} = -\left(\frac{8\pi^2 m}{h^2}\right)\{E - V(x)\}\Psi(x) \tag{6.16}$$

ただし，位置エネルギー $V(x)$ は
$$V(x) = \infty \quad (x < 0 \text{ および } x > a)$$
$$= 0 \quad (0 < x < a)$$

このシュレーディンガー方程式で，未知の量は波動関数 $\Psi$ の値と固有値(または固有エネルギー)$E$ である．波動関数が，変数 $x$ の全範囲で1価(1変数の値に対して一つの関数値しかもたないことを意味する)，有限，連続であることを要求することにする．この方程式の解法は後述するとして，これを解いた結果をまとめると次ページのようになる．

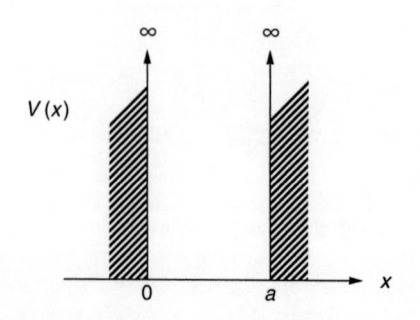

図6.4 箱のなかの粒子に対する位置エネルギー $V(x)$ の模式図

> ### 箱のなかの粒子の性質のまとめ
>
> (1) 位置エネルギー無限大の領域では粒子は存在できない．したがって，$x > a$，$x < 0$ の領域では波動関数 $\Psi$ の値は常に $\Psi(x) = 0$ である．
>
> (2) 固有エネルギー $E$ は，自然数（量子数と呼ぶ）$n$ の関数として与えられる．これを $E_n$ と表すと，
>
> $$E_n = \frac{h^2 n^2}{8ma^2} \qquad n = 1, 2, 3, \cdots$$
>
> (3) $0 < x < a$ の範囲における固有関数または波動関数 $\Psi_n(x)$ は次式で与えられる．
>
> $$\Psi_n(x) = \sqrt{\frac{2}{a}} \sin\left(\frac{n\pi x}{a}\right)$$
>
> (4) この関数は，その2乗を変数の全範囲で積分すると1となる．すなわち規格化されている．
>
> $$\int_{-\infty}^{\infty} \Psi^2 dx = \int_0^a \left(\sqrt{\frac{2}{a}} \sin\frac{n\pi x}{a}\right)^2 dx = 1$$
>
> 波動関数 $\Psi$ の物理的な意味はというと，ある点 $x$ から $x + dx$ に粒子が存在する確率が波動関数の2乗と $dx$ との積 $\Psi^2 dx$ となる．
>
> (5) 異なる量子数 $(n \neq j)$ に属する波動関数 $\Psi_n$，$\Psi_j$ の間の重なりは0である．換言すれば，異なった量子数に属する波動関数は互いに直交する．数学的には，次式が成り立つ．
>
> $$\int_0^a \Psi_n \Psi_j dx = \frac{2}{a} \int_0^a \sin\left(\frac{\pi n x}{a}\right) \sin\left(\frac{n j x}{a}\right) dx = 0$$

　$n = 1 \sim 5$ の固有エネルギー $E_n$ と波動関数 $\Psi_n(x)$ の形を図6.5に示す．最も低い量子数 $n(=1)$ に対する固有エネルギーは0とはならない．一般的に，位置エネルギー $V(x)$ に束縛された粒子の固有エネルギーは，**必ず正の運動エネルギーをもつ**．すなわち0でない運動エネルギーをもっている．このエネルギーを**零点エネルギー**という．奇数の量子数 $n$ に対する波動関数の関数形は中心点 $x = a/2$ に関して**対称**であるが，偶数の量子数 $n$ に関しては**反対称**である（中心点 $x = a/2$ に関して互いに対称な2点の波動関数の値の絶対値は等しいが符号が逆であるときこの関数は反対称であるという）．

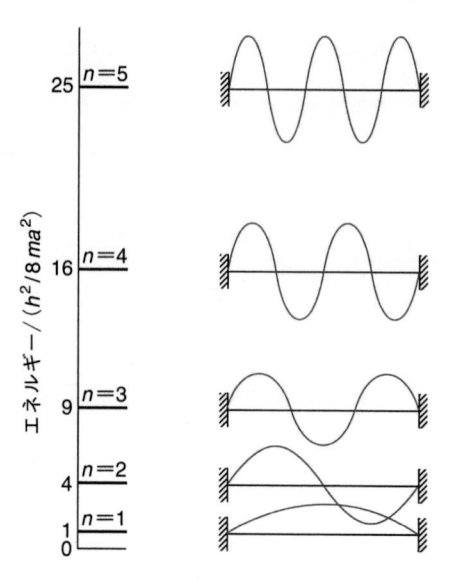

図6.5 量子数 $n = 1 \sim 5$ の固有エネルギー $E_n$ と波動関数 $\Psi_n(x)$ の形

### 6.4.1 箱のなかの粒子の問題の解法(参考)

ポテンシャルの内側($0 < x < a$)だけを考えればよい．その内側では $V(x) = 0$ であるから，シュレーディンガー方程式は次式のようになる．

$$\frac{d^2\Psi(x)}{dx^2} = -\frac{8\pi^2 mE}{h^2}\Psi(x) \tag{6.37}$$

この式は，波動関数 $\Psi(x)$ を $x$ に関して2度微分すると，もとの関数 $\Psi(x)$ の $-\dfrac{8\pi^2 mE}{h^2}$ 倍となることを示す．これを解くために

$$\frac{8\pi^2 mE}{h^2} = k^2 \tag{6.38}$$

とおくと，方程式は次式で与えられる．

$$\frac{d^2\Psi(x)}{dx^2} = -k^2 \Psi(x) \tag{6.39}$$

そこで，$\sin kx$ と $\cos kx$ のいずれもがこの方程式を満足することは容易にわかる．固有値問題を解くときの常道であるが，一般解と呼ばれる解は，$A$, $B$ を未知の定数として，式(6.40)で与えられる．

$$\Psi(x) = A \sin kx + B \cos kx \tag{6.40}$$

さて，この解の定数 $k$ も未知数である．したがって，解には決定すべき未知数が $A$, $B$, $k$ と三つある．境界値条件と呼ばれる条件と規格化条件を満足するように，これらを求める．まず第一の条件は，前述したように，波動関数は連続，1価の関数でなければならない．箱の端($x = 0$, $x = a$)では，波動関数の値は0である．したがって，

$$\Psi(0) = 0 \qquad \Psi(a) = 0 \tag{6.41}$$

$\Psi(0) = 0$ から,

$$A\sin 0 + B\cos 0 = 0 \qquad \therefore B = 0 \tag{6.42}$$

$\Psi(a) = 0$ から, $A\sin ka = 0$ となるが, 正弦関数 $\sin ka$ が 0 となるのは式(6.43)を満足するときである.

$$ka = n\pi \tag{6.43}$$

これから未知であった $k$ が式(6.44)のように求められる.

$$k = \frac{n\pi}{a} \qquad n = 1, 2, 3, \cdots \tag{6.44}$$

自然数である $n$ を**量子数**と呼ぶ. これから, 波動関数 $\Psi$ は, $A$ を未知の定数として,

$$\Psi_n(x) = A\sin\left(\frac{n\pi x}{a}\right) \tag{6.45}$$

となる. 未知数 $k$ は式(6.44)のように求まったので, $k$ の定義式〔式(6.38)〕に代入すると,

$$\left(\frac{n\pi}{a}\right)^2 = \frac{8\pi^2 mE}{h^2}$$

これから固有値(固有エネルギー) $E$ を解くことができて, 式(6.46)が得られる.

$$E_n = \frac{h^2 n^2}{8ma^2} \tag{6.46}$$

固有値 $E$ の値は, 連続な値をとらないで自然数である量子数 $n$ に対してのみ与えられるので, 添字をつけて $E_n$ とした.

この固有エネルギーは, ド・ブロイの式〔式(6.6)〕を用いても導くことができる. すなわち, ド・ブロイの関係式より, ド・ブロイ波長 $\lambda$ は $h/p$ である. 箱のなかの粒子の波動関数の値は, 両端点で 0 となるから, 波長の半分の自然数倍が箱の長さ $a$ であればよい. したがって,

$$a = \frac{n\lambda}{2} = \frac{n}{2}\frac{h}{p} \tag{6.47}$$

$$\therefore p = \frac{nh}{2a} \tag{6.48}$$

したがって固有エネルギー $E_n$ は,

$$E_n = \frac{p^2}{2m} = \frac{1}{2m}\left(\frac{nh}{2a}\right)^2 = \frac{h^2 n^2}{8ma^2} \tag{6.49}$$

粒子が波のふるまいをするという条件から固有エネルギーが得られた．

---

**箱のなかの粒子のエネルギー固有値の特徴のまとめ**

(1) 量子数 $n$ は，$n = 1, 2, 3, \cdots$ のような自然数しかとれない（$n = 0$ は含まれないことに注意）．

(2) このエネルギー準位は $n^2$ に比例する．すなわち，$h^2/8ma^2$ を単位として $1, 4, 9, 16, 25, \cdots$ 倍となっている．最も低いエネルギー準位にあっても零点エネルギーをもっている．

(3) エネルギー準位は粒子の質量 $m$ に反比例し，箱の大きさ $a$ の2乗に反比例する．

---

### 6.4.2 波動関数の特徴：規格化と直交性

波動関数の係数 $A$ はどのようにして求めるのだろうか．答えは「規格化条件を導入する」である．ボルン（M. Born, 1882～1970）は，位置座標の関数として表される波動関数 $\Psi$ の絶対値の2乗は，その位置において粒子が観測される確率密度を表すと提案し，現在もこれが受け入れられている．したがって，ある粒子が波動関数 $\Psi$ で表されるとき，$x$ から $x + dx$ の間に粒子が観測される確率は $\Psi^*\Psi dx$ となる．さらに，粒子は必ずどこかに観測されるはずであるから，確率密度を全空間にわたって積分すると1になるはずである．これが，**規格化条件**：

**波動関数の絶対値の2乗を全空間にわたって積分すると1となる**

の物理的な意味である．さらに，一次元で運動する箱のなかの粒子の場合には，$x < 0$ および $x > a$ の範囲では波動関数は 0 であるから，波動関数 $\Psi$ の絶対値の2乗 $\Psi^*\Psi$ を $0 < x < a$ の範囲で積分すると1となる．すなわち，

$$\int_{-\infty}^{\infty} \Psi^2 dx = \int_0^a \left(A \sin\frac{n\pi x}{a}\right)^2 dx = A^2 \int_0^a \sin^2\frac{n\pi x}{a} dx = 1 \quad (6.50)$$

この積分はできて $\dfrac{a}{2}$ となる．$\dfrac{aA^2}{2} = 1$ より $A = \pm\sqrt{\dfrac{2}{a}}$ となるが，正のほうだけとって，

$$A = \sqrt{\frac{2}{a}} \quad (6.51)$$

したがって，規格化した波動関数 $\Psi_n(x)$ は次式で与えられる．

$$\Psi_n(x) = \sqrt{\frac{2}{a}} \sin\left(\frac{n\pi x}{a}\right) \quad (6.52)$$

一次元の箱のなかの粒子について，規格化条件をあからさまに書くと次のようになる．

$$\left(\frac{2}{a}\right)\int_0^a \sin^2\left(\frac{n\pi x}{a}\right)dx = 1 \tag{6.53}$$

### 波動関数の数学的な性質──直交性

固有関数は次のような数学的な特徴をもっている．すなわち，異なったエネルギー状態にある固有関数は直交しているである．幾何学で，二つのベクトルが直交しているということは高校でも習ったが，**二つの関数が直交している**ということは習っていない新しい概念である．二つの異なる関数と固有エネルギーは，二つの量子数 $n$, $j$ で特徴づけることができる．二つの固有値と $0 < x < a$ の範囲における固有値と固有関数は，次式で与えられる．

$n = j$ のとき

$$E_j = \frac{h^2 j^2}{8ma^2} \qquad \Psi_j(x) = \sqrt{\frac{2}{a}} \sin\left(\frac{j\pi x}{a}\right) \tag{6.54a}$$

$n = n$ のとき

$$E_n = \frac{h^2 n^2}{8ma^2} \qquad \Psi_n(x) = \sqrt{\frac{2}{a}} \sin\left(\frac{n\pi x}{a}\right) \tag{6.54b}$$

$n \neq j$ のとき，これらの二つの関数が直交するとは，変数の全範囲にわたって積 $\Psi_n^*(x)\Psi_j(x)$ を積分すると 0 になるということである．すなわち，

$$\int_{-\infty}^{\infty} \Psi_n(x)\, \Psi_j(x)\, dx = 0 \tag{6.55}$$

具体的な関数形を代入すると，この直交条件は次式で与えられる．

$$\frac{2}{a}\int_0^a \sin\left(\frac{\pi n x}{a}\right)\sin\left(\frac{\pi j x}{a}\right)dx = 0 \tag{6.56}$$

この関数の積分範囲は関数が 0 とならない領域，すなわち $0 < x < a$ の範囲である．この条件は，実はその他のシュレーディンガー方程式を満足する固有関数についても成り立つことを証明できることを付け加えておく．

### 箱のなかの粒子は実際の系に使えるか

箱のなかに閉じこめられた粒子の波動関数やエネルギー準位は計算できたが，これが役に立つのかという疑問がわいてくる．答えは"Yes"である．まず例題を一つ解いてみよう．

【例題 6.2】 いま，1,3-ブタジエン($H_2C=CH-HC=CH_2$)という分子を考える．この分子は，二重結合したビニル基($H_2C=CH-$)が二つ結合した分子である．実験によると，炭素どうしが結合した 2 本の価標，すなわち，＝のうちの 1 本は切れやすくて付加反応を起こしやすいことが知られている．したがって，下の化学反応式のように 1 本の結合が切れて塩素分子のような分子と反応しやすい．

$$H_2C=CH-HC=CH_2 + Cl_2 \longrightarrow \underset{\underset{Cl}{|}\ \underset{Cl}{|}}{H_2C-CH}-HC=CH_2 \quad (6.57)$$

このような反応を**付加反応**(addition reaction)と呼んでいる．2 本の価標＝のうちの切れやすいほうの結合に関与する電子を$\pi$電子と呼んでいる．1,3-ブタジエンには$\pi$電子が全部で 4 個ある．このような$\pi$電子系の電子状態を一次元の箱のなかの粒子で取り扱うことにしよう．箱の長さをどのように選ぶかが問題ではあるが，ブタジエンの C＝C および C－C 結合間の距離は，分光学的な測定から決定され，それぞれ 1.349, 1.467 Å である．端の炭素原子の$\pi$電子の広がりも考慮すると，箱の長さ$a = 3 \times 1.349 + 1.467$ Å $= 5.514$ Å となる（図 6.6 参照）．全部で 4 個の$\pi$電子があると考える．

1 個の電子がこの箱のなかで運動するモデルを考えるとき，下の問に答えよ．

(a) 電子の運動に対するエネルギー準位を計算せよ．

(b) 四つの$\pi$電子は，このようにして得られた状態（または軌道）を，後述する原子中の電子の場合とまったく同様に，エネルギー的に低い準位から順に電子スピンが対をなすように 2 個ずつ占有していく（この規則を**パウリの排他原理**と呼ぶ）．この電子が占有する状況を量子数が 4 までのエネルギー準位とともに図示せよ．

(c) **最高被占準位**(highest occupied level)と**最低非占準位**(lowest unoccupied level)のエネルギー差を計算せよ．光吸収によって最高被占準位にある電子を最低非占準位まで励起するとき，光の波長を計算

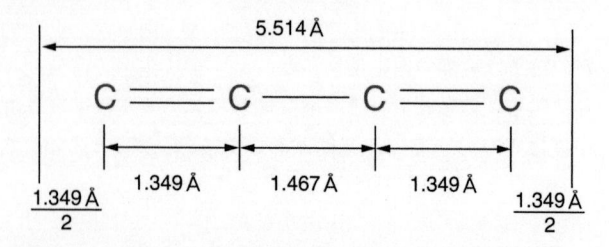

図 6.6　1,3-ブタジエンの$\pi$電子の運動を箱のなかの粒子として取り扱うときのモデル

(d) 実験値的に求められた励起光の波長は216.5 nmである．一致はよいといえるか．

**【解答】** (a) 式(6.46)によるとエネルギー固有値またはエネルギー準位は $E_n = h^2 n^2 / 8ma^2$ となる．箱の長さ $a = 5.514$ Å $= 5.514 \times 10^{-10}$ m, $m = 9.10939 \times 10^{-31}$ kg, $h = 6.62608 \times 10^{-34}$ J s をこの式に代入すると，最も低い状態，すなわち基底状態のエネルギー準位として，$h^2/8ma^2 = 1.98 \times 10^{-19}$ J が得られる．量子数 $n = 2, 3, 4$ のエネルギー準位は，この基底状態のエネルギー準位の4, 9, 16倍となるから $7.93 \times 10^{-19}$ J, $1.78 \times 10^{-18}$ J, $3.17 \times 10^{-18}$ J となる．
(b) これらのエネルギー準位を図6.7に示す
(c) $\Delta E = (17.83 - 7.926) \times 10^{-19}$ J $= 9.91 \times 10^{-19}$ J
光の波長を $\lambda$ とするとプランク・アインシュタインの式より，
$$h\nu = hc/\lambda = \Delta E = 9.91 \times 10^{-19} \text{ J} \quad \therefore \quad \lambda = 200.5 \text{ nm}$$
(d) きわめてよいといえる（理由：電子の反発をまったく考慮していないなど，近似は荒いにもかかわらず数値的には一致しているから）．

```
n=4  ──────    3.17×10⁻¹⁸ J


n=3  ──────    1.78×10⁻¹⁸ J


n=2  ──↓↑──    7.93×10⁻¹⁹ J


n=1  ──↓↑──    1.98×10⁻¹⁹ J
     ──────    0
```

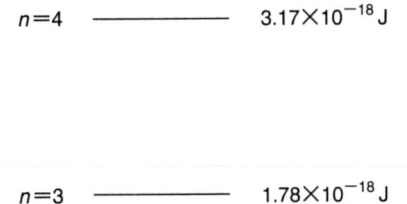

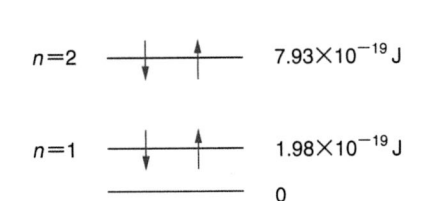

図6.7　エネルギー準位図
2個の電子が対となって下の二つの軌道を占有する．

**ブタジエンのπ電子軌道の形と箱のなかの粒子の波動関数の形の類似性**
このブタジエン電子の運動している状態を後述する**分子軌道法**という方法を用いて求めてみる．この方法では，π電子が存在するための家である波動

関数が分子全体に広がる分子軌道であると考えてこれを求める．その方法の詳しいことは別にして，これらの波動関数をエネルギー準位の低いものから順に描き上げていくと図6.8(a)のようになる．図6.8(b)には，箱のなかの粒子の波動関数の形を位置の関数として図示した．分子軌道法を用いて得た波動関数と，箱のなかの粒子に対する波動関数とはきわめてよく似た形をしていることがわかるであろう．

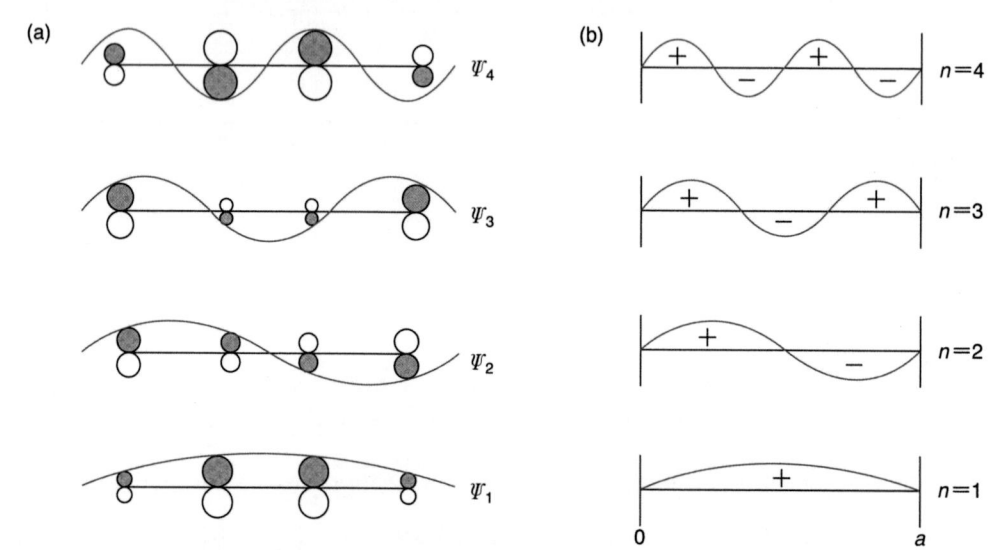

図6.8 (a) ブタジエンの分子軌道の形, (b) 箱のなかの粒子の波動関数の形
エネルギー準位の低いものから順に示した．

## 6.5 水素原子のシュレーディンガー方程式

シュレーディンガーは，まず水素原子に対するシュレーディンガー方程式をたてた．その場合，位置エネルギー $V$ は陽子と電子のクーロン引力によるから，$r$ を原点にある陽子と電子の間の距離とすると，$V$ は $r$ の関数 $V(r)$ として次式で与えられる．

$$V(r) = -\frac{e^2}{4\pi\varepsilon_0 r} \tag{6.58}$$

これを三次元のシュレーディンガー方程式〔式(6.19)〕に代入すると，電子の位置を表す変数 $(x, y, z)$ を用いて，水素原子の電子の運動に対するシュレーディンガー方程式〔式(6.59)〕が得られる．

$$\left(\frac{\partial^2}{\partial x^2} + \frac{\partial^2}{\partial y^2} + \frac{\partial^2}{\partial z^2}\right)\Psi = -\frac{8\pi^2 m}{h^2}\left(E + \frac{e^2}{4\pi\varepsilon_0 r}\right)\Psi \tag{6.59}$$

この式で，$r$ は原点から電子への距離 $r = \sqrt{x^2 + y^2 + z^2}$ である．この方程式はこのままでは解けない．簡単に解くために，$xyz$ 直交座標ではない座標系への座標変換が必要である．三次元空間の任意の点 P を直交座標で表すと $(x, y, z)$ となるが，極座標という座標を用いると，方程式が比較的簡単に解け

る．それらの変数は$(r, \theta, \phi)$である．極座標系の定義を図 6.9 に示す．直交座標$(x, y, z)$と極座標$(r, \theta, \phi)$との関係を示すと

$$x = r\sin\theta\cos\phi \qquad y = r\sin\theta\sin\phi \qquad z = r\cos\theta \qquad (6.60)$$

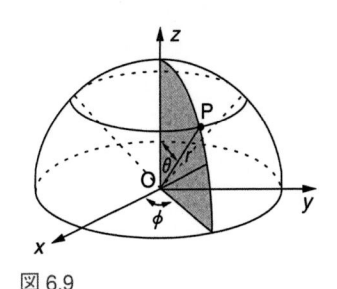

点 P の位置を決めるのに，原点からの距離 $r$ と緯度，経度を決めるための二つの角度 $\theta, \phi$ を決めればよい．**極座標**では，まず原点からの点の距離 $r$ を決める．地球上の緯度と経度を決めるやり方で二つの角，天頂角 $\theta$ と方位角 $\phi$ を決める．ところが，天頂角 $\theta$ は，原点から点の位置に至る位置ベクトルが $z$ 軸方向となす角である．実際には，$z$ 軸方向からの角をとる．また，方位角 $\phi$ は，そのベクトルが，$zx$ 平面から $z$ 軸のまわりにどれだけ回っているかを表す角である．**動径** $r$ は 0 から無限大まで，天頂角 $\theta$ は 0 から $\pi$ まで，方位角 $\phi$ は $z$ 軸のまわりに 1 回転($2\pi$)だけ変わりうるから，三つの変数の取りうる範囲は次のようになる．

$$0 \leq r < \infty \qquad 0 \leq \theta \leq \pi \qquad 0 \leq \phi \leq 2\pi \qquad (6.61)$$

図 6.9
**$xyz$ 直交座標と極座標との関係図**

シュレーディンガー方程式をどのように直交座標系から極座標系へ変換したかは述べない．その結果のみを書くと，相当に複雑な式〔式(6.62)〕が得られる．

$$\frac{1}{r^2}\left[\frac{\partial}{\partial r}\left(r^2\frac{\partial}{\partial r}\right) + \frac{1}{\sin\theta}\frac{\partial}{\partial \theta}\left(\sin\theta\frac{\partial}{\partial \theta}\right) + \frac{1}{\sin^2\theta}\frac{\partial^2}{\partial \phi^2}\right]\Psi + \frac{8\pi^2 m}{h^2}\left(E + \frac{e^2}{4\pi\varepsilon_0 r}\right)\Psi = 0 \quad (6.62)$$

シュレーディンガーはこれを解いた．演算子を用いた形〔式 (6.25)〕に変形すると，方程式はもっと見やすい形になる．

$$\left\{-\frac{\hbar^2}{2m}\frac{1}{r^2}\left[\frac{\partial}{\partial r}\left(r^2\frac{\partial}{\partial r}\right) + \frac{1}{\sin\theta}\frac{\partial}{\partial \theta}\left(\sin\theta\frac{\partial}{\partial \theta}\right) + \frac{1}{\sin^2\theta}\frac{\partial^2}{\partial \phi^2}\right] - \frac{e^2}{4\pi\varepsilon_0 r}\right\}\Psi = E\Psi \quad (6.63)$$

方程式を解いて求めるのは，未知である**固有値**と呼ばれる $E$, および**固有関数**と呼ばれる $\Psi$ である．一般的に，固有関数 $\Psi$ は三次元空間に分布する複素関数である．このような型の方程式の解法についてはよく研究されている．クーロン力による力場では，電子-陽子間にかかる力は二つの質点を結ぶ方向にのみ働き，陽子の重心から電子の重心へのベクトルに対して垂直な，方位角 $\theta$ および $\phi$ の変化する方向には力がかからない．したがって，方程式の解 $\Psi$ は，それぞれが $r, \theta, \phi$ だけの関数，$R(r), \Theta(\theta), \Phi(\phi)$ の積で表されると仮定するのが常道で，そうすると解ける．

$$\Psi(r, \theta, \phi) = R(r)\,\Theta(\theta)\,\Phi(\phi) \qquad (6.64)$$

ここではその解き方については触れない．結果だけを述べるだけにする．それをまとめると，次のようである．

### 水素原子のシュレーディンガー方程式の解のまとめ

(1) **エネルギー固有値 $E$**：ボーアの模型から得られた結果とまったく同じ，すなわち，自然数である $n$（主量子数）の関数として次式で与えられる．

$$E_n = -\left(\frac{me^4}{8h^2\varepsilon_0^2}\right)\left(\frac{1}{n^2}\right) \qquad n = 1, 2, 3, \cdots \qquad (6.65)$$

(2) **固有関数**：$\Psi(r, \theta, \phi)$ は，原子の動く様子を記述する関数であるので原子軌道関数または（原子）波動関数とも呼ばれている．次のような三つの量子数によって規定される．それらは，

a) **主量子数**：$n$ で表す．取りうる値は自然数である．エネルギー固有値を決める．

b) **方位量子数**（または**副量子数**，**角運動量量子数**）：$l$ で表される．$n$ が決まると，それに対して方位量子数が決まる．$l$ の取りうる値は，

$$l = 0, 1, 2, \cdots, (n-1) \qquad \text{〔注：最大値は}(n-1)\text{である〕}$$

$l$ は角運動量の大きさ $J$ を決める（その理由は述べない）．

$$J = \sqrt{l(l+1)}\,\hbar \equiv \sqrt{l(l+1)}\,\frac{h}{2\pi} \qquad (6.66)$$

c) **磁気量子数**：$m_l$，磁場がかかった場合にその方向（$z$ 軸方向）の角運動量の成分の大きさを決める．$m_l = \pm l, \pm(l-1), \cdots, \pm 1, 0$．$m_l$ の取りうる値は $(2l+1)$ 通りある．

$z$ 軸方向の角運動量の成分 $J_z$ が次式で与えられる．

$$J_z = m_l \hbar = m_l \frac{h}{2\pi} \qquad (6.67)$$

(3) **波動関数の形**：主量子数 $n = 1, 2$ に対する水素原子の波動関数を書きあげると，

$n=1, l=0, m_l=0,\ \Psi_{1s}(r) = \dfrac{1}{\sqrt{\pi}\sqrt{a_0^3}}\, e^{-\frac{r}{a_0}}$ \hfill (6.68a)

$n=2, l=0, m_l=0,\ \Psi_{2s}(r) = \dfrac{1}{4\sqrt{2\pi}\sqrt{a_0^3}}\left(2-\dfrac{r}{a_0}\right)e^{-\frac{r}{2a_0}}$ \hfill (6.68b)

$n=2, l=1, m_l=0,\ \Psi_{2p_z}(r,\theta,\phi) = \dfrac{1}{4\sqrt{2\pi}\sqrt{a_0^5}}\, r\cos\theta\, e^{-\frac{r}{2a_0}}$ \hfill (6.68c)

$n=2, l=1, m_l=\pm 1,\ \Psi_{2p_x}(r,\theta,\phi) = \dfrac{1}{4\sqrt{2\pi}\sqrt{a_0^5}}\, r\sin\theta\cos\phi\, e^{-\frac{r}{2a_0}}$ \hfill (6.68d)

$n=2, l=1, m_l=\pm 1,\ \Psi_{2p_y}(r,\theta,\phi) = \dfrac{1}{4\sqrt{2\pi}\sqrt{a_0^5}}\, r\sin\theta\sin\phi\, e^{-\frac{r}{2a_0}}$ \hfill (6.68e)

> 注：$n=2$, $l=1$, $m_l=\pm 1$ に対する波動関数は複素関数となる（これはわからなくてもよい）．
>
> $$\varPsi_{2p_\pm}(r) = \frac{1}{4\sqrt{4\pi}\sqrt{a_0^5}}\, r\sin\theta\,(\cos\phi \pm i\sin\phi)\mathrm{e}^{-\frac{r}{2a_0}} \tag{6.69}$$
>
> 主量子数 $n \geq 3$ の結果は省略する．なお，$a_0$ はボーア半径である．

**原子軌道関数の命名法**
- 方位量子数の値が $l=0$ である波動関数を s 軌道(s-orbital)と呼び，主量子数を前につけて $n$s 波動関数（または $n$s 軌道）と書く．
- 任意の $n(>1)$ に対して，$l=1$ を満足する波動関数〔全部で $3(=2l+1)$ 個ある〕を $n$p 波動関数($n$p 軌道)と呼ぶ(注：1p 軌道は存在しない！)．
- 任意の $n(>2)$ に対して，$l=2$ を満足する波動関数〔全部で $5(=2l+1)$ 個ある〕を $n$d 波動関数($n$d 軌道)と呼ぶ(注：1d, 2d 軌道は存在しない！)．
- 任意の $n(>3)$ に対して，$l=3$ を満足する波動関数〔全部で $7(=2l+1)$ 個ある〕を $n$f 波動関数($n$f 軌道)と呼ぶ(注：1f, 2f, 3f 軌道は存在しない！)．

一般に，主量子数が $n$ である水素原子の空間的な波動関数の数は $n^2$ 個である．

**三つの量子数のどの組が許されるかを，はっきりと記憶しておくこと．**
それは，多電子原子の電子配置をつくりあげるとき，水素原子について許される原子波動関数に電子を占有させるという方法をとるからである．そうすることによって，原子の周期律が電子構造の観点からよく説明できることになる．

> **【例題6.3】** 主量子数が1から3までについて許される三つの量子数の組 $(n, l, m_l)$ をすべて書きだせ．
>
> **【解答】** 量子数について許容される規則を具体的に書くと
> 主量子数 $n=1$ のとき　方位量子数 $l=0$, 磁気量子数 $m_l=0$：1s 波動関数　∴ $(1, 0, 0)$
> 主量子数 $n=2$ のとき　方位量子数 $l=0$, 磁気量子数 $m_l=0$：2s 波動関数　∴ $(2, 0, 0)$
> $n=2$, $l=1$ に対しては磁気量子数 $m_l=-1, 0, 1$：2p 波動関数
> 　∴ $(2, 1, -1)\,(2, 1, 0)\,(2, 1, 1)$
> $n=3$, $l=0$ のとき $m_l=0$：3s 波動関数　∴ $(3, 0, 0)$
> $n=3$, $l=1$ に対しては磁気量子数 $m_l=-1, 0, 1$：3p 波動関数
> 　∴ $(3, 1, -1)\,(3, 1, 0)\,(3, 1, 1)$

$n = 3$, $l = 2$ に対しては磁気量子数 $m_l = -2, -1, 0, 1, 2$：3d 波動関数
∴ $(3, 2, -2) (3, 2, -1) (3, 2, 0) (3, 2, 1) (3, 2, 2)$

**【例題 6.4】** $l = 0, 1, 2, 3$ に対する角運動量の大きさを求めよ．

**【解答】** 角運動量の大きさは $J = \sqrt{l(l+1)}\hbar \equiv \sqrt{l(l+1)}\dfrac{h}{2\pi}$ で与えられるから，方位量子数 $l = 0, 1, 2, 3$ に対する角運動量の大きさは，$J = 0, \sqrt{2}\hbar, \sqrt{6}\hbar, \sqrt{12}\hbar$.

**角運動量の特性：量子化**

原子・分子の世界では角運動量も量子化されている．全角運動量の大きさは方位量子数 $l$ の関数〔式(6.66)〕として与えられることは述べた．

方位量子数 $l$ が 0 である s 軌道は，角運動量が 0 である．ボーアの原子模型では角運動量は絶対に 0 にならなかった（理由：円運動をしているという仮定をしていたから）．ところが，量子力学では，角運動量が 0 となる運動がある．そのような運動は古典的にはどのような運動であろうか．しいていえば，電子が運動するとき必ず原子核のすぐ近く($r=0$)を走るような運動をすると考えるとよい．古典的には，電子はクーロン力に引かれて原子核のそばを猛烈な速度で通り抜けるから存在確率は 0 になるはずであるが，あらゆる方向で運動をするとき，電子は必ず原点の近くを通り抜けると考えるとよい．その他の方位量子数 $l \geq 1$ については，角運動量は 0 ではないので原点の近くを通ることはない．したがって，$r=0$ においては波動関数の値は 0 である．図 6.10 に電子運動軌道の $l$ 依存性を定性的に示した．

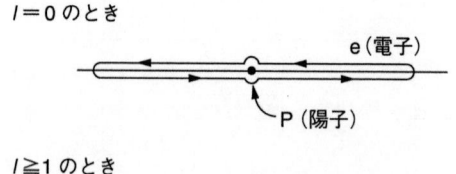

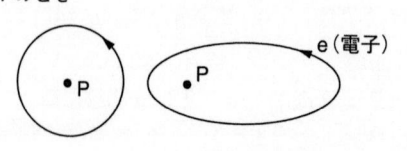

図 6.10 水素原子の s 波動関数の運動状態の古典力学的な描像

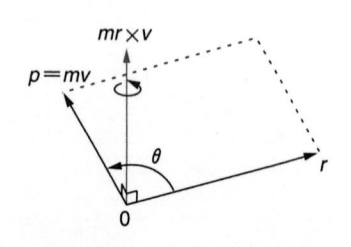

図 6.11 古典力学における角運動量の定義
質量 $m$ の粒子の位置ベクトルおよび速度ベクトルをそれぞれ $r$, $v$ とすると，角運動量 $J$ はベクトル積 $mr \times v$ で定義される．

図 6.11 に角運動量の定義を示した．磁気量子数は何の役割をするのか．電子が角運動量が 0 でない($l > 0$)運動をしているときには，電子運動そのものが磁気モーメントを生ずる．すなわち，電子は小さな磁石となっているの

である．その磁気モーメントの磁場方向の成分は連続の値をとらないので，これも量子化されていて $m_l(\hbar/2\pi)$ となるというのである．

### 波動関数のもつ性質

#### a）波動関数が満足する式

これらの波動関数をシュレーディンガー方程式に代入すると変数のいかんにかかわらず方程式は恒等的に成立する．実際に，これらの関数をシュレーディンガー方程式に代入してみると成り立つことを確かめることができる．

#### b）規格化条件

6.4.2 に述べたように，ボルンは，位置座標の関数として表される波動関数の絶対値の2乗は，その位置において粒子が観測される確率密度を表すと提案し，現在もこれが受け入れられている．そうであるならば，ある粒子が波動関数 $\Psi$ で表されるとき，ある体積要素 $d\tau$ に粒子が見いだされる確率は，$\Psi^*\Psi d\tau$ となる．なぜこのようなことを考えなければならないかというと，古典力学が成り立つならば，ある時刻に粒子がどこに存在するかを決めることができるはずであるが，そのような古典力学的な描像は成り立たないからである．物質の運動を表す関数として波動関数を考えたのである．

また，粒子は必ずどこかに観測されるはずであるから，確率密度を全空間にわたって積分すると1になるはずである．これが，規格化条件（normalization condition）：

「同じ波動関数の絶対値の2乗を全空間にわたって積分すると1となる」の物理的な意味であることは，箱のなかの粒子の問題において述べた．積分する際の体積要素は，直交座標系を用いると $dxdydz$ となり，数式で表すと規格化条件は，

$$\iiint \Psi^*\Psi dxdydz = 1 \tag{6.70}$$

となる．これが規格化条件の数学的な表し方である．ただし，一般に $\Psi^*$ は $\Psi$ の複素共役数である＊．また，積分範囲はすべての変数について $-\infty$ から $+\infty$ の範囲である．

水素原子の波動関数に対しては，直交座標系では簡単に積分できないので，関数形も体積要素も極座標を用いて表すと，体積要素（これを通常 $d\tau$ と書く）は図 6.9 に示したように，

$$d\tau = r^2 dr \sin\theta d\theta d\phi \tag{6.71}$$

となる．たとえば，1s 波動関数 $\Psi_{1s}$ の規格化条件は，

＊ 複素数 $z$ が $a$ および $b$ を用いて $z = a + bi$ で表されるとき，$z$ の複素共役数とは，$z^* = a - bi$ である．また $z$ の絶対値 $|z|$ は，$|z| = \sqrt{a^2 + b^2} = \sqrt{z^*z}$ で与えられる．

$$\iiint \Psi_{1s}{}^* \Psi_{1s} r^2 \mathrm{d}r \sin\theta\, \mathrm{d}\theta\, \mathrm{d}\phi = 1 \tag{6.72}$$

$\Psi_{1s}$をあからさまに書くと，この条件は

$$I = \frac{1}{\pi a_0{}^3} \int_0^\infty r^2 e^{-\frac{2r}{a_0}}\, \mathrm{d}r \int_0^\pi \sin\theta\, \mathrm{d}\theta \int_0^{2\pi} \mathrm{d}\phi \tag{6.73}$$

となる．ただし，積分範囲は，$0 \leqq r < \infty,\ 0 \leqq \theta \leqq \pi,\ 0 \leqq \phi \leqq 2\pi$ である．

数学で三重積分についてはまだ習っていない場合でも，具体的に計算してみよう．細かいことは厳密に考えないで，とばしてもよい．

---

**【例題6.5】** 水素原子の 1s 軌道関数の規格化条件の式が成り立つことを証明せよ．

**【解答】** この積分を実際にやってみると，積分される関数はそれぞれ $r,\ \theta,\ \phi$ に依存する関数の積で表される．それぞれの関数は，他の二つの関係と独立に変わりうる．よって，全体の関数の積分は三つの積分の積として表すことができる．

$$I = \frac{1}{\pi a_0{}^3} \int_0^\infty r^2 e^{-\frac{2r}{a_0}}\, \mathrm{d}r \int_0^\pi \sin\theta\, \mathrm{d}\theta \int_0^{2\pi} \mathrm{d}\phi \tag{6.74}$$

$r$ に関する積分は，部分積分を用いて行うことができる．積分公式を用いてもよい．

$$\int_0^\pi \sin\theta \mathrm{d}\theta = -|\cos\theta|_0^\pi = -(\cos\pi - \cos 0) = 2$$

$$\int_0^{2\pi} \mathrm{d}\phi = 2\pi \qquad \int_0^\infty r^2 e^{-\frac{2r}{a_0}}\, \mathrm{d}r = \frac{a_0{}^3}{4}$$

したがって $I = 1$ となる．

---

### c) 波動関数の直交性

異なった二つの波動関数は直交している．数学的にはどういうことを意味するかというと，たとえば二つの波動関数 $\Psi_{1s}$ と $\Psi_{2p_z}$ については，$\Psi_{1s}$ の共役複素数と $\Psi_{2p_z}$ の積を求めて，体積要素を掛けて全空間にわたって積分すると必ず 0 となる．それを式で表すと，

$$\iiint \Psi_{1s}{}^* \Psi_{2p_z} \mathrm{d}x\mathrm{d}y\mathrm{d}z = 0 \tag{6.75}$$

## 6.5 水素原子のシュレーディンガー方程式

実際に，これを積分するためには，極座標で求めた体積要素 $r^2 \mathrm{d}r\sin\theta \mathrm{d}\theta \mathrm{d}\phi$ を用いる．各変数の積分範囲は，$0 \leq r < \infty$，$0 \leq \theta \leq \pi$，$0 \leq \phi \leq 2\pi$ である．

$$\iiint \frac{1}{\sqrt{\pi}\sqrt{a_0^3}} \mathrm{e}^{-\frac{r}{a_0}} \frac{1}{4\sqrt{2\pi}\sqrt{a_0^5}} r\cos\theta\, \mathrm{e}^{-\frac{r}{2a_0}} r^2 \mathrm{d}r\sin\theta \mathrm{d}\theta \mathrm{d}\phi = 0 \quad (6.76)$$

### d) 波動関数の空間的な形

波動関数の形について具体的に検討してみよう．そのための例題を解く．

---

**【例題6.6】** 水素原子の $2\mathrm{p}_z$ 波動関数の値が最大および最小となるのはどの点か．

**【解答】** 式(6.68c)より $2\mathrm{p}_z$ 波動関数：

$$\Psi_{2\mathrm{p}_z}(r) = \frac{1}{4\sqrt{2\pi}\sqrt{a_0^5}} r\cos\theta\, \mathrm{e}^{-\frac{r}{2a_0}}$$

① 簡単のために係数を $C_{2\mathrm{p}_z}$ と書くと，$2\mathrm{p}_z$ 波動関数は下式のように与えられる．

$$\Psi_{2\mathrm{p}_z}(r,\theta,\phi) = C_{2\mathrm{p}_z} r\cos\theta\, \mathrm{e}^{-\frac{r}{2a_0}} \quad (6.77)$$

このように二つまたは三つの変数に依存する関数は，これらの変数に対して互いに独立に変わりうるから，ある変数を問題にするときには，他の変数は一定であると考えてよい．

$\Psi_{2\mathrm{p}_z}(r,\theta,\phi)$ を，定数 $C_{2\mathrm{p}_z}$ と，$r$ のみによる動径部分 $R(r)$ および $\theta$ のみによる天頂角依存の項 $\Theta(\theta)$ の積であるとおく．

$$R(r) \equiv r\mathrm{e}^{-\frac{r}{2a_0}} \quad (6.78)$$

$$\Theta(\theta) \equiv \cos\theta \quad (6.79)$$

すなわち，

$$\Psi_{2\mathrm{p}_z}(r,\theta,\phi) = C_{2\mathrm{p}_z} R(r)\, \Theta(\theta) \quad (6.80)$$

② まず，関数 $R(r)$ がどのような形をしているかについて検討する．$R(r)$ を $r$ に関して微分し，導関数 $R'(r)$ を $R'(r) = \mathrm{d}R(r)/\mathrm{d}r = 0$ とおくと，

$$R'(r) \equiv \frac{\mathrm{d}R}{\mathrm{d}r} = \left(1 - \frac{r}{2a_0}\right)\mathrm{e}^{-\frac{r}{2a_0}} = 0 \quad (6.81)$$

これから，$r = 2a_0$(ボーア半径の 2 倍)で最大となることがわかる．関数 $R(r)$ のグラフを描いてみる．このような場合には，$r$ を $a_0$ の単位で描くのが常道である．すなわち，

$$R(r) = a_0 \left(\frac{r}{a_0}\right) e^{-\frac{1}{2}\left(\frac{r}{a_0}\right)} \qquad (6.82)$$

簡単のために変数として $Z = r/a_0$ をとって，$R(r)$ を $a_0$ で割った値をプロットすると図 6.12 のようになる．$Z = 0, 2$ 以外の値に対しては電卓で計算した．動径部分 $R$ は，$r = 0$ のとき $R = 0$ であり，$r = 2a_0$ のとき最大となり，$r$ の増加とともに減少して $r \to \infty$ のとき $R(r) = 0$ に漸近する．

③ 天頂角 $\theta$ の関数 $\Theta(\theta)$ をプロットする．$\theta$ の定義域は $0 \leq \theta \leq \pi$ である．この関数は，わざわざ微分して極値を求めるまでもなくプロットできる(図 6.13 参照)．すなわち，角度部分 $\Theta(\theta)$ は，$z$ 軸上で最大値(正の方向)$\Theta(\theta) = 1$，最小値(負の方向)$\Theta(\theta) = -1$，$\theta = \pi/2$ のとき($xy$ 平面上)で $\Theta(\theta) = 0$ となり，$xy$ 平面上を境にして関数 $\Theta(\theta)$ の符号が変わる．上半分では正で，下半分では負である．

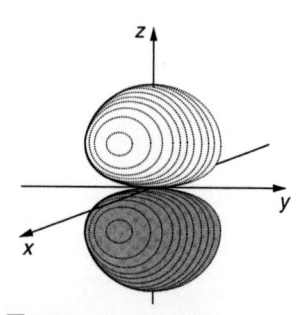

図 6.14
2p$_z$ 波動関数の空間的な分布

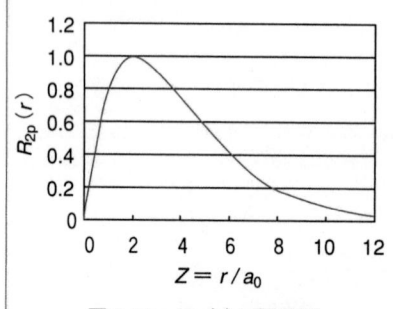

図 6.12　$R_{2p}(r)$ の関数形
$Z = r/a_0$ に対してプロットした．

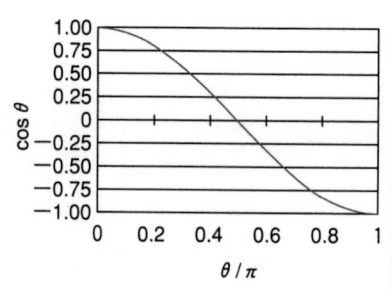

図 6.13　$\Theta(\theta)$ の関数形
$\Theta(\theta) = \cos\theta$

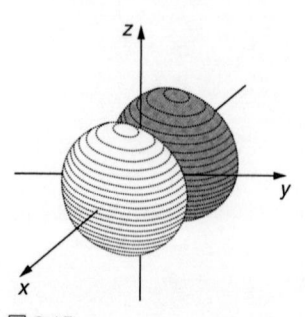

図 6.15
2p$_x$ 波動関数の空間的な分布

④ 以上の結果から，波動関数 $\Psi_{2p_z}$ は，$r = 2a_0$，$\theta = 0$ において最大値をとり，$r = 2a_0$，$\theta = \pi$ において最小値をとる．二つの値の絶対値は同じである．これら波動関数の最大値，最小値を与える点を直交座標で表すと，それぞれ $(0, 0, 2a_0)$，$(0, 0, -2a_0)$ となる．

ちなみに，確率密度はその波動関数の絶対値の 2 乗である．2p$_z$ 波動関数では，確率密度が最大となる点は $z$ 軸上にある 2 点 $(0, 0, 2a_0)$，$(0, 0, -2a_0)$ であることが容易にわかる．三次元空間にひろがる波動関数を表すのは難しいが，2p$_z$ 波動関数の分布を図 6.14 に，2p$_x$ 波動関数の分布を図 6.15 に示す．

**【例題 6.7】** (a) 水素原子の 1s 波動関数の形を示せ．(b) 存在確率が最大となる点はどこか．(c) 半径が $r$ から $r+dr$ までにあるときの存在確率が最大となる半径を求めよ．

**【解答】** (a) 水素原子の 1s 波動関数は $r$ のみの関数である．

$$\Psi_{1s}(r) = \frac{1}{\sqrt{\pi}\sqrt{a_0^3}} e^{-\frac{r}{a_0}} \tag{6.83}$$

球対称な関数，すなわち，原点からの距離 $r$ が等しい点では波動関数の値は同じである．この関数は，$r=0$ のとき最大値をとり，単調減少関数である．$r$ の値を $a_0$ を単位としてプロットするとよい．その波動関数の形を図 6.16 に示す．

(b) その存在確率は，$\exp(-2r/a_0)$ に比例する．したがって $r=0$ のときにその存在確率は最大となる．

(c) 次に，電子が半径 $r$ から $r+dr$ までの領域に存在する確率 $Pdr$ は，$r$ における確率密度 $\Psi_{1s}^2$ と半径が $r$ から $r+dr$ までの体積部分(半径 $r$ 上の球面の薄皮部分)$4\pi r^2 dr$ の積に比例する．すなわち，

$$Pdr = \Psi_{1s}^2(4\pi r^2)dr = \frac{4}{a_0^3} r^2 e^{-\frac{2r}{a_0}} dr$$

$$= 4\left(\frac{r}{a_0}\right)^2 e^{-2\left(\frac{r}{a_0}\right)} d\left(\frac{r}{a_0}\right) \equiv 4Z^2 e^{-2Z} dZ \tag{6.84}$$

関数 $P$ が最大となる距離 $r$ では，その関数の微分が 0 となる．

$$\frac{dP}{dr} = \frac{dP}{dZ}\frac{dZ}{dr} = \frac{1}{a_0}\frac{d}{dZ}(Z^2 e^{-2Z}) = \frac{2}{a_0} Z(Z-1) e^{-2Z} = 0 \tag{6.85}$$

上式より $Z = r/a_0 = 1$ が得られる．したがって，存在確率 $P$ が最大となる距離は $r = a_0$ である(図 6.17)．

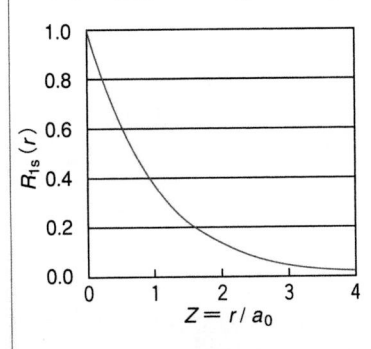

図 6.16　1s 波動関数の $r$ 依存性
最大値を 1 とし，$Z = r/a_0$ に対してプロットした．

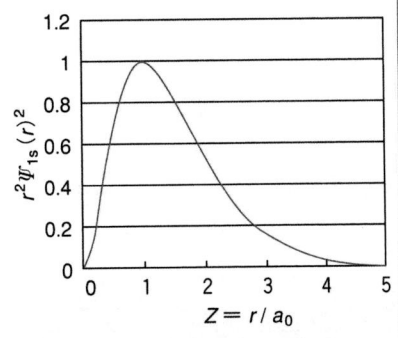

図 6.17　$\Psi_{1s}^2 4\pi r^2$ の $r$ 依存性
ただし，最大値を 1 とし，$Z = r/a_0$ に対してプロットした．

**【例題 6.8】** 水素原子の 2s 波動関数の節面を特定せよ．ただし，波動関数の値が 0 となる面を節面と呼ぶ．

**【解答】** 水素原子の 2s 波動関数は次式〔式(6.68b)〕で与えられる．

$$\Psi_{2s}(r) = \frac{1}{4\sqrt{2\pi}\sqrt{a_0^3}}\left(2 - \frac{r}{a_0}\right)e^{-\frac{r}{2a_0}}$$

$\Psi_{2s} = 0$ を解くと，$r = 2a_0$ が得られる．これは中心からの距離が $2a_0$ である球面を表す．この球面を境にして波動関数の符号が変わることに注意すること．

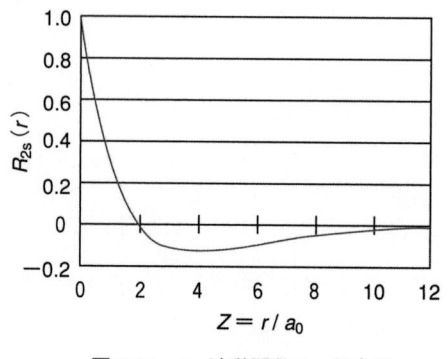

図 6.18 2s 波動関数の $r$ 依存性

### 波動関数の役割

波動関数は，波の性質をもつ物質の運動状態を表す関数である．いま粒子として電子に限ると，水素原子におけるようにクーロン力で束縛された電子の運動状態を特徴づける関数であるから，平たくいうと，**運動している電子が住んでいる家のようなものである**．シュレーディンガーの波動方程式は，その電子がもっている全エネルギーや波動関数を算出するための方程式である．原子や分子中で電子が運動するためには，家に相当する波動関数が必ず必要となる．たとえば，水素原子の電子の運動を規定する波動関数が決まると，任意の物理量を計算することができる．ここではその数学的な方法は述べない．しかし，**波動関数は，一度求められるとさまざまな物理量を与えることができる玉手箱のようなものである**．その一つの重要な性質は，**絶対値の 2 乗がある点における確率密度を与える**というものである．その存在確率密度を雲のような分布で表すので**電子雲**と呼ぶことがある．

　J. J. トムソンが電子の質量(実際は質量と電気素量の比)を決定したとき，**電子は粒子として古典力学に従うと仮定した**．シュレーディンガーが波動方程式をたてる際の根本的な仮定は，**電子は波の性質をもっている**であった．

波は空間的に広がっているから，粒子のようにいつどこにいるかはいえない．したがって，もし電子がある位置にいるかどうかを測定しようとしても，そこに電子がいる確率がどれだけという存在確率しか測定できないというのが波動力学の教えるところである．

　波動関数は，一般的には複素関数であるが，その関数は雲のように空間的に広がっていると思えばよい．複素関数で表される波動関数は，実数部分と虚数部分についてそれぞれ雲のように分布している．波動関数はその値が符号をもっている．存在確率を表す電子雲は必ず波動関数の絶対値の 2 乗であるから，至るところで正の実数の値をもっている．ところが，波動関数そのものは正の部分を赤で，負の部分を青で表すと，基底状態の波動関数である 1s 波動関数は，全領域で赤色であるが，第一励起状態の波動関数，2s, $2p_z$, $2p_y$, $2p_x$ は，赤色の部分と青色の部分に分けられる．異なった色をもつ二つの部分の境界面では波動関数が 0 である．この面を**節面**と呼んでいる．

　**節面が多いほどエネルギー固有値は高い**．これは常に成立する．たとえば，例題で述べたように，1s 波動関数は節面をもたない．ところが，2s 波動関数は一つの球面の節面をもっている．また，2s 波動関数と同じエネルギー固有値をもっている 2p 波動関数は三つとも，一つの節平面がある．同様に，進めていくと 3s, 3p, 3d 波動関数は，すべて二つの節面をもっていることがわかっている．

　一般的に，主量子数が $n$ のとき，$(n-1)$ 個の節面がある．具体的にまとめてみる．

- 1s 軌道は節面をもたない．
- 2s 軌道は半径 $r = 2a_0$ の球面が節面となる．
- 3s 軌道は球形の節面を二つもつ．
- $n$s 軌道は，$(n-1)$ 個の球形の節面をもつ．
- 1p 軌道は存在しない．
- 2p 軌道は一つの節平面をもつ．
- $2p_z$, $2p_x$, $2p_y$ 原子軌道の節平面はそれぞれ $xy$, $yz$, $zx$ 面である．
- 3p 軌道は一つの節平面と一つの球形の節面をもつ．
- 1d 軌道や 2d 軌道は存在しない．
- 3d 軌道は二つの節面をもつ．その形は原子軌道による．

　波動関数が直交しているということは，こういうことである．すなわち，二つの波動関数の値 $\Psi_1$, $\Psi_2$ を同じく赤と青の色のついた雲で表すとしよう．関数の値が大きいところは濃くし，小さいところは薄くする．あらゆる点で二つの関数の積をとり，正となる領域を赤色で，負となる領域を青色で塗ることにしよう．積の値によって濃さを調節する．直交するならば，赤い領域の値を空間的に全部加えた値の絶対値が，青の領域の値を加えた値の絶対値

と等しく，互いに符号が逆になるということである．関数が実数関数であるときには上記のようなことがいえるが，複素関数である場合には実際は複雑となる．実数部分と複素部分とを加えたものがそれぞれ0となる．

また，もう一点付け加えるが，波動関数の値の正負は，その点における電荷が正負であることとはまったく違う．

### 波動関数の形状のまとめ

図6.19にまとめとして，波動関数 $\Psi$ の動径部分 $R(r)$，その点に存在する存在確率に比例する量である $R(r)^2$，および原子核からの距離 $r$ にある確率に比例する量としての $r^2R(r)^2$ の $r$ 依存性を示す．これらの関数は，$Z=r/a_0$ に対してプロットしてある．縦軸の絶対値は問題にしなくてもよい．相対的な値が重要であることに注意すること．さらに，図6.20にはs, p軌道の角度依存部分を示す．$xy, yz, zx$ などの典型的な面上における値を，原点からの距離で表してある．ただし，位置によって符号が違うことがある．たとえば，$2p_z$ 関数の角度依存部分は $\cos\theta$ に比例しているが，その値は原点からの距離となっている．なお，波動関数 $\Psi$ の値は，動径部分 $R(r)$ と角度部分の積であることを付け加えておく．

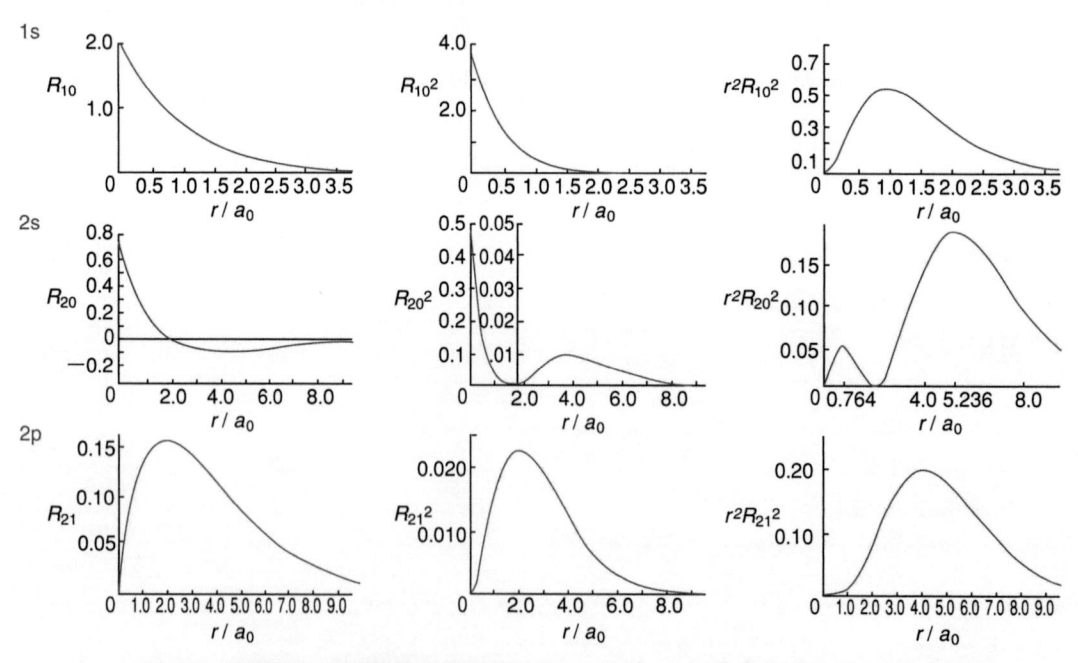

図 6.19 水素原子の波動関数の動径部分 $R(r)$, $R(r)^2$, および $r^2R(r)^2$ の $Z=r/a_0$ 依存性

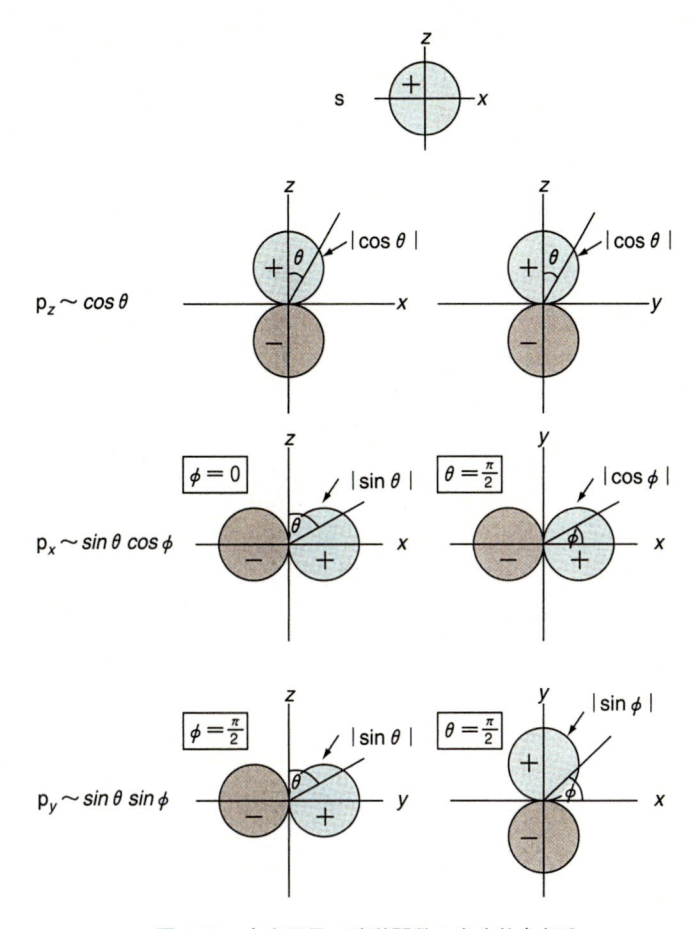

図 6.20 水素原子の波動関数の角度依存部分

## 6.6 水素類似原子・イオンのシュレーディンガー方程式

水素類似原子・イオンとは，電子を1個しかもたない水素原子およびイオンである．このとき電子の運動状態はどうなるか．原子核の電荷は，原子番号を $Z$ とすると $+Ze$ であるから，原子核と電子のクーロンの吸引力による位置エネルギーは，水素原子の場合の $Z$ 倍となる．

$$V(r) = -\frac{Ze^2}{4\pi\varepsilon_0 r} \tag{6.86}$$

したがって，水素原子のシュレーディンガー方程式〔式(6.59)〕の $e^2$ を $Ze^2$ で置換すればよいので，水素類似原子のそれは次式のようになる．

$$\left(\frac{\partial^2}{\partial x^2} + \frac{\partial^2}{\partial y^2} + \frac{\partial^2}{\partial z^2}\right)\Psi = -\frac{8\pi^2 m}{h^2}\left(E + \frac{Ze^2}{4\pi\varepsilon_0 r}\right)\Psi \tag{6.87}$$

極座標で書きだしたシュレーディンガー方程式は次式で与えられる．

$$-\frac{\hbar^2}{2m}\frac{1}{r^2}\left[\frac{\partial}{\partial r}\left(r^2\frac{\partial}{\partial r}\right) + \frac{1}{\sin\theta}\frac{\partial}{\partial \theta}\left(\sin\theta\frac{\partial}{\partial \theta}\right) + \frac{1}{\sin^2\theta}\frac{\partial^2}{\partial \phi^2}\right]\Psi - \frac{Ze^2}{4\pi\varepsilon_0 r}\Psi = E\Psi \tag{6.88}$$

この方程式の解は，実は簡単である．水素原子について得られたすべての解において，$e^2$ を $Ze^2$ で置換すればよい．したがって，次のような特徴をもっている．

1) エネルギー固有値

$$E_n = -\left(\frac{me^4}{8h^2\varepsilon_0^2}\right)\left(\frac{Z^2}{n^2}\right) \tag{6.89}$$

すなわち，水素原子の固有エネルギーの $Z^2$ 倍となっている．

2) 波動関数を規定する量子数は水素原子の場合と同じである．

3) 波動関数は，水素原子波動関数の $a_0$ の代わりに $(a_0/Z)$ とおいたもの〔式(6.68a)～(6.68e)〕がすべて波動関数となっている．

$$n=1, l=0, m_l=0 \quad \Psi_{1s}(r) = \frac{1}{\sqrt{\pi}\sqrt{(a_0/Z)^3}} e^{-\frac{r}{(a_0/Z)}} \tag{6.90a}$$

$$n=2, l=0, m_l=0 \quad \Psi_{2s}(r) = \frac{1}{4\sqrt{2\pi}\sqrt{(a_0/Z)^3}}\left(2-\frac{r}{(a_0/Z)}\right)e^{-\frac{r}{2(a_0/Z)}} \tag{6.90b}$$

$$n=2, l=1, m_l=0 \quad \Psi_{2p_z}(r,\theta,\phi) = \frac{1}{4\sqrt{2\pi}\sqrt{(a_0/Z)^5}} r\cos\theta\, e^{-\frac{r}{2(a_0/Z)}} \tag{6.90c}$$

$$n=2, l=1, m_l=\pm 1 \quad \Psi_{2p_x}(r,\theta,\phi) = \frac{1}{4\sqrt{2\pi}\sqrt{(a_0/Z)^5}} r\sin\theta\cos\phi\, e^{-\frac{r}{2(a_0/Z)}} \tag{6.90d}$$

$$n=2, l=1, m_l=\pm 1 \quad \Psi_{2p_y}(r,\theta,\phi) = \frac{1}{4\sqrt{2\pi}\sqrt{(a_0/Z)^5}} r\sin\theta\sin\phi\, e^{-\frac{r}{2(a_0/Z)}} \tag{6.90e}$$

注：$n=2, l=1, m_l=\pm 1$ に対する波動関数は複素関数となる．

$$\Psi_{2p_\pm}(r) = \frac{1}{4\sqrt{2\pi}\sqrt{(a_0/Z)^5}} r\sin\theta\,(\cos\phi\pm i\sin\phi)e^{-\frac{r}{2(a_0/Z)}} \quad (\text{複号同順}) \tag{6.91}$$

水素類似原子・イオンの波動関数は，動径方向に $1/Z$ だけ収縮した形となっていることに注意すること．

4) まとめ

固有エネルギーは水素原子のそれの $Z^2$ 倍，波動関数は動径方向に $1/Z$ だけ収縮した形となっている．

## 6.7 電子スピン

### 6.7.1 シュテルン・ゲルラッハの実験とナトリウムD線の分裂

電子の軌道運動に対する量子化された角運動量があるように，電子固有の角運動量があることが実験によって見いだされた．それを直接的に証明したのは，シュテルン(O. Stern, 1888～1969)とゲルラッハの実験である(1922年)．

この実験に関して詳しいことは述べないが，真空に保った装置のなかで奇数個の電子をもつ銀原子を蒸発させ，その**原子線**を進行方向に垂直な不均一磁場中に通したところ，銀の原子線は二つの方向に分かれた．その実験の模式図を図6.21に示す．

**図6.21　シュテルン・ゲルラッハの実験の概念図**
真空装置中で銀を蒸発させ，その原子線を不均一磁場中に通すと，銀原子線が二つの方向に分かれる．中田宗隆，「量子化学－基本の考え方16章」，東京化学同人(1995)，p.94.

また，橙色のナトリウムの発光線(D線)が589.0 nmに現れるが，詳しく観測すると，これが0.60 nmだけ離れた589.76 nmと589.16 nmの二つの発光線に分離している．この現象について，オランダの**ウーレンベック**(G. E. Uhlenbeck, 1900～1988)と**ハウトスミット**(S.A.Goudsmit, 1902～1978)は，電子に固有の磁気モーメントがあると仮定すると説明できることを提案した(1925年)．D線は，ナトリウム原子の3p($l=1$)状態から3s状態への遷移と帰属されている．3p電子には軌道運動による角運動量がある．すなわち，3p電子は小さな磁石となっている．その上に電子が存在するだけで存在しているスピン角運動量が加わるので，電子固有の小磁石(スピン)と軌道角運動量とが同じ方向のほうが，打ち消し合うように向き合うよりはエネルギー的に高くなるので，二つのエネルギー状態に分裂する．電子固有の角運動量(電子スピン角運動量)の大きさは$\frac{1}{2}\frac{h}{2\pi} \equiv \frac{\hbar}{2}$で，成分として$+\frac{1}{2}\frac{h}{2\pi}$と$-\frac{1}{2}\frac{h}{2\pi}$を取りうると考えると実験がうまく説明できるというのである．

### 6.7.2　パウリの排他原理

上述した事実，すなわち電子が固有の磁気モーメントをもっていること，または小さな磁石となっていることが，化学者にとってはそれほど重要であるとは思われなかったが，実はきわめて重要であることがわかった．その理由は，複数の電子をもつ多電子原子の電子構造(または電子配置)を組みあげる際に，このスピンが決定的な役割をすることがわかったからである．

パウリは，ヘリウムガスの放電によって得たスペクトルや元素の周期律を

パウリ(オーストリア)
W. Pauli(1900 ～ 1958)
1945年度ノーベル物理学賞受賞

説明するために，次のようなパウリの排他原理（Pauli's exclusion principle）を提案した（1925年）．

> 複数の電子が，同じ空間的な軌道に占有されるとき，最大2個の電子しか入らない．また，その占有される2個の電子の電子スピンの成分は必ず異なっていなければならない．

この原理こそが，複数の電子をもつ原子や分子系で，エネルギー準位の異なる軌道に電子が占有されるとき，どうしても考慮に入れなければならない原理である．自然はそのような原理の上に成り立っている．人間はなぜそのようになっているのかについてまだ解明していない．量子力学の根本原理となっている物質波について，なぜ物質が波動と粒子の両方の性質をもっているのかを知らないのと同様に，自然がそのような性質をもっているとして理論をたてていくと，ほぼ完全に種々の事象が説明できるだけである．

## この章のまとめ

1. **ド・ブロイの物質波（粒子-波動の二重性）の概念**
コンプトン効果の発見によって光も粒子の性質をもつことが明らかとなった結果，ド・ブロイが物質波の概念を提案した．すなわち，すべての物質が粒子と波動の両方の性質をもつことの提案である．粒子と考えられていた電子も波の性質をもち，波の性質を特徴づける量として波長 $\lambda$ がプランク定数 $h$ をその運動量 $p$ で割った値となることを提案したのである．G. P. トムソンとデビッソン・ガーマーの電子線回折の実験によって，電子が波動性をもつことが証明された．

2. **シュレーディンガー方程式** シュレーディンガーは，波動方程式に粒子の運動量とド・ブロイ波長との関係を組み込んだシュレーディンガー方程式を水素原子について導き，これを解いた（1926年）．電子の運動に対するエネルギー準位（エネルギー固有値ともいう）は，ボーアの原子模型から得られたものとまったく同じになった．さらに，この方程式の解は，三つの量子数を与えると決まることがわかった．これらは，主量子数 $n$，方位量子数 $l$，磁気量子数 $m_l$ である．

3. **主量子数 $n$** 1から始まる自然数で，水素原子のエネルギー準位を決める．

$$E_n = -\left(\frac{me^4}{8h^2\varepsilon_0^2}\right)\frac{1}{n^2} \qquad n = 1, 2, 3,\cdots$$

**方位量子数 $l$** 0から $n-1$ までの整数で，ベクトル量である角運動量の大きさを決める．

**磁気量子数 $m_l$** 方位量子数が決まると決まる値で，$0, \pm 1, \pm 2, \pm 3, \cdots, \pm l$ の値をもつ．角運動量の成分を決める．磁場のなかに原子を入れると磁気量子数によってエネルギー準位が $(2l+1)$ 通りに分裂する［$(2l+1)$ 重に状態が縮重している］．

4. **三つの量子数の組 $(n, l, m_l)$**
$(1,0,0), (2,0,0), (2,1,0), (2,1,1), (2,1,-1),$
$(3,0,0), (3,1,0), (3,1,1), (3,1,-1), (3,2,0),$
$(3,2,1), (3,2,-1), (3,2,2), (3,2,-2), (4,0,0),$
$(4,1,0), (4,1,1), (4,1,-1), (4,2,0), (4,2,1),$
$(4,2,-1), (4,2,2), (4,2,-2), (4,3,0), (4,3,1),$
$(4,3,-1), (4,3,2), (4,3,-2), (4,3,3), (4,3,-3),\cdots.$
なぜこのようなものが必要かというと，電子が多数ある多電子原子では，これらの量子数の組で決まる原子軌道関数に，最大2個の電子がスピンの成分を逆にして占有すると考えると，元素の周期表が説明できるからである．

5. **原子波動関数 $\Psi$ の役割** 電子の位置に関する関数で，いわば運動している電子が入る"家"と呼ん

でよい．

**波動関数の命名**：方位量子数 $l$ が 0, 1, 2, 3 である原子軌道関数を，それぞれ s 軌道，p 軌道，d 軌道，f 軌道と名づける．主量子数の違いによる区別をするために，前に主量子数をつけて，1s, 2s, 3s, …, 2p, 3p, 4p, …, 3d, 4d, …, 4f, 5f, …軌道のように名づける．

**原子波動関数の物理的意味**：波動関数の絶対値の2乗は電子がその位置において観測される確率に比例する．

**規格化条件**：とくに原子内に束縛されている電子のような場合にはどこかに存在しなければならないので，波動関数 $\Psi$ の自乗 $|\Psi|^2$ にその体積要素を掛けて全空間で積分すると 1 となる．

$$\iiint \Psi^* \Psi \, dxdydz = 1$$

**波動関数の直交性**：異なった量子数の組 $(n, l, m_l)$ で決まる二つの波動関係の積をそれぞれの位置において求め，これを全空間にわたって積分すると 0 となるのである．たとえば，1s 波動関数と $2p_z$ 波動関数は互いに直交している．

$$\iiint \Psi_{1s}^* \Psi_{2p_z} \, dxdydz = 0$$

6. **水素類似原子** H，$He^+$，$Li^{2+}$，… のように電子が 1 個しか存在しない原子や原子イオンである．

**エネルギー準位**：原子番号を $Z$ とすると水素のエネルギー準位の $Z^2$ 倍となる．

**量子数の組**：水素原子の場合とまったく同じ．

**波動関数の関数形**：水素原子の原子波動関数を動径方向に $1/Z$ に縮めたものである．

7. **電子スピン** 電子には電子固有の角運動量を表す量子数がある．そのスピン量子数の大きさは，$S = 1/2$ で，その成分には $+1/2$ と $-1/2$ とがある．いろいろな実験からスピン量子数の存在が確かめられている．

8. **パウリの排他原理** 化学において，電子スピンの果たす役割はきわめて大きい．なぜならば，複数の電子が原子内の原子軌道に占有されるとき，一つの軌道に占有される電子数は最大 2 個までで，しかも電子スピンを必ず対にして入る．

9. **箱のなかの粒子** シュレーディンガー方程式が厳密にしかも簡単に解ける系である．

**エネルギー準位**：飛び飛びである．量子数の2乗に比例し，箱の大きさの2乗に反比例し，質量に反比例する．最も低いエネルギー準位もエネルギーは 0 ではない（零点エネルギーがある）．

**波動関数の規格化・直交性**：通用する．

## 章末問題

1. 剛速球投手であるハーシュハイザーが投げた野球の球の速さは時速 160 km h$^{-1}$ であるという．硬球の質量が 170 g であるとすると，この野球のボールのド・ブロイ波長を求めよ．

2. 50 eV の運動エネルギーをもつ電子について，次に設問に答えよ．(a) 運動量を計算せよ．(b) このエネルギーを kJ mol$^{-1}$ 単位で表せ．(c) その電子のド・ブロイ波長を求めよ．

3. 主量子数が $n$ である水素原子の空間的な波動関数の数が，$n^2$ 個である理由を考えよ．

4. 式 (6.76) が成立することを確かめよ．

5. 量子力学の完成に果たしたド・ブロイの役割について述べよ．

6. われわれの住む巨視的な世界と，原子の世界では本質的にどこが違うのか．

7. 水素原子の基底状態とはどのような状態であるか説明せよ.

8. 水素原子の電子状態を規定するのにどのような量子数が必要であるか述べよ.また,それら量子数の取りうる値を厳密に規定できるように説明せよ.スピン量子数も加えて述べよ.

9. 1,3,5,7-オクタテトラエン($CH_2$=CH−CH=CH−CH=CH−CH=$CH_2$)は,二重結合を四つもつ不飽和炭化水素で,π電子を8個もっている.箱のなかの粒子のモデルを用いて,その8個の電子が波動関数にどのように占有されているか図示せよ.光をこの分子に照射したとき吸収が起こるためには,光の波長がいくらでなければならないか.実測によると,この化合物は,304 nmと290 nmに強い光吸収を示すことが知られている.この簡単なモデルを用いて,求めた計算値を実測値と比較せよ.

10. 長さが $a = 0.1$ m の一次元の箱のなかを運動する $^4$He 原子について次の設問に答えよ.
    (a) エネルギー準位を与える式を量子数 $n$ の関数として与えよ.零点エネルギーはいくらか.
    (b) 絶対温度 $T$ できまる気体の運動エネルギーの平均値は,一次元の並進運動に対して $kT/2$ で与えられる.ただし,$k$ はボルツマン定数($= R/N_A$)である.この一次元の箱のなかで運動している 300 K の He 気体原子の平均エネルギーを求めよ.
    (c) 300 K の気体の平均エネルギーと等しいエネルギー準位をもつ He 原子の量子数 $n$ を求めよ.

11. 水素原子の電子状態といわれているのは,本質的に何のことをいっているのか説明せよ.

12. 下記に示す水素原子の $2p_y$ 原子軌道関数に関して下記の設問に答えよ.

$$\Psi_{2p_y}(r, \theta, \phi) = \frac{1}{4\sqrt{2\pi}\sqrt{a_0^5}} r \sin\theta \sin\phi \, e^{-\frac{r}{2a_0}}$$

(a) 三次元空間の1点を表すための変数 $r, \theta, \phi$ はどのように定義されているか.また,それぞれどのような値をとることができるか,値域を述べよ.
(b) 上式は比例定数部分を除くと $r$ のみに依存する関数 $R(r)$ と,$\theta$ のみに依存する関数 $\Theta(\theta)$,および $\phi$ のみに依存する関数 $\Phi(\phi)$ の積で表される.三つの関数 $R(r)$,$\Theta(\theta)$,および $\Phi(\phi)$ の概略の形を図示せよ.
(c) この結果から,$2p_y$ 原子軌道関数の値が最大および最小になる点はどこか述べよ.また節面(波動関数の値が0となり,その面を通り過ぎると波動関数の符号が変わる面)を特定せよ.また,存在確率が最大となる点を特定せよ.
(d) この関数の空間的な分布がわかりやすいように図示せよ.

13. 水素原子の $2p_y$ 原子軌道関数と 1s 原子軌道関数は直交している.このことを数式を使わないで定性的に説明せよ.

14. 空間的な原子波動関数を決定する三つの量子数のとりうる関係を述べよ.主量子数 $n$ が4であるとき,その他の量子数のとりうる組をすべてあげよ.

# 7
# 多電子原子と周期律

## 7.1 原子核と質量数

アストンの質量分析器に続いて分解能の高い質量分析器が製造され，安定な同位体の存在比が正確に測定できるようになった．原子核は**陽子**と**中性子**からなり，陽子の数 $Z$ を**原子番号**と呼ぶ．また，陽子と中性子とをあわせて核子と呼ぶが，その総数が**質量数**である．原子番号が等しく，質量数が異なる核種は**同位体**(isotopic nuclide, isotope)と呼ばれる．**核種**(nuclide)という用語は，原子番号と質量数を特定した原子を意味する．核種は，質量数を元素記号の左上つき添字として書くことによって特定できる．原子番号も示したければ，左下つき添字として書くが，この表記法はほとんど使われていない．

たとえば，ヘリウム（原子番号 $Z = 2$）の原子核には，2 個の中性子があるものと 1 個の中性子があるものがある．質量数は中性子の数と陽子の数の和であるから，$A = 4$ と $A = 3$ とがある．元素記号 E の左上に質量数 $A$ を，また左下に原子番号 $Z$ をつけるのが慣習である．すなわち，質量数 4 と 3 の He 同位体はそれぞれ欄外のように表すことができる． $^{A}_{Z}E$　$^{4}_{2}He$　$^{3}_{2}He$

現在では，**原子質量単位**(unified atomic mass unit, 記号は u)または**原子質量定数**(atomic mass constant)は，炭素の同位体 $^{12}C$（6 個の陽子と 6 個の中性子をもつ炭素原子）または $^{12}_{6}C$ の質量を 12 u とし，原子質量はこれを基準として相対的な数値で表している．1 u = $1.660540 \times 10^{-27}$ kg であり，この数値のアボガドロ数（$N_A$）倍は 1.00000000 g である．

もし左上つき添字が書いてなければ，その記号はすべての同位体を自然存在度で含むことを意味する．

（例）　$^{14}N$, $^{12}C$, $^{13}C$, $^{16}_{8}O$, $n(Cl) = n(^{35}Cl) + n(^{37}Cl)$

ここで，$n(Cl) = n(^{35}Cl) + n(^{37}Cl)$ は，Cl の物質量 $n(Cl)$ が $^{35}Cl$ の物質量

$n(^{35}\text{Cl})$ と $^{37}\text{Cl}$ の物質量 $n(^{37}\text{Cl})$ の和であることを表す.

**原子量**：ある元素の安定な同位体の質量の平均値を**原子量**という.したがって,安定な同位体の質量を $A_i$ とし,その同位体存在度(モル分率)を $f_i$ とすると,原子量 $A$ は,

$$A = \sum_i A_i f_i \qquad \sum_i f_i = 1 \tag{7.1}$$

で与えられる.よく知られた元素の安定な同位元素の質量数と存在度を表7.1に示す.数種の安定な核子をもつ元素と,ただ一つの核子しかもたない元素がある.

表7.1 よく知られた元素の安定な同位元素の質量数と存在度

| Z | 元素記号 | A | 同位体存在度 | Z | 元素記号 | A | 同位体存在度 |
|---|---|---|---|---|---|---|---|
| 1 | H | 1 | 99.9885 | 10 | Ne | 20 | 90.48 |
|   | D | 2 | 0.0115 |   |   | 21 | 0.27 |
| 6 | C | 12 | 98.93 |   |   | 22 | 9.25 |
|   |   | 13 | 1.07 | 11 | Na | 23 | 100 |
| 8 | O | 16 | 99.757 | 31 | P | 31 | 100 |
|   |   | 17 | 0.038 | 17 | Cl | 35 | 75.78 |
|   |   | 18 | 0.205 |   |   | 37 | 24.22 |
| 9 | F | 19 | 100 | 53 | I | 127 | 100 |

**元素の化学記号に関する慣行**

(1) 元素の化学記号は,(ほとんどの場合)それらのラテン語の名前に由来し,1文字または2文字で構成され,常にローマン体(立体)で表記される.元素の記号には,それが文章の終わりに来た場合を除いて,**フルストップ**(.)をつけない.

(例) I(ヨウ素),U(ウラン),Pd(パラジウム),C(炭素)

(2) 元素記号は次のように異なる意味で使われる.

(i) その元素の**原子**を表す.たとえば,Cl は 17 個の陽子と 18 あるいは 20 個の中性子をもつ塩素原子を表す(質量数の差はこの場合には無視される).その質量は,地球上の試料では平均して 35.4527 u である.

(ii) 元素記号は,その元素のある**試料を表す**一種の略記法としても使える.たとえば,鉄のある試料を表すのに Fe,ヘリウム気体のある試料を表すのに He で表す.

(3) イオンの**電荷数**は右上つき添字で表し,その符号は電荷数の絶対値(1 であれば省略してよい)の後に書く.

(例) $\text{Na}^+$ ナトリウムの正イオン(陽イオン,カチオン)

$^{79}\text{Br}^-$ 臭素-79 の負イオン(陰イオン,アニオン),(臭化物イオン)

3Al$^{3+}$　アルミニウムの3価の正イオン3個

## 7.2 原子の電子構造
### 7.2.1 原子内のクーロンポテンシャル

ヘリウム原子の場合を考えてみよう．ヘリウムの原子番号($Z$)は2である．陽子が2個あるので，その電荷($Q_Z$)は$+2e$である．ヘリウム原子には2個の電子があるから，$+2e$の原子核と$-e$の電荷をもつ2個の電子のクーロン吸引力による位置エネルギー($V_\text{attract}$)は，$r_1$および$r_2$を原子核から電子1および2への距離とすると，次式で与えられる．

$$V_\text{attract} = \frac{e^2}{4\pi\varepsilon_0}\left(-\frac{2}{r_1} - \frac{2}{r_2}\right) \tag{7.2}$$

二つの電子間にはさらにクーロンの斥力が働くから，それによる斥力項を加えると，位置エネルギー($V$)は式(7.3)となる．

$$V = V_\text{repulsive} + V_\text{attract} = \frac{e^2}{4\pi\varepsilon_0}\left(-\frac{2}{r_1} - \frac{2}{r_2} + \frac{1}{r_{12}}\right) \tag{7.3}$$

ただし，$r_{12}$は電子間の距離である．なお，この位置エネルギーは，二つの電子と原子核とが互いに無限遠にある場合の値を基準($V=0$)としている．

その他の原子に対するクーロン力による位置エネルギーも同様にして導くことができる．

---

**【例題7.1】** 原子番号が$Z$である中性原子の位置エネルギーを与える式を書け．

**【解答】** 電子が$Z$個あるから，これらに1から$Z$までの番号をつける．$+Ze$の電荷をもつ原子核と$j$番目の電子との距離を$r_j$とし，$j$番目の電子と$k$番目の電子との距離を$r_{jk}$とすると，位置エネルギーは，原子核と電子の引力項$-\frac{e^2}{4\pi\varepsilon_0}\frac{Z}{r_j}$，電子どうしの斥力項$\frac{e^2}{4\pi\varepsilon_0}\frac{1}{r_{jk}}$をすべて加算したものである．よって，

$$V = \frac{e^2}{4\pi\varepsilon_0}\left(-\sum_{j=1}^{Z}\frac{Z}{r_j} + \sum_{j=1}^{Z}\sum_{k=j+1}^{Z}\frac{1}{r_{jk}}\right) \tag{7.4}$$

---

### 7.2.2 ハートリー・フォックの方法

ここでは，どのようにして原子核と二つの電子系のシュレーディンガー方程式をつくるかについては述べない．二つの電子間に斥力が作用するので，このような三体問題は解析的に(数式を用いて)厳密に解くことができないことはよく知られている．したがって，個々の原子に対して数値的に近似の高

い方法でエネルギーを計算することが必要となる．

　電子を原子核のまわりに配置するためには，電子の入るべき家である原子軌道，つまり波動関数が必要である．その家である波動関数として，**水素類似原子に対して得られた波動関数を借用するのである**．量子力学の初期に，ハートリーとフォックが原子について全電子の運動に対するエネルギーを近似的に計算する方法を確立した．**ハートリー・フォックの方法**である．図 7.1 に原子番号 $Z$ について計算した各原子軌道関数のエネルギー準位を示す．エネルギー準位は，その電子が原子核から無限遠にあるときの値を基準としている．すべての電子は束縛されているので，エネルギー準位 $E$ は負である．そのエネルギー準位の値を水素原子の値 $E_H = -13.598$ eV で割って，その平方根を計算した値をプロットしてある．

　この図から得られる結果について，カルシウム (Ca) 原子のエネルギー準位を例にとって考えてみよう．横軸 $Z = 20$ のところで縦に線を引き，エネ

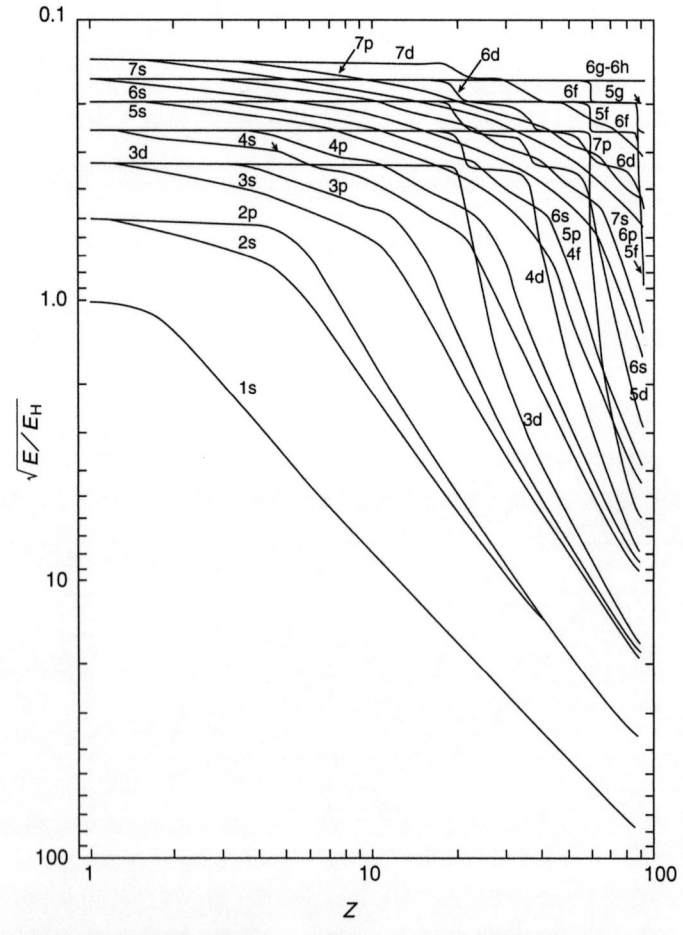

**図 7.1**　原子番号の関数として計算された原子軌道のエネルギー準位
　　　　$E_H$ は水素原子の基底状態のエネルギーで，$-13.598$ eV である．

ギー準位の曲線と交わった状態を列挙してみると，エネルギー準位の低いものから順に，1s, 2s, 2p, 3s, 3p, 4s, 4p, …である．1s, 2s, 3s および 4s 波動関数の数はそれぞれ一つで，2p, 3p および 4p 波動関数には三つの波動関数がある．3d, 4d および 5d には五つの波動関数がある．

さて，図 7.1 のグラフは log スケールで描かれているが，これを物差しで測って読みだした値から $\sqrt{E/E_H}$ を求めてみる．1s, 2s, 2p, 3s, 3p, 4s, 4p に対する $\sqrt{E/E_H}$ の値はそれぞれ，17.13, 5.836, 5.125, 1.846, 1.397, 0.573, 0.458 となる．これらから結合エネルギー（エネルギー準位の符号をとった値）を求めてみると，下記のようになる．

| 原子軌道 | 1s | 2s | 2p | 3s | 3p | 4s | 4p |
|---|---|---|---|---|---|---|---|
| 結合エネルギー (eV) | 3993 | 463 | 357 | 46.3 | 26.5 | 4.47 | 2.85 |

これらの値は，たとえば原子のある軌道に入った電子を無限遠までもっていくために必要なエネルギーを意味している．たとえば，1s 電子には 3993 eV のエネルギーが必要であるということである．それぞれの軌道にある電子の結合エネルギーは光電子分光法を用いて測定されており，ほぼこれらの値に対応している．

ここでは，まず水素類似原子・イオンのエネルギー準位の式〔式(6.89)〕，すなわちエネルギー準位は，主量子数の 2 乗 $n^2$ に反比例し，原子番号の 2 乗 $Z^2$ に比例するが適用できないことに注意しよう．また，複数の電子が原子内の原子波動関数に入っていくと，ある主量子数 $n$ に対して方位量子数 $l$ が小さいほうがエネルギー的に低くなる．

### 7.2.3 原子の構成原理

これらの波動関数に電子をどのように配置していくのだろうか．まずは，複数の電子を配置していく方法，すなわち**構成原理**または**構築原理**（building principle）について述べよう．

a) エネルギー準位の低い波動関数（または原子軌道）から電子は埋まっていく．
b) パウリの排他原理：「同じ空間軌道には最大 2 個の電子までしか占有できない．2 個が占有する場合にも，電子スピンの成分が異なった電子しか入れない」を適用する．したがって，同じ空間的な波動関数（または軌道という）には，3 個以上の電子はどうしても入らない．
c) フントの規則を適用する．フントの規則とは経験的な規則で，p 軌道とか d 軌道のように，ある方位量子数 $l$ に属する複数の原子軌道（これを副殻と呼ぶ）があるとき，電子は，スピン多重度の高い配置となるように占有されていくほうがエネルギー的に低くな

なお，スピン多重度の高い配置とは，電子ができるだけ異なる原子軌道にスピンの向きを平行にして入るようなものである．

【例題7.2】 次の原子の最も安定な電子配置について述べよ．
(a) C, (b) N, (c) Ca

【解答】 (a) 炭素の原子番号は6である．原子軌道のエネルギー準位の図において，$Z=6$ の位置で縦に線を引き，エネルギー準位曲線と交わる原子軌道を低い順に書きだすと，1s, 2s, 2p, 3s, 3p, … となる．その軌道にパウリの排他原理を適用して低い準位から6個の電子を配置すると，1s, 2s, 2p にそれぞれ2個ずつ配置されることになる．2p原子軌道には2個が占有されるが，フントの規則により異なった三重に縮退した軌道に電子が2個入るときには，スピンを平行にして別の軌道に入る．電子配置を $1s^2\,2s^2\,2p^2$ とも書くが，これでは2p軌道にどのように電子が配置されているかがわからない．より詳しい書き方は図7.2(a)のようである．

(b) 窒素原子の原子番号は7である．炭素よりも一つだけ多い電子が2p軌道に占有されるとき，三つの2p軌道にスピンを平行にするように占有される．電子配置は $1s^2\,2s^2\,2p^3$ とも書けるが，より詳しくは図7.2(b)のようになる．

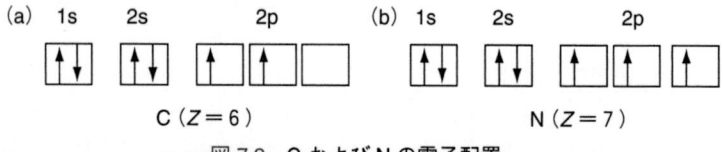

図7.2 CおよびNの電子配置

(c) 同様に原子番号が20であるCaの原子軌道のエネルギー準位は，低い順に書きだしてみると，1s, 2s, 2p, 3s, 3p, 4s, … となる．その軌道にパウリの排他原理を適用して低い準位から20個の電子を配置すると，電子配置は，$1s^2\,2s^2\,2p^6\,3s^2\,3p^6\,4s^2$ となる．$1s^2\,2s^2\,2p^6\,3s^2\,3p^6$ の電子配置は，Ar原子のそれと同じであるから，[Ar]$4s^2$ と書くこともある．より詳しい配置図は図7.3となる．

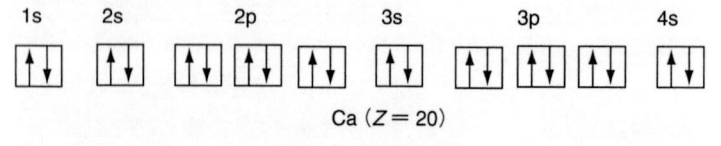

図7.3 Caの電子配置

## 遷移金属元素

基本的には構成原理に従って電子配置を組みあげていけばよい．ところが，問題になるのがいわゆる**遷移金属元素**の取り扱いである．

---

**【例題 7.3】** Co($Z = 27$) の電子構造について述べよ．

**【解答】** 原子番号 $Z = 27$ のとき，波動関数のエネルギー準位図を低いほうから順番に書くと，1s, 2s, 2p, 3s, 3p, 3d, 4s, … となる．原子番号が 18 以上の原子については，Ar 原子の電子配置は共通であるから，18 個の電子は内殻に入って，残りの 9 個が 3d, 4s 原子軌道に入る．この規則でいくと，[Ar] $3d^9$ となるはずであるが，実際にはそうならないで，先に 4s 軌道に入る．そうすると，電子配置は [Ar] $3d^7 4s^2$ となる．

---

なんとか一つの方法で，エネルギー準位が決められないか．原子を放電させて得たスペクトルを解析してみると，だいたい次のようなエネルギー準位に従っていると考えるとよい．

1s；2s；2p；3s；3p；[4s, 3d], 4p；[5s, 4d], 5p；[6s, 4f, 5d], 6p；…

[ ]内に書かれた複数の副殻は，ほぼエネルギー準位が同じであることを示す．元素の模式的なエネルギー準位と存在する原子軌道関数を図 7.4 に示す．

構成原理を用いて原子軌道に電子を配置していき，さらに実験結果と比較して決められた原子の基底状態における電子配置を表 7.2 にまとめた．なお，これらは真空中にある孤立原子として存在しているときの電子配置である．

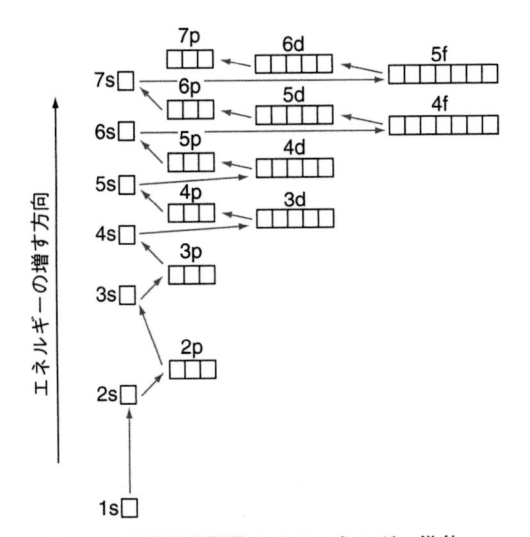

**図 7.4 原子軌道関数とそのエネルギー準位**
箱は一つの原子軌道関数を意味する．

表7.2 基底状態の原子の電子配置

| 周期 | 元素 | K 1s | L 2s | L 2p | M 3s | M 3p | M 3d | N 4s | N 4p | N 4d | N 4f | O 5s | O 5p | O 5d | O 5f | P 6s | P 6p | P 6d | Q 7s |
|---|---|---|---|---|---|---|---|---|---|---|---|---|---|---|---|---|---|---|---|
| 1 | 1 H | 1 | | | | | | | | | | | | | | | | | |
| 1 | 2 He | 2 | | | | | | | | | | | | | | | | | |
| 2 | 3 Li | 2 | 1 | | | | | | | | | | | | | | | | |
| 2 | 4 Be | 2 | 2 | | | | | | | | | | | | | | | | |
| 2 | 5 B | 2 | 2 | 1 | | | | | | | | | | | | | | | |
| 2 | 6 C | 2 | 2 | 2 | | | | | | | | | | | | | | | |
| 2 | 7 N | 2 | 2 | 3 | | | | | | | | | | | | | | | |
| 2 | 8 O | 2 | 2 | 4 | | | | | | | | | | | | | | | |
| 2 | 9 F | 2 | 2 | 5 | | | | | | | | | | | | | | | |
| 2 | 10 Ne | 2 | 2 | 6 | | | | | | | | | | | | | | | |
| 3 | 11 Na | 2 | 2 | 6 | 1 | | | | | | | | | | | | | | |
| 3 | 12 Mg | 2 | 2 | 6 | 2 | | | | | | | | | | | | | | |
| 3 | 13 Al | | | | 2 | 1 | | | | | | | | | | | | | |
| 3 | 14 Si | 同 | 同 | | 2 | 2 | | | | | | | | | | | | | |
| 3 | 15 P | 上 | 上 | | 2 | 3 | | | | | | | | | | | | | |
| 3 | 16 S | | | | 2 | 4 | | | | | | | | | | | | | |
| 3 | 17 Cl | | | | 2 | 5 | | | | | | | | | | | | | |
| 3 | 18 Ar | | | | 2 | 6 | | | | | | | | | | | | | |
| 4 | 19 K | 2 | 2 | 6 | 2 | 6 | | 1 | | | | | | | | | | | |
| 4 | 20 Ca | | | | | | | 2 | | | | | | | | | | | |
| 4 | 21 Sc | | | | | | 1 | 2 | | | | | | | | | | | |
| 4 | 22 Ti | | | | | | 2 | 2 | | | | | | | | | | | |
| 4 | 23 V | | | | | | 3 | 2 | | | | | | | | | | | |
| 4 | 24 Cr | | | | | | 5 | 1 | | | | | | | | | | | |
| 4 | 25 Mn | | | | | | 5 | 2 | | | | | | | | | | | |
| 4 | 26 Fe | 同 | 同 | 同 | | | 6 | 2 | | | | | | | | | | | |
| 4 | 27 Co | 上 | 上 | 上 | | | 7 | 2 | | | | | | | | | | | |
| 4 | 28 Ni | | | | | | 8 | 2 | | | | | | | | | | | |
| 4 | 29 Cu | | | | | | 10 | 1 | | | | | | | | | | | |
| 4 | 30 Zn | | | | | | 10 | 2 | | | | | | | | | | | |
| 4 | 31 Ga | | | | | | 10 | 2 | 1 | | | | | | | | | | |
| 4 | 32 Ge | | | | | | 10 | 2 | 2 | | | | | | | | | | |
| 4 | 33 As | | | | | | 10 | 2 | 3 | | | | | | | | | | |
| 4 | 34 Se | | | | | | 10 | 2 | 4 | | | | | | | | | | |
| 4 | 35 Br | | | | | | 10 | 2 | 5 | | | | | | | | | | |
| 4 | 36 Kr | | | | | | 10 | 2 | 6 | | | | | | | | | | |
| 5 | 37 Rb | 2 | 2 | 6 | 2 | 6 | 10 | 2 | 6 | | | 1 | | | | | | | |
| 5 | 38 Sr | | | | | | | | | | | 2 | | | | | | | |
| 5 | 39 Y | | | | | | | | | 1 | | 2 | | | | | | | |
| 5 | 40 Zr | | | | | | | | | 2 | | 2 | | | | | | | |
| 5 | 41 Nb | | | | | | | | | 4 | | 1 | | | | | | | |
| 5 | 42 Mo | | | | | | | | | 5 | | 1 | | | | | | | |
| 5 | 43 Tc | | | | | | | | | 5 | | 2 | | | | | | | |
| 5 | 44 Ru | 同 | 同 | | 同 | | | 同 | | 7 | | 1 | | | | | | | |
| 5 | 45 Rh | 上 | 上 | | 上 | | | 上 | | 8 | | 1 | | | | | | | |
| 5 | 46 Pd | | | | | | | | | 10 | | | | | | | | | |
| 5 | 47 Ag | | | | | | | | | 10 | | 1 | | | | | | | |
| 5 | 48 Cd | | | | | | | | | 10 | | 2 | | | | | | | |
| 5 | 49 In | | | | | | | | | 10 | | 2 | 1 | | | | | | |
| 5 | 50 Sn | | | | | | | | | 10 | | 2 | 2 | | | | | | |
| 5 | 51 Sb | | | | | | | | | 10 | | 2 | 3 | | | | | | |
| 5 | 52 Te | | | | | | | | | 10 | | 2 | 4 | | | | | | |
| 5 | 53 I | | | | | | | | | 10 | | 2 | 5 | | | | | | |
| 5 | 54 Xe | | | | | | | | | 10 | | 2 | 6 | | | | | | |
| 6 | 55 Cs | 2 | 2 | 6 | 2 | 6 | 10 | 2 | 6 | 10 | | 2 | 6 | | | 1 | | | |
| 6 | 56 Ba | | | | | | | | | | | 2 | 6 | | | 2 | | | |
| 6 | 57 La | | | | | | | | | | | 2 | 6 | 1 | | 2 | | | |
| 6 | 58 Ce | | | | | | | | | | 2 | 2 | 6 | | | 2 | | | |
| 6 | 59 Pr | | | | | | | | | | 3 | 2 | 6 | | | 2 | | | |
| 6 | 60 Nd | | | | | | | | | | 4 | 2 | 6 | | | 2 | | | |
| 6 | 61 Pm | | | | | | | | | | 5 | 2 | 6 | | | 2 | | | |
| 6 | 62 Sm | | | | | | | | | | 6 | 2 | 6 | | | 2 | | | |
| 6 | 63 Eu | | | | | | | | | | 7 | 2 | 6 | | | 2 | | | |
| 6 | 64 Gd | | | | | | | | | | 7 | 2 | 6 | 1 | | 2 | | | |
| 6 | 65 Tb | | | | | | | | | | 9 | 2 | 6 | | | 2 | | | |
| 6 | 66 Dy* | | | | | | | | | | 10 | 2 | 6 | | | 2 | | | |
| 6 | 67 Ho* | | | | | | | | | | 11 | 2 | 6 | | | 2 | | | |
| 6 | 68 Er* | 同 | 同 | | 同 | | | 同 | | | 12 | 2 | 6 | | | 2 | | | |
| 6 | 69 Tm | | | | | | | | | | 13 | 2 | 6 | | | 2 | | | |
| 6 | 70 Yb | | | | | | | | | | 14 | 2 | 6 | | | 2 | | | |
| 6 | 71 Lu | 上 | 上 | | 上 | | | 上 | | | 14 | 2 | 6 | 1 | | 2 | | | |
| 6 | 72 Hf | | | | | | | | | | 14 | 2 | 6 | 2 | | 2 | | | |
| 6 | 73 Ta | | | | | | | | | | 14 | 2 | 6 | 3 | | 2 | | | |
| 6 | 74 W | | | | | | | | | | 14 | 2 | 6 | 4 | | 2 | | | |
| 6 | 75 Re | | | | | | | | | | 14 | 2 | 6 | 5 | | 2 | | | |
| 6 | 76 Os | | | | | | | | | | 14 | 2 | 6 | 6 | | 2 | | | |
| 6 | 77 Ir | | | | | | | | | | 14 | 2 | 6 | 7 | | 2 | | | |
| 6 | 78 Pt | | | | | | | | | | 14 | 2 | 6 | 9 | | 1 | | | |
| 6 | 79 Au | | | | | | | | | | 14 | 2 | 6 | 10 | | 1 | | | |
| 6 | 80 Hg | | | | | | | | | | 14 | 2 | 6 | 10 | | 2 | | | |
| 6 | 81 Tl | | | | | | | | | | 14 | 2 | 6 | 10 | | 2 | 1 | | |
| 6 | 82 Pb | | | | | | | | | | 14 | 2 | 6 | 10 | | 2 | 2 | | |
| 6 | 83 Bi | | | | | | | | | | 14 | 2 | 6 | 10 | | 2 | 3 | | |
| 6 | 84 Po | | | | | | | | | | 14 | 2 | 6 | 10 | | 2 | 4 | | |
| 6 | 85 At | | | | | | | | | | 14 | 2 | 6 | 10 | | 2 | 5 | | |
| 6 | 86 Rn | | | | | | | | | | 14 | 2 | 6 | 10 | | 2 | 6 | | |
| 7 | 87 Fr | 2 | 2 | 6 | 2 | 6 | 10 | 2 | 6 | 10 | 14 | 2 | 6 | 10 | | 2 | 6 | | 1 |
| 7 | 88 Ra | | | | | | | | | | | | | | | 2 | 6 | | 2 |
| 7 | 89 Ac | | | | | | | | | | | | | | | 2 | 6 | 1 | 2 |
| 7 | 90 Th | | | | | | | | | | | | | | | 2 | 6 | 2 | 2 |
| 7 | 91 Pa* | | | | | | | | | | | | | | 2 | 2 | 6 | 1 | 2 |
| 7 | 92 U | | | | | | | | | | | | | | 3 | 2 | 6 | 1 | 2 |
| 7 | 93 Np* | | | | | | | | | | | | | | 4 | 2 | 6 | 1 | 2 |
| 7 | 94 Pu* | 同 | 同 | | 同 | | | 同 | | | | 同 | | | 6 | 2 | 6 | | 2 |
| 7 | 95 Am | | | | | | | | | | | | | | 7 | 2 | 6 | | 2 |
| 7 | 96 Cm* | 上 | 上 | | 上 | | | 上 | | | | 上 | | | 7 | 2 | 6 | 1 | 2 |
| 7 | 97 Bk* | | | | | | | | | | | | | | 9 | 2 | 6 | | 2 |
| 7 | 98 Cf* | | | | | | | | | | | | | | 10 | 2 | 6 | | 2 |
| 7 | 99 Es* | | | | | | | | | | | | | | 11 | 2 | 6 | | 2 |
| 7 | 100 Fm* | | | | | | | | | | | | | | 12 | 2 | 6 | | 2 |
| 7 | 101 Md* | | | | | | | | | | | | | | 13 | 2 | 6 | | 2 |
| 7 | 102 No* | | | | | | | | | | | | | | 14 | 2 | 6 | | 2 |
| 7 | 103 Lr* | | | | | | | | | | | | | | 14 | 2 | 6 | 1 | 2 |

第一遷移元素（21 Sc～30 Zn）、第二遷移元素（39 Y～48 Cd）、第三遷移元素（57 La～80 Hg）

▇ : 典型元素， ▨ : 遷移元素， □ : ランタノイド， ⋯ : アクチノイド．ランタノイドとアクチノイドは遷移元素に含まれる．
Zn, Cd, Hg は遷移元素としても分類される．
* 電子配置が若干不確実な元素．

野村浩康，川泉文男編，「理工系学生のための化学基礎」，学術図書出版社(1999)，p.67.

**【例題7.4】** Cr($Z = 24$)の電子構造について述べよ．

**【解答】** Cr($Z = 24$)ではさらに複雑である．上記の電子配置によると，[Ar] $3d^4 4s^2$ となるはずであるが，いろいろ実験をしてみると，実際には5個のd軌道のすべてに1個ずつ電子が入った [Ar] $3d^5 4s^1$ のほうが前者より安定であるということがわかっている（図7.5参照）．
このような逆転現象が起こる理由は，p殻やd殻のような副殻がちょうど半分だけまたは完全に電子で占有されている状態は安定であるという傾向があるからである．[Ar] $3d^{10} 4s^1$ の電子配置をもつCu原子においても同様のことが起こる．このあたりの修正は微々たるものであるが，表7.2に示した原子の基底状態における電子配置は，実験と比較して決めたものである．

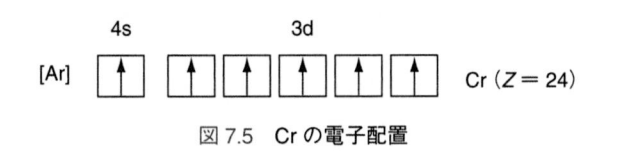

図7.5 Crの電子配置

### 7.2.4 電荷分布とエネルギー準位

ここで，なぜ原子波動関数のエネルギー準位が，複数電子の占有とともに式(6.89)からずれるのかについて答えておかなければならない．Arのシュレーディンガー方程式を近似的に解いて，原子核からの電子の距離$r$の関数として電子密度を求めると，図7.6のようになる．これによると，主量子数が$n = 1$のK殻，$n = 2$のL殻，$n = 3$のM殻と電子密度分布は空間的にほぼ分かれている．

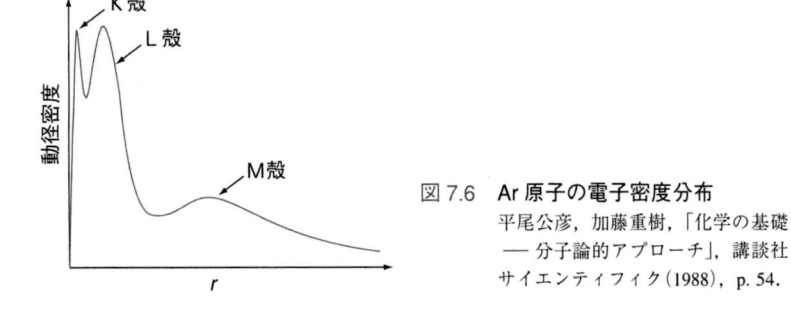

図7.6 Ar原子の電子密度分布
平尾公彦，加藤重樹，「化学の基礎 —— 分子論的アプローチ」，講談社サイエンティフィク(1988), p. 54.

ここで考慮しておかなければならないもう一点は，電子が感じるクーロン力である．電子が1個しかない水素類似原子では，電子は原子核の電荷$Ze$をもろに感ずる．K殻(1s軌道)の電子は，外殻の電子に比べて原子核のごく近

図7.7 原子核から $r$ の距離にある電子に及ぼすクーロン力

(図中ラベル:
- この領域にある電子は遮へいに寄与しない
- この領域にある電子は原子核位置にある負の点電荷と等価な寄与をする)

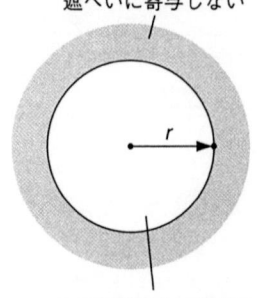

くを運動している．ボーア模型では円運動をするという仮定であるが，その軌道半径はボーア半径 $a_0$ の $1/Z$，すなわち $a_0/Z$ である．電子の存在確率が最大になるのは $r = a_0/Z$ である．

ある電子の運動について考えるとき，平均的には他の電子はほぼ球対称の存在確率分布をしていると考えてよい．静電磁気学で習うことであるが，ある電子が原子核から $r$ の位置にあるとき，その電子にかかるクーロン力は $r$ よりも内側の球面内にある電荷を積分した電荷が，球の中心にある場合と同じ力で働くことを証明することができる．換言すれば，電子の位置する半径 $r$ よりも外側にある電荷密度は球対称分布をしている限り，その電子にまったく力を及ぼさない（図7.7）．

以上の議論から，原子核の近くで運動している1s電子は，原子核の電荷 $+Ze$ をもろに感じる．実は，もう1個の別の1s電子密度もこれにクーロン力を及ぼすので，むしろ $+(Z-1)e$ の電荷が1s電子に力を及ぼす．したがって，1s電子のエネルギー準位は，水素類似原子のエネルギー準位の式をそのまま使って次式のように表されることになる．

$$E_1 = -\frac{me^4}{8h^2\varepsilon_0^2}\frac{(Z-1)^2}{1^2} \tag{7.5}$$

### 7.2.5 特性X線，モーズリーの式，および有効核電荷

ラザフォードは，ガイガーとマースデンに行わせた金箔によって散乱された $\alpha$ 粒子の強度の散乱角依存性の実験の結果を解析し，金の原子核の電荷 $Ze$ は相対的な原子量の約半分であることを見いだしたことはすでに述べた．それでは，原子核の電荷はどのように決定するのかという問題が浮上した．現在では，原子番号 $Z$ と原子核の電荷 $Q_Z$ の間には，

$$Q_Z = Ze \tag{7.6}$$

の関係があることがわかっている．原子番号 $Z$ を実験的に決定する方法を開発したのは，ラザフォードの弟子であった若いモーズリー（H. G. J. Moseley, 1887～1915）である．実は，20世紀の初めには，すでに天然に存在する90種類の元素のうちの82種類の元素が発見されていた．この時点では，元素の周期表が相当にはっきりしていたから，化学的および物理的な性質と質量から決まる元素の順番につけた原子番号 $Z$ は，これらの元素について決まっていた．

原子核の電荷 $Q_Z$ と原子番号との間の関係を決める方法は，モーズリーによって1912年から1914年にわたった特性X線の系統的な研究から確立されたのである．その確立のために，1913年に提案された**ボーアの原子模型**をモーズリーはただちに応用した．

モーズリーは，高いエネルギーの電子を元素に衝突させたとき放出される

特性X線の波長を丁寧に測定して，その振動数$\nu$とこれまで知られている元素の原子番号$Z$との間に，式(7.7)の関係があることを見いだした．

$$\sqrt{\frac{\nu}{cR_\infty}} \equiv \sqrt{\frac{\tilde{\nu}}{R_\infty}} = a(Z-b) \tag{7.7}$$

この式で，$a$および$b$は$Z$に関係しない定数で，$R_\infty$はリュードベリ定数，$c$は光速度である．この式は，特性X線の振動数$\nu$（または波数$\tilde{\nu}$）の平方根が，元素の原子番号$Z$と直線関係にあるというものであり，この実験式とボーア模型との比較から，**原子は正の電荷をもつ重い原子核と原子番号$Z$と等しい数の電子とからなる**ことがわかった．

その実験式[式(7.7)]の理論的な導出法を以下に説明する．高エネルギーの電子を金属などに衝突させて，たとえば1s電子を放出させると，K殻に空きができたイオンができる．この1s軌道に2p電子が落ちてくるときに放出される波長の短い発光が特性X線（図7.8参照）である．2p電子のエネルギー準位は主量子数が2であるときの値であるから，特性X線の波長$\lambda$は次式を満足すると考えてよい．

$$h\nu = \frac{hc}{\lambda} = \Delta E = E_2 - E_1 = -\frac{me^4(Z-1)^2}{8h^2\varepsilon_0^2}\left(\frac{1}{1^2} - \frac{1}{2^2}\right) \tag{7.8}$$

したがって，

$$\frac{1}{\lambda} = \frac{me^4}{8h^3\varepsilon_0^2 c}\left(\frac{1}{1^2} - \frac{1}{2^2}\right)(Z-1)^2 = \frac{me^4}{8h^3\varepsilon_0^2 c}\frac{3}{4}(Z-1)^2$$

$$\equiv R_\infty \frac{3(Z-1)^2}{4} \tag{7.9}$$

この式では，リュードベリ定数$R_\infty$の定義式[式(5.22)]を用いた．

$$\frac{1}{\lambda} \equiv \tilde{\nu} = R_\infty \frac{3(Z-1)^2}{4} \tag{7.10}$$

この式を変形すると，モーズリーが特性X線の原子番号依存性について提出した式(7.7)の形に一致する．

$$\sqrt{\frac{\nu}{cR_\infty}} \equiv \sqrt{\frac{\tilde{\nu}}{R_\infty}} = \frac{\sqrt{3}(Z-b)}{2} = a(Z-b) \tag{7.11}$$

上式を満足する特性X線は，2p→1s遷移によるもので，$K_\alpha$線と呼ばれている．そのほかに3p→1s遷移による$K_\beta$線，3p→2s遷移によるL線などがある．スペクトルの波長を調べてみると図7.8のような模式図で与えられるような遷移が起こることがわかる．

その特性X線の系列に特有な定数$a$，$b$が得られている．式(7.11)の場合には，$a = 0.866$，$b = 1.00$である．ところが，原子番号$Z$が$Z = 20 \sim 30$の間で実験的に求められているパラメータは，$a = 0.874$，$b = 1.13$となり，式(7.11)からの予想とは少し異なる．いずれにしても，

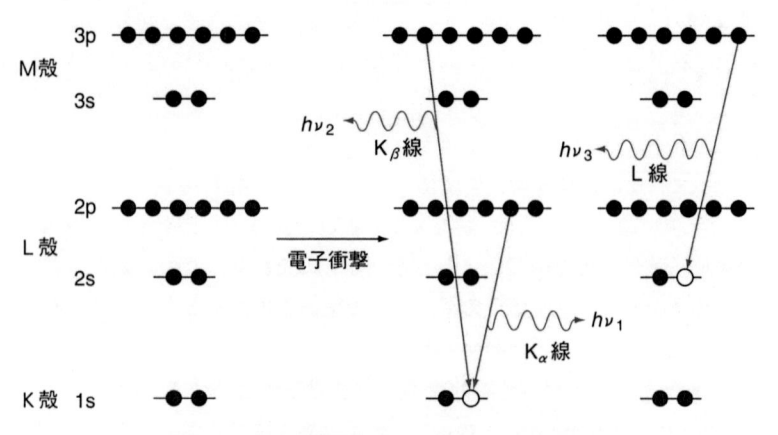

図7.8 特性X線の発生する機構を示す模式図

> 原子番号 $Z$ の大きい元素の原子番号が不確定である場合に，特性X線の波長または波長の逆数を式(7.7)に代入して $Z$ を決定することができる．

2s 電子が放出されて 2s 軌道に空孔ができると，より高い 3p 電子が 2s 軌道に遷移し，そのとき放射されるのが L 線である．この場合には，

$$\frac{1}{\lambda} \equiv \tilde{\nu} = R_\infty \left(\frac{1}{2^2} - \frac{1}{3^2}\right)(Z-s)^2 = R_\infty \frac{5(Z-s)^2}{36} \quad (7.12)$$

この式から，モーズリーの式〔式(7.7)〕が得られる．遷移する 2p 電子および 3s 電子が感じる有効核電荷は，$(Z-s)e$ であるが，$s$ として $s = 7.43$ が経験的に求められている．

実際に，当時発見されていなかった遷移金属であるハフニウム($Z = 72$)が 1922 年に，レニウム($Z = 75$)が 1925 年に特性X線の波長を測定することにより発見された．

**原子の発光・吸収における遷移選択則**　原子による光の吸収や発光を伴う過程では，実験によると，必ず方位量子数 $l$ が 1 だけ変化する(すなわち，$\Delta l = \pm 1$)遷移しか起こらないことがわかっている．たとえば，2p → 1s，3s → 2p，3d → 2p の遷移による発光は強いが，2s → 1s，3p → 2p，4d → 3d のような遷移は起こらない．したがって，気体放電で生成した励起水素原子の H(2p)状態の寿命は短く，ナノ秒オーダーで発光して基底状態の水素原子になる．ところが，H(2s)状態の寿命は長いことが知られている．その理由は量子力学によって説明されている．

**原子の大きさ**　原子中で電子が感じる有効核電荷は，外殻電子ほど小さくなる．それは，電子のある半径 $r$ よりも内側に分布している電子による総電

荷分だけ，原子核による電荷の影響が少なくなるからである．外側を運動する電子の感じる有効核電荷が少なくなり，主量子数の増加とも相まってエネルギー準位は急速に高くなる．

さらに，有効核電荷の減少に伴って波動関数の空間的な広がりは外側に（すなわち半径が大きいほうに）広がる．その結果，すべての原子の大きさすなわち空間分布が，たかだか数 Å 程度となる．

## 7.3 元素の周期律

原子の基底状態の電子配置が原子番号の関数として決まる（表7.2参照）．元素の周期表をこの教科書の表紙裏に示す．

**第1周期** H, He では 1s 軌道に電子が入る．

**第2周期** 内殻の 1s 軌道は，2個の電子に占有され，He の電子構造をとっている．Li と Be では 2s 軌道に電子がそれぞれ 1 個および 2 個入り，B，C，N，O，F，Ne では 2p 軌道に順次 6 個まで電子が入っていく．Ne で 2p 軌道を 6 個の電子が占有し，L 殻が完成する．

**第3周期** L 殻までは Ne の閉殻構造をとり，Na と Mg では 3s 軌道に電子がそれぞれ 1 個および 2 個入っていく．さらに，3p 軌道に電子が順次入り，Ar において，[Ne] $3s^2 3p^6$ となって，M 殻が完成する．

**第4周期** M 殻までは Ar の閉殻構造をとり，次に電子は 3d 軌道には入らないで，K と Ca では 4s 軌道にそれぞれ 1 個および 2 個電子が入っていく．次に，3d 軌道に 1〜4 個まで電子が入るが，Cr のところで $3d^4 4s^2$ とはならないで，$3d^5 4s^1$ となる．これはフント則による安定化によって 4s 軌道のエネルギー準位が 3d 軌道のそれを上まわるからである．次は，4s 軌道にもう 1 個の電子が入って $3d^5 4s^2$ となり 4s 殻が完成する．さらに，3d 軌道を電子が占有していくが，Cu のところで $3d^{10} 4s^1$ となって，Zn で 3d 殻は完成し，次から 4p 軌道に入る．Kr で，[Ar] $3d^{10} 4s^2 4p^6$ となり N 殻が完成する．

**第5周期** 第4周期とほぼ同様で，まず 5s 軌道に 2 個の電子が入る．次に Y と Zr では電子が順次 4d 軌道に入るが，次からはむしろ 5s 軌道よりも 4d 軌道のほうに占有されがちである．Pd では 5s 軌道には入らないで 4d 軌道に $4d^{10}$ の形で入る．あとは，Ag, Cd と 5s 軌道に入り，5s および 4d 軌道は完成する．In からは 5p 軌道を電子が順次占有し，Xe において [Kr] $4d^{10} 5s^2 5p^6$ となって O 殻が完成する．

**第6周期** Cs から Ba までは 6s 軌道を電子が占有するが，その後は不規則で複雑である．Ba のあとからランタニド系列が始まる．4f 軌道に 14 個まで電子が入り，次に 5d 殻が完成し，次に 6p 殻が完成して希ガスの Rn で終わる．

**第7周期**については省略する．

### 典型元素と遷移元素

同じ周期にある元素の区別をするのに**族**を使う．1族は水素とアルカリ金属で，アルカリ金属は[Rg] $1s^1$ の電子配置をもつ．Rgは希ガス(rare gas)元素である．2族はアルカリ土類金属である．3族から11族までは**遷移元素**で，12族から17族および18族は**典型元素**に分類されている．

典型元素は，**酸化数**の種類が少なく，同族の元素は類似した化学的性質をもつものが多い．化合物は**反磁性**のものが多い($O_2$ は常磁性である)．

遷移元素は，いろいろな**酸化数**をもつ．縦の系列だけでなく横にも類似性が多い．異なった常磁性の化合物が多い．

遷移元素の原子のイオン化では，まず最外殻の電子が取り除かれる場合が多い．

### 金属と非金属

周期表の右上の元素には常温常圧で非金属のものが多い．副殻の最外殻電子の充足度が増すほど相互作用が弱くなり，元素の沸点が低くなる傾向がある．p殻やd殻の半分以下が満たされた元素は，結合力が強い傾向がある．元素の沸点が最も高いのはC, B, W, Taなどである．

## 7.4　イオン化エネルギーと電子親和力

単独の原子がもつ重要な性質には，質量と電子構造がある．そのほかに，電子に固有な電子スピンがあったと同様に，原子核にも固有な角運動量(核スピン)もある．ここでは，おもに原子内の電子の運動によって決まる電子構造の特徴を示す重要な量である原子の**イオン化エネルギー**(ionization energy)と**電子親和力**(electron affinity)について述べる．

### 7.4.1　イオン化エネルギー

イオン化とは，通常は原子，分子，イオンから電子を取りだす現象と定義されている．気体中で基底状態にある単一原子から1個の電子をを取りだして，無限遠までもっていくのに外部から与えなければならない最小のエネルギーを，**イオン化エネルギー**と定義する．ある特定の励起状態からイオン化するのに必要なエネルギーを，その状態のイオン化エネルギーと定義する．金属のような固体や凝集体のイオン化エネルギーは，通常，**仕事関数**(work function)と呼ばれている．原子や分子に電子を付着させて負イオンを生成させる過程もイオン化と呼ぶこともあるが、通常は上記のように電子を取り除く過程をイオン化と呼ぶ．

また，正の電荷を帯びた原子イオン，たとえば$Na^+$イオンや$Ca^{2+}$イオンのイオン化エネルギーも定義されている．原子のイオン化エネルギーを原子番号に対してプロットすると図7.9のようになる．

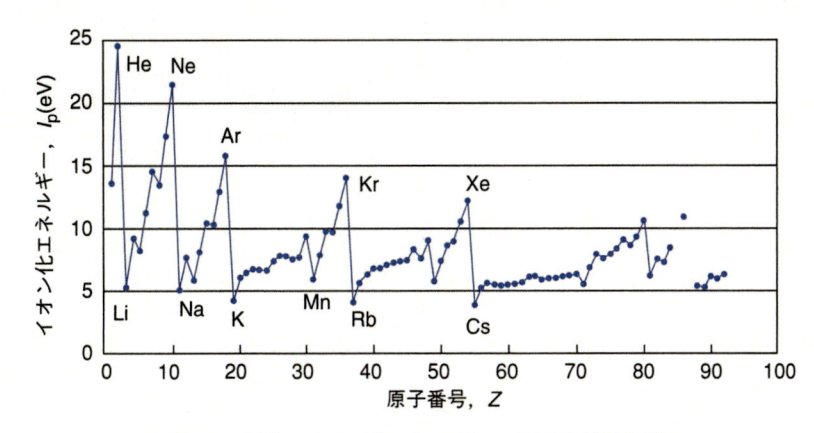

図 7.9　原子のイオン化エネルギーの原子番号依存性

　同一周期の典型元素では，原子のイオン化エネルギーは一般に原子番号とともに増加する．

　遷移金属元素のイオン化エネルギーは，ほぼ等しいが，一般に原子番号とともに増加する．

　副殻(s, p, d)が完全に占有された原子の次の原子番号の原子のイオン化エネルギーは低い．

　p副殻およびd副殻では，すべての軌道が各1個の電子によって占有された原子のイオン化エネルギーは大きい．またその次の原子番号の原子の値は小さくなる傾向がある．

　もちろん，イオン化エネルギーが小さい原子は正イオンとなりやすい．化学結合をつくる際にはとくにそうである．1価のイオンから2価のイオンになるときの第2，第3，第4，…イオン化エネルギーも測定されている．p軌道が閉殻となっているイオンのイオン化エネルギーは大きい．
イオン化エネルギーも電子親和力も原子番号の変化とともに明らかな周期性を示す．水素原子のイオン化エネルギーは 13.598 eV と測定されている．アルカリ金属(Li, Na, K, Rb, Cs)のイオン化エネルギーは 5 eV 程度で，原子番号とともにゆるやかに減少している．

## 7.4.2　電子親和力

　負イオンのイオン化エネルギーが**電子親和力**(electron affinity)である．また，電子が原子に付着した際に出るエネルギーとみなすこともできる．それらの値も一部の元素については正確に測定されている．電子親和力の値は付表A1にまとめてある．エネルギーの単位は eV である．これから，Cl，F，Br，O，I，S の順で電子親和力は減少すると断言できる．電子親和力が大きい元素ほど負イオンが安定であるから，化合物をつくるとき負イオンとして存在する可能性が高いことになる．

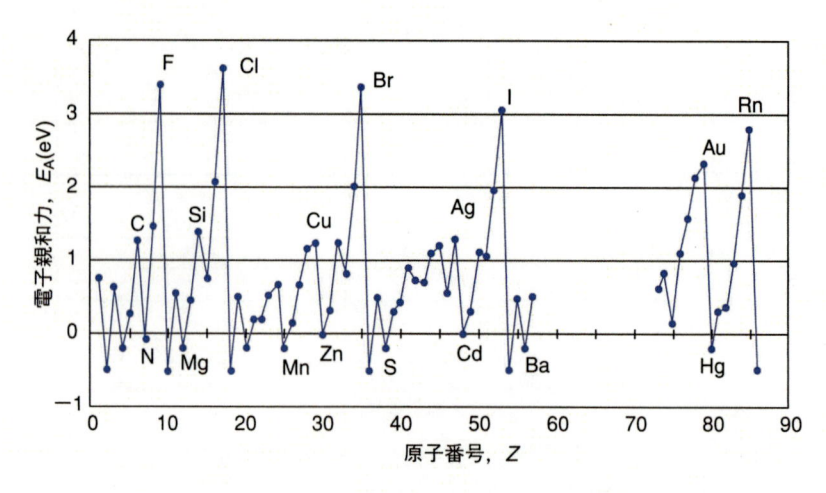

図7.10 原子の電子親和力の原子番号依存性

希ガス元素(He, Ne, Ar, Kr, Xe, Rn)およびアルカリ土類元素(Be, Mg, Ca, Sr, Ba)は正の電子親和力をもたない．この図では，その傾向を示すために，希ガス元素に対しては$-0.5$ eV，アルカリ土類元素に対しては$-0.2$ eVを任意的に与えてプロットしてある．

さて，この付表A1の値のなかで，正の電子親和力をもたない元素について任意的に与えた値もある．たとえば，希ガス元素の負イオン$Rg^-$は安定ではないが，一時的に電子が原子に捕捉された負イオンとして存在することが指摘されている．したがって，任意的にその値を$-0.5$ eVとした．また，アルカリ土類元素(Be, Mg, Ca, Sr, Ba)も負イオンが安定ではないので検出されていない．この場合にも電子親和力として$-0.2$ eVを任意に与えた．

この表のなかで負の電子親和力をもつ元素はNである．量子力学的な計算から予想されている値であり，実験的に測定されたものではない．電子親和力が原子番号とともにどのように変化するかを図7.10に示す．

これからどの元素が気相で負イオンとして安定に存在しやすいかが一目瞭然となる．周期表において17族(ハロゲン元素)が最大の電子親和力をもつことがわかる．これらの原子が希ガスの電子配置をとると安定となる傾向に一致している．次に大きい値を示すのは白金(Pt)と金(Au)である．5d軌道が満たされて閉殻構造をとれるので安定となるためであると考えられる．次に大きい電子親和力をもつのは，16族の原子(O, S, Se, Te)である．

次に興味あるのは，1族元素(水素とアルカリ金属)の電子親和力は正の値であるということである．H, Li, Na, Kの値はそれぞれ，0.754, 0.620, 0.546, 0.501 eVである．ところが，2族元素(アルカリ土類金属)のそれは0または負の値である．すなわち，電子が付着すると不安定となる．電子対を組んでいない不対電子を含む元素の電子親和力は正である．これから，不対電子をもつ原子が電子を付加して電子対を生じると，安定化する傾向にあることがわかる．

### 7.4.3 原子の磁気的性質

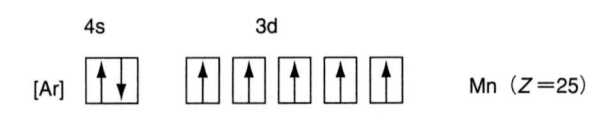

磁場のなかに原子を入れたとき，**常磁性**(そのままで磁石となる)である原子と**反磁性**(磁場を打ち消すように働く)をもつ原子とがある．原子の磁気モーメントは電子のスピンによる磁気モーメントと電子の回転運動による磁気モーメントの和で決まる．奇数個の電子をもつ原子はすべて常磁性である．電子スピンが平行に並んだ電子をもつ原子，たとえば C，O，Mn などの原子では，電子が異なる p 軌道または d 軌道をスピンを平行にして占有しているので常磁性となる．たとえば，基底状態にある Mn の電子配置は図 7.11 のようになり，電子のスピンのみによる磁気モーメントは $S = 5 \times (\hbar/2) = 5\hbar/2$ となる．

図 7.11　基底状態の Mn の電子配置

## この章のまとめ

1. **原子核と同位体**　原子の質量が正確に測定され，原子の構造がほぼ明らかになった結果，原子核は陽子と中性子からなり，中性の原子には陽子と同数の電子が原子核のまわりを回っていることがわかった．陽子の数を原子番号と呼ぶ．陽子と中性子を核子と呼び，その総数が質量数である．原子番号が等しく，中性子の数が異なる核種を同位体と呼ぶ．元素記号が E，質量数が $A$，原子番号が $Z$ の原子核を $^A_Z$E と表す．原子質量単位(記号は u)は，炭素の同位体 $^{12}$C の質量(12u)の $1/12$ と定義する．原子質量単位で表した原子の質量または分子の質量の 1u に対する相対的な質量を，それぞれ原子質量または分子質量と呼ぶ．天然にある同位体の存在度を考慮して計算した原子質量の平均値を元素の原子量という．

2. **多電子原子の構造**　原子番号が $Z$ である原子核の電荷は $+Ze$ で，そのまわりに $Z$ 個の電子がある．クーロン力による位置エネルギー関数は，原子核と電子との引力ポテンシャルとすべての電子間の反発項の和からなる．

   **原子波動関数**　このクーロン電場に電子を入れるためには，必ず電子の入る"家"である原子波動関数が必要である．その原子波動関数としては，水素類似原子について得られたものを借用する．水素類似原子に対して命名した原子波動関数である 1s，2s，2p，3s，3p，…を使うが，そのままでは使えない．その理由は，入るべき原子波動関数によってそこに占有される電子が受けるクーロン力が 1 電子の場合と比較して大きく異なるからである．

   **有効核電荷**　1s 波動関数に入った電子は，原子核の電荷 $+Ze$ からほぼ 1 電子分の電荷 $e$ を差し引いた電荷 $+(Z-1)e$ を感じるが，主量子数の高い軌道に入る電子は，内側の軌道に入った電子の電荷密度による遮へい効果のために $Ze$ より小さい有効核電荷 $(Z-s)e$ を感じる．原子内の各原子軌道のエネルギー準位が，原子番号 $Z$ の関数として計算されている．原子番号 $Z$ を与えた場合に，原子軌道のエネルギー準位を図 7.1 から読みとることができる．

3. **構成原理**
   (a) エネルギー準位の低い原子軌道から電子を埋

める．その大雑把なエネルギー準位は低いものから順に次のように与えられる．

　1s；2s；2p；3s；3p；[4s, 3d]，4p；[5s, 4d]，5p；[6s, 4f, 5d]，6p；…

(b) **パウリの排他原理**　一つの軌道には最大2個の電子しか入れない．その際にもスピンの成分の向きが互いに打消し合うように（↑↓となるように）占有していく．

(c) **フントの第一規則**　縮重した軌道があるときには，フントの第一規則に従う．すなわち，できるだけ別の軌道にスピンを平行にして占有していく．

(d) **典型元素**　この方法で原子軌道に電子を埋めていけばよい．

(e) **遷移金属元素**　d軌道やf軌道に電子を埋めていく場合（ランタニド系列）には，必ずしもその規則に従うとは限らない．

(f) **電子の殻構造**　主量子数$n$に属する原子軌道に占有される電子数の最大値は$2n^2$である．電子密度分布のピーク距離が，主量子数によって異なるのでこれを殻（shell）と呼ぶ．主量子数$n = 1, 2, 3, 4, 5$に対応する殻をそれぞれK殻，L殻，M殻，N殻，O殻と定義している．

4. **元素の周期表**　構成原理によって原子の電子配置を組み上げていくと周期表ができあがる．

5. **特性X線**　モーズリーは，高エネルギー電子を衝撃した元素から放出される特性X線の波長が元素に特有な波長をもつこと，またそのX線の振動数の平方根が元素の原子番号Zと直線関係にあることを見いだした．これによって，未知の元素の特性X線の波長を測定すると，その原子番号を決定できること，すなわち元素の同定ができるようになった（1912〜1914年）．理論的には，この規則は有効核電荷$se$を応用した水素類似原子のエネルギー準位を用いて説明できることがわかった．

6. **イオン化エネルギー**　気相の原子から電子を放出する最小のエネルギー．その値は，同じ周期にある元素については，一般に原子番号の増加にしたがって増加する．アルカリ金属で最小であり，希ガス元素で最大となる．

7. **電子親和力**　負イオンのイオン化エネルギーまたは原子が電子を付着したときに放出されるエネルギー．同じ周期にある元素については，一般に原子番号の増加とともに増大する．17属元素（ハロゲン）や16属元素（酸素，硫黄など）の値が大きく，孤立電子をもつ元素（アルカリ金属や水素原子）は，正の電子親和力をもつ．ところが，希ガス元素，アルカリ土類金属および窒素原子は正の電子親和力をもたない．

8. **原子の大きさ**　原子の大きさは，電子密度分布で決まるが，多くの原子についてほぼ等しい大きさをもつ．

## 章末問題

1. 同位体の質量が質量数と等しいと仮定して，表7.1に示した同位体存在度を用いて，酸素Oおよび塩素Clの原子量を計算し，実測値と比較せよ．

2. 電子スピンについて知るところを述べよ．

3. 基底状態のヘリウム原子の電子配置について説明せよ（注：このような問題が出されたときは，水素類似原子のように1個の電子しかない場合と違って，電子が複数個ある場合には近似的にどのように考えるかをはっきりと書くこと．必ずパウリの排他原理について述べること．電子スピンの成分にはupスピンとdownスピンの二つがあることをはっきり述べること）．

4. 多電子原子や分子の電子配置をつくりあげる際に重要となるパウリの排他原理の役割について述べよ（原子の場合には一つの原子軌道に，また分子の場合には一つの分子軌道に2個の電子が，しかもスピンの向きを互いに逆にして入ることを述べること）．

5. 基底状態にある原子の電子配置をつくりあげるときの構成原理を，フッ素原子を例にとって説明せよ．

6. 典型元素と遷移元素の違いを電子構造の観点から述べよ．

7. 原子の第一イオン化エネルギーの原子番号依存性について，特徴的なことを4点述べよ．

8. 電子親和力の定義を述べ，これが元素のどのような性質を背景に決まるか述べよ．

9. 次にあげる原子番号の原子の電子配置について説明せよ．(1) $Z=8$, (2) $Z=13$, (3) $Z=24$, (4) $Z=29$, および (5) $Z=44$ 〔各軌道のエネルギー準位の $Z$ 依存性の図（図7.1）を用いること，最終的に得られる電子配置の表との比較も行っておくこと〕．

10. Si原子の各電子状態のエネルギー準位を図7.1から読みとれ．Si原子内の電子のイオン化エネルギーは，1844, 154, 104, 13.46, および 8.151 eV と測定されている．これらがどの状態にある電子に対応するか述べよ．

11. モーズリーの行った研究について説明し，その周期律の発展における意義について述べよ．

12. U原子のK殻電子のイオン化エネルギーを推定せよ．

# 8

# 化学結合

## 8.1 化学結合モデル
### 8.1.1 原子価と異性

化学結合が何によるかに関していくつかの化学結合モデルが提唱された．それらをここでおさらいする．

電気分解を研究したデイビーやファラデーは，化学結合力は電気力に起因するとした．ファラデーは溶液中を電気が流れることから，電荷を帯びたイオンが存在するとした．周期表の典型元素については，アルカリ金属(Li, Na, K)は +1 価，アルカリ土類金属(Be, Mg, Ca, Sr, Ba)は +2 価，13 族元素(B, Al, Ga, In)は +3 価，14 族元素(C, Si, Ge, Sn)は +4 価 であると考え，17 族元素(ハロゲン：F, Cl, Br, I)は −1 価，16 族元素(O, S, Se, Te)は −2 価，15 族元素(N, P, As, Sb)は −3 価と考えると，多くの化合物の元素組成が説明できる．たとえば，原子価がそれぞれ $V_A$，$V_E$ である上記の 2 種類の元素 A, E からできる化合物 $A_nE_m$ はすべて実在すると考えてよい．分子または物質は**電気的に中性**でなければならないから，2 種類の元素の組成 $n$, $m$ と原子価の間には，次の関係がある．

$$nV_A + mV_E = 0 \tag{8.1}$$

この酸化数の考え方は，結合は陽性を帯びた元素と陰性を帯びた元素が引き合って結合をつくるという化学結合が電気力によるという考えである．現在の考え方によると，この種の化学結合はイオン結合である．

また，ケクレは一連の有機化合物における原子間の結合を説明するために，それぞれの原子に，結合に関与する結合手である**原子価**があるとした．そうすることによって，水素，窒素，酸素のような同じ原子が結合した分子の結合を説明した．正負の電気を帯びたイオンどうしの電気力による結合では説

明できないからである．さらに，同じ化学式をもつが性質の異なる化合物があることを**異性**と定義している．有機化合物については，構成する原子の原子価を用いて可能な限りの分子をつくっていくと，種々の構造をもつ**異性体**ができることがわかった．その異性体には，次のようなものがある．

有機化合物について，

**構造異性体**　例：ジメチルエーテル($CH_3OCH_3$)とエチルアルコール($CH_3CH_2OH$)

**立体異性体**

**幾何異性体**(構造式は同じであるが原子の立体配置が異なる)．例：$cis$-および$trans$-1,2-ジクロロエチレン(p.28 の図 3.5 参照)

**回転異性体**　例：1,2-ジクロロエタン($ClH_2C-CH_2Cl$)．$C-C$結合間のまわりで完全に自由ではないが束縛回転が可能である．一番安定なのはトランス型である（$C-C$結合の中点に対して点対称となる形）．正四面体構造をとる$C-C$結合のまわりに 120°回転した位置にある異性体(ゴーシュ型)も存在する(p.32 の図 3.11 参照)．

**光学異性体**　例：$D-$，$L-$乳酸

無機化合物についても，金属イオンに配位した配位子の配位位置の相互的な関係によって異性体ができる**配位異性**がある．

### 8.1.2　化学式と物質量

2 個以上の原子から構成されている要素粒子(分子，錯イオン，原子団など)の表し方の慣行について述べておく．

#### 化学式

(1) 化学式は，2 個以上の原子から構成されている**要素粒子**(分子，錯イオン，原子団など)を表す．

(例)　$N_2$, $P_4$, $C_6H_6$, $CaSO_4$, $PtCl_4^{2-}$, $Fe_{0.91}S$

これらの化学式は，それに相当する化学物質のある試料を表す略記法としても使うことができる．

(例)　$CH_3OH$　メタノール　　　　$\rho(H_2SO_4)$　硫酸の密度

(2) ある要素粒子に含まれる原子の数は右下つき添字で示す(1 は省略する)．原子団はかっこに入れて示すこともできる．要素粒子は，それに相当する化学式を示すことによって特定することができる．

(例)　$H_2O$　1 個の水分子，水
　　　　$1/2\ O_2$　酸素分子の半分(人為的なものである)

(3) 化学式は，それがどんな情報を表すかによって，次のようにいくつかの異なる書き方で表すことができる．

　　実験式　　　化学量論的な原子数比のみを示す（例：$CH_2O$）
　　分子式　　　分子の質量と対応している（例：$C_3H_6O_3$）
　　示性式　　　原子の構造上の位置関係を示す（例：$CH_3CHOHCOOH$）
　　構造式　　　原子と結合の投影を示す（例：右図）
　　立体構造式　立体化学的位置関係を示す（例：右図）

## 物質量と要素粒子の特定

**物質量**という物理量は，化学者にとって長い間適当な名前なしに使われてきた．この量は単に**モル数**と呼ばれていた．しかし，この呼び名は捨て去らねばならない．なぜならば，物理量の名前を単位の名前と混同するのは誤りだからである．物質量は，その物質の指定された要素粒子の数に比例する．その比例定数は要素粒子の選び方に依存するので，あいまいさを避けるために**要素粒子を明記**することが本質的に重要である．

　　（例）　$n_{Cl}$, $n(Cl)$　　　　　　Cl の物質量，塩素原子の物質量
　　　　　$n(Cl_2)$　　　　　　　　$Cl_2$ の物質量，塩素分子の物質量
　　　　　$n(H_2SO_4)$　　　　　　$H_2SO_4$ の物質量
　　　　　$n(1/8\ KMO_4)$　　　　 $1/8\ KMO_4$ の物質量
　　　　　$M(P_4)$　　　　　　　　$P_4$（リン四量体）の物質量
　　　　　$c(HCl)$, $[HCl]$, $c_{HCl}$　HCl の物質量濃度

### 8.1.3　八隅子則

1904 年に，J. J. トムソンはリング上に並んだ電子の配置によって原子の化学的性質を説明しようとした．1913 年には，原子核には原子番号 Z と等しい数の正の電荷（$+Ze$）があり，そのまわりを Z 個の負の電荷をもつ電子がまわっているという原子の構造が提案された．そして，原子番号は，中性原子において原子核のまわりを回っている電子の数に等しいことがわかった．希ガスの総電子数は，He，Ne，Ar についてそれぞれ 2，10，18 個であることはわかっていた．

ボーアは，正の電荷をもつ原子核のまわりを負の電荷をもつ電子が円運動しているという原子模型を提案した．その軌道半径はとびとびの値しかとれないというものである．そこでボーアは，元素の周期律と化学的安定性との関係を推定しようとした．

ボーアの多電子原子模型では，一つのリングのなかに入りうる電子数は 8 個であるとしている．ところが，原子による X 線の吸収を研究していたドイツのコッセル（W. Kossel, 1888～1956）は，X 線の吸収は原子の内部にある電子の脱離（電子を原子の外に追いだすこと）によると考えた．そこで，元素の

図8.1 コッセルによる原子の電子配置

周期律は，ボーアの理論から演繹的に考えるのは不可能であるから，化学的な性質によって決めるべきであると考えた．すなわち，元素の周期律は，内部のリングにある電子によるのではなくて，外側のリングにある電子によって生ずると考えた．希ガス原子が化合物をつくらないので，希ガスの電子配置が最も安定であるとみなして，図8.1のような原子の電子配置を得た．コッセルは，円軌道上に最大8個の電子を配置した．

ルイスの考え方は，コッセルの考え方と同じであるが，8個の電子を立方体の頂点に配置した．それゆえに，ルイスはこの理論を**八隅子則**(octet rule)または**オクテット則**と呼んだ*．そうすると，周期表の第1から第3周期までのいわゆる典型元素については結合がよく説明できる．彼は，「イオン対をつくるような原子の組でなくても，**電子対結合をつくって最外殻の電子数が8個になるように結合する**」という考えを提案した．そして1916年には，次のような提案をした．

ルイス（アメリカ）
G. N. Lewis（1875〜1946）

\* 八隅子則のように「……則」という名称は，なぜそれが成り立つかはわからないが，とにかくそれで現象が説明できるという場合に用いられる．共有結合，イオン結合，配位結合がなぜ形成されるかという問題に答えるには，量子力学の考え方がどうしても必要であった．ハイトラーとロンドンは1927年に，1926年にできたばかりのシュレーディンガーの方程式を応用して，中性分子である$H_2$分子における共有結合の起源を説明した．

(i) 原子内の電子はいくつかの軌道に配列され，最も外側の軌道にある電子（最外殻にある電子）の数が8個であるときに原子は最も安定化する．
(ii) 原子によって2個の電子が共有されるときに原子は結合する．
(iii) 化学結合においては，原子のまわりの最外殻電子数が8個になるように結合をすると安定化する．

## 8.1 化学結合モデル

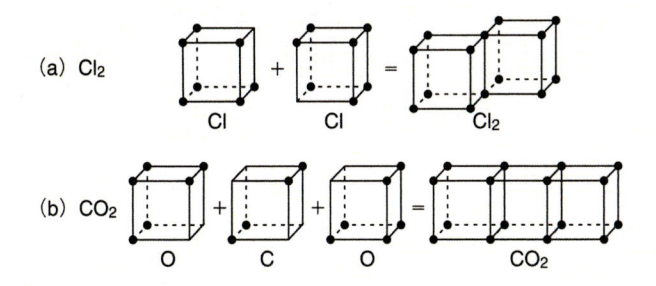

(a) $Cl_2$

(b) $CO_2$

図 8.2 ルイスの八隅子則の説明図

この八隅子則を用いて，塩素分子や二酸化炭素分子の電子構造がうまく説明できることを図 8.2 に示した．

例：水は分子式 $H_2O$ で表される．ケクレの原子価説を用いて，−(価標)を結合手と考えて**構造式**を書くと図 8.3(a)のようになる．さらに，酸素原子の価電子数が 6 であり，水素原子の価電子数が 1 であることを考慮すると，**電子式**は図 8.3(b)のようになる．事実，この考え方で**イオン結合**や**共有結合**によってできたきわめて多くの化合物が存在することを説明できる．立方体の隅に電子を配置しないで，この電子式を用いて 8 個の最外殻電子を配置することを考えたのは**ラングミュア**であり，共有結合という言葉を最初に使った(1919 年)．八隅子則はルイス・ラングミュアの原子価理論ともいわれている．

窒素や硫黄，塩素などを含む化合物にルイスの八隅子則を応用すると，その電子配置を説明することができる．その際に，**配位結合**が非常に重要となる．たとえば，硝酸 $HNO_3$ では，H が結合していない二つの N−O 結合のうちの一つの酸素原子の結合電子は，N 原子から供与されていると考えるとうまく説明できる(図 8.4)．また，硝酸分子の蒸気の回転スペクトルを測定しそのデータを解析すると，この分子が平面分子であることや，原子間距離などを正確に決定できる．これら二つの N−O 原子間距離はほぼ同じであるから，実は N=O 二重結合と N−O 配位結合のような差がないことはわかっている．八隅子則を使う限り，「二つの電子式が共鳴したような構造が真の分子である」と考えなければ説明できない．

その他の，遷移金属を含む金属錯体では，八隅子則はまったく使えないといってよい．

図 8.3
水分子の(a)構造式と(b)電子式

ラングミュア(アメリカ)
I. Langmuir(1881～1957)
1932 年度ノーベル化学賞受賞

図 8.4 硝酸分子 $HNO_3$ の電子式

そこで，問題となるのは次のような疑問である．

(1) 分子の構造式に引かれている1本の線である価標は何を意味するのか．
(2) 電子式では結合に関与している電子を•を使って書くが，本当はどういう状態で存在しているのか．
(3) 物質が立体的な空間を占めていることや光学活性体が存在することを説明するためには，分子内における結合の方向性が必要なはずである．それは何に起因するのか．

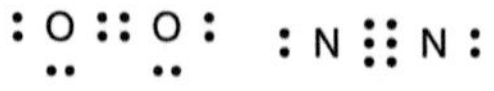

また，酸素分子($O_2$)と窒素分子($N_2$)の電子式を書いてみると，図8.5のようになるであろう．

:Ö::Ö:  :N⋮⋮N:
 (a)      (b)

図 8.5
(a) $O_2$ と (b) $N_2$ の電子式

この電子式の意味は，電子対‥または：は，二つの電子が電子対を組んでいることを示す．また原子間に書いた二組の‥は，同じく2対の電子対を表すと考えられる．窒素分子の場合には一応問題はないが，実は酸素分子の場合には問題がある．この分子は，スペクトルを測定してみると常磁性(分子自体が磁石となっている)であることがわかっている．もし小さな磁石である電子のスピンが対を組んで互いに打ち消しあうならば，酸素分子は常磁性ではないはずである．もう一つの疑問は，(4)原子や分子がそれ自体で磁石となるとはどういうことかである．

その後，多くの実験的および理論的な研究が行われた結果，化学結合の仕方または型を分類して，イオン結合，共有結合，配位結合，金属結合があるとすると，いろいろな分子の結合を容易に説明できることがわかってきた．次節以下でこれらについて説明する．

## 8.2　イオン結合

イオン結合は，正イオンとなって希ガスの電子配置をとりやすい原子と，同じく負イオンとなって希ガスの電子配置をとりやすい原子とがクーロン引力によって結合して化学結合をつくる結合方式である．結論的にいうと，八隅子則によって希ガスの電子構造をもつイオンとなった原子どうしがクーロン引力によって安定化する．ところが，核間距離が小さくなればなるほどエネルギー的に安定化するのではない．なぜなら，希ガス原子どうしにも存在する斥力が距離の減少とともに急に大きくなるからである．その結果，エネルギー的に最も安定な平衡核間距離が存在することとなる．

このイオン結合の考えをいわゆるイオン結晶に対して応用すると，そのイオンの生成エネルギーの大きさが説明できることを最後に述べる．

### 8.2.1　NaCl 分子

イオン結合を生じやすい物質は，NaCl のように，正負のイオンが引き合い同符号のイオンが反発し合った結果，結晶をつくると考えられている．NaCl 結晶を加熱すると，気相中に NaCl 分子や NaCl の二量体($Na_2Cl_2$)ができるこ

とが知られている．気相中においても NaCl 分子は $Na^+$ イオンと $Cl^-$ イオンがクーロン引力で引き合って結合をつくると考えると，解離エネルギーや双極子モーメントの大きさなどを相当にうまく説明できる．最も簡単な場合は，真空中における Na 原子と Cl 原子の反応である．エネルギーの問題を考えてみよう．

Na 原子のイオン化エネルギーは 5.139 eV で，Cl 原子の電子親和力は 3.617 eV である．これらを熱化学方程式で書くと次式のようになる(実際にこの反応は 0 K における熱化学方程式である)．

$$Na(g) = Na^+(g) + e^- - 5.139 \text{ eV} \tag{8.2}$$

$$Cl(g) + e^- = Cl^-(g) + 3.617 \text{ eV} \tag{8.3}$$

2 式を加えると無限遠にある原子がイオン対をつくる反応の熱化学方程式が得られる．

$$Na(g) + Cl(g) = Na^+(g) + Cl^-(g) - 1.522 \text{ eV} \tag{8.4}$$

この反応は吸熱反応で，無限遠に離れた状態でイオン対をつくるには，1.522 eV の仕事(エネルギー)を外から加える必要がある．無限遠に離れた Na(g) と Cl(g) の原子対の位置エネルギーを 0 とおくと，無限遠でのイオン対の位置エネルギーは，

$$V(R=\infty) = +1.522 \text{ eV} \tag{8.5}$$

である．次に，原子核間の距離 $R$ を近づけたときの位置エネルギーは，クーロン引力による位置エネルギーを加えて，

$$V_{ion}(R) = +1.522 \text{ eV} - \frac{e^2}{4\pi\varepsilon_0 R} \tag{8.6}$$

となる．ここで，核間距離 $R$ をボーア半径 $a_0$ に対する比を単位として表すと，クーロン引力による位置エネルギーが見やすい形になる．

$$V_{ion}(R) = +1.522 \text{ eV} - \frac{e^2}{4\pi\varepsilon_0 a_0 \left(\frac{R}{a_0}\right)} \tag{8.7}$$

ボーア半径 $a_0 = \frac{h^2\varepsilon_0}{\pi m e^2}$ を上式に代入すると，

$$V_{ion}(R) = +1.522 \text{ eV} - \frac{me^4}{4\varepsilon_0^2 h^2 \left(\frac{R}{a_0}\right)} \tag{8.8}$$

式(8.8)の第2項の係数は 1 hatree(ハートレー，原子単位)という単位である．

$$\frac{me^4}{4\varepsilon_0^2 h^2} = 4.3597 \times 10^{-18} \text{ J} = 27.2114 \text{ eV} = 1 \text{ hatree} \tag{8.9}$$

したがって，$Na^+-Cl^-$ の位置エネルギーは，Na + Cl に対して次のように求

められる．

$$V_{\text{ion}}(R) = +1.522 - \frac{27.2114}{\left(\dfrac{R}{a_0}\right)} \quad [\text{eV}] \tag{8.10}$$

位置エネルギー $V(R)$ が 0 となる核間距離 $R = R_c$ を求めてみると，

$$R_c = 17.88\, a_0 = 9.461 \times 10^{-10}\, \text{m} \tag{8.11}$$

すなわちボーア半径 $a_0$ の 17.88 倍以内の距離に，Na および Cl の原子核が近づくと $\text{Na}^+$–$\text{Cl}^-$ となったほうがより安定となる．すなわち，核間距離が $17.88\, a_0$ 以下となると発熱する．

ところが，イオンとイオンはいくらでも近づけるわけではない．ある程度以上に近づくと Ne–Ar 間にも働くような強い斥力が急に働く．位置エネルギー $V(R)$ を核間距離 $R$ の関数として模式的に表すと図 8.6 のようになる．

分光学的な測定が行われており，それから NaCl 分子の平衡核間距離 $R_e$ および解離エネルギー $D_0^0$ はそれぞれ，

$$R_e = 2.36079\,\text{Å} \qquad D_0^0 = 4.23\,\text{eV} \tag{8.12}$$

と測定されている．$D_0^0$ は，一番安定な振動状態にある NaCl 分子を引き離して Na + Cl にするのに必要なエネルギーである．図 8.6 の位置エネルギーの曲線の一番底から Na + Cl にするエネルギーを**結合エネルギー**と呼び，$D_e$ で表すことにしている．結合エネルギーは実験的に $D_e = 4.253\,\text{eV}$ と得られている．さて，なぜこの正負イオン間にも斥力が生じるのか．答えは，パウリの排他原理による斥力である．それぞれの安定な軌道に入っている電子波動

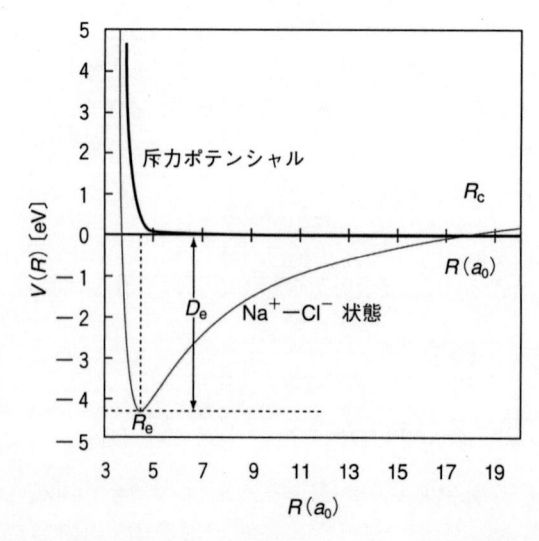

図 8.6　気相の NaCl 分子の位置エネルギーの核間距離依存性

関数が重なりはじめると，パウリの排他原理によって他の軌道に入っている電子が別の原子・イオンの軌道に入らないように波動関数がひずみ，波動関数が重なると，重なりを避けるように電子雲が動いて原子核間の反発が直接的に効いて不安定にしてしまうのである．

そのパウリの排他原理による斥力エネルギーの形には，決まったものが求められていない．通常は，斥力による位置エネルギーとして $B_0$ および $\rho$ の二つのパラメータを用いた指数関数形 $B_0 e^{-R/\rho a_0}$ を使う．上記の $V(R)$〔式(8.11)〕に斥力による位置エネルギー項 $B_0 e^{-R/\rho a_0}$ を加えると，次式のようになる．

$$V(R) = 1.522 - \frac{27.2114}{\left(\dfrac{R}{a_0}\right)} + B_0 e^{-\frac{R}{\rho a_0}} \ [\mathrm{eV}] \quad (8.13)$$

この式で $B_0$ がきわめて大きな数であるから，

$$V(R) = 1.522 - \frac{27.2114}{\left(\dfrac{R}{a_0}\right)} + B e^{-\frac{1}{\rho}\left(\frac{R-R_e}{a_0}\right)} \ [\mathrm{eV}] \quad (8.14)$$

$B_0 e^{-R/\rho a_0} = B e^{-(R-R_e)/\rho a_0}$，すなわち $B_0 = B e^{R_e/\rho a_0}$ となるように小さな値である $B$ を導入した．平衡核間距離 $R_e$ において結合エネルギーが $D_e$ であるようにして求めた．ただし，$B = 0.3245$ eV, $B_0 = 4.724 \times 10^7$ eV, $\rho = 0.2374$，$a_0 = 12.56$ pm である．図8.6には斥力の位置エネルギー項も示した．

### 双極子モーメント

これまでは Na の最外殻電子が Cl に完全に移って，完全な球形をした $\mathrm{Na}^+$ イオンと $\mathrm{Cl}^-$ イオンとが近づいて $\mathrm{Na}^+$-$\mathrm{Cl}^-$ イオン対ができたと仮定して考察してきた．NaCl 分子のように分子内で電荷に偏りがある場合には，**分極**しているという．その分極の程度を測定する尺度として**双極子モーメント**（dipole moment）という物理量が測定されている．いま，二原子分子を考えてみよう．Na 原子核のまわりにある正電荷（電荷 $+q$）の重心の位置を $R_{\mathrm{Na}}$ とし，Cl 原子核のまわりにある負電荷の重心の位置を $R_{\mathrm{Cl}}$ とするとき，双極子モーメントは，負電荷の重心から正電荷の重心に向かうベクトルとそれぞれの電荷 $q$ の積として定義されている（図8.7）．

ここではその測定方法については述べないが，多くの分子において双極子モーメントの大きさ $\mu$ が測定されている．気相の Na-Cl 分子の値は 9.0020 D である．D（debye，デバイと発音する）は双極子モーメントの単位で，デバイが双極子モーメントに関する重要な研究をしたので，彼の名前にちなんで名づけられた．その大きさは，1 D = $3.336 \times 10^{-30}$ C m である．したがって，9.0020 D = $3.0031 \times 10^{-29}$ C m である．もし，正と負の電荷の重心の距離が核間距離と等しいならば，

$\mu = (R_{\mathrm{Na}} - R_{\mathrm{Cl}})q = ql$

|←---- $l$ ----→|
$R_{\mathrm{Cl}}$　　　　　$R_{\mathrm{Na}}$
$-q$　　　　　$+q$
$\mathrm{Cl}^-$　　　　　$\mathrm{Na}^+$

図 8.7
双極子モーメントの定義

デバイ（オランダ）
P. J. W. Debye (1884～1966)

$$\mu = q \times R_e = 3.0031 \times 10^{-29} \text{ C m} \tag{8.15}$$

である．この式に $R_e = 2.36079$ Å $= 2.36079 \times 10^{-10}$ m の値を代入すると，電荷 $q$ として，

$$q = 1.27206 \times 10^{-19} \text{ C} = 0.79396\, e \tag{8.16}$$

が得られる．すなわち，電気素量 $e$ が完全に移っているのではなくて，電子の電荷の 79.4% しか移っていないことになる．この $q/e = 79.4\%$ をもってイオン性と定義する．したがって，一見イオン性が強いと考えられる分子においても，電子 1 個が一方の原子からもう一方の電子に完全に移ることはない．もちろん，実際は正負の電荷の重心間の距離が $R_e$ よりも小さいのかもしれないが，測定できるのは双極子モーメントの大きさ $\mu$ のみである．ハロゲン化アルカリ分子の平衡核間距離と解離エネルギーならびに双極子モーメントを表 8.1 に示す．

表 8.1 ハロゲン化アルカリ分子の平衡核間距離 ($R_e$)，解離エネルギー ($D_0^0$)，および双極子モーメント $\mu$ (D)

| 分子 | $R_e$(Å) | $D_0^0$(eV) | $\mu$(D) | 分子 | $R_e$(Å) | $D_0^0$(eV) | $\mu$(D) |
|------|---------|-------------|---------|------|---------|-------------|---------|
| LiF  | 1.564   | 5.970       | 6.327   | NaBr | 2.502   | 3.74        | 9.118   |
| LiCl | 2.021   | 4.913       | 7.129   | NaI  | 2.711   | 3.00        | 9.236   |
| LiBr | 2.170   | 4.408       | 7.267   | KF   | 2.171   | 5.07        | 8.585   |
| LiI  | 2.392   | 3.763       | 7.429   | KCl  | 2.667   | 4.34        | 10.269  |
| NaCl | 2.361   | 4.218       | 9.001   | KBr  | 2.821   | 3.91        | 10.627  |

### 8.2.2 NaCl 二量体 (Na$_2$Cl$_2$)

イオン結合の演習問題として，NaCl 分子が二つ結合すると，結合エネルギーはいくらになるか予想してみよう．NaCl 結晶を加熱して蒸発させると，NaCl の二量体分子 Na$_2$Cl$_2$ が生成するといわれている．それを極低温に冷やした面に Ar 気体を吹きつけながら蒸着させると，NaCl 分子や二量体分子 Na$_2$Cl$_2$ を Ar 結晶に埋め込むことができる．その赤外吸収スペクトルを測定することにより，二量体の存在が確認されている．最も安定に存在するのは分子が正方形(図 8.8)の構造をもっているときであると考えられる．NaCl 結晶では，Na－Cl 原子間隔は，Na－Cl 分子のそれよりも少し長くなって，$R = 2.82028$ Å であると測定されている．簡単のために，二量体分子の Na－Cl 原子間隔は NaCl 結晶の値と同じであると仮定する．二量体分子の位置エネルギーを求める式は次式で与えられる．

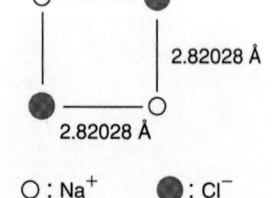

$$V = 4\,V(\text{Na}^+\text{-Cl}^-) + V(\text{Na}^+\text{-Na}^+) + V(\text{Cl}^-\text{-Cl}^-) + 2 \times 1.512 \text{ eV} \tag{8.17}$$

図 8.8
NaCl 二量体の構造の模型

○ : Na$^+$　● : Cl$^-$
2.82028 Å
2.82028 Å

$V(\mathrm{Na}^+-\mathrm{Cl}^-)$, $V(\mathrm{Na}^+-\mathrm{Na}^+)$, $V(\mathrm{Cl}^--\mathrm{Cl}^-)$ は，二つのイオン間の位置エネルギーで，最後の項は 2Na + 2Cl から互いに無限遠にあるイオン $2\mathrm{Na}^+ + 2\mathrm{Cl}^-$ をつくるのに必要なエネルギーである．パウリの排他原理による反発ポテンシャルは距離の増加とともに急に減少して限りなくゼロに近づくから，これを簡単のために無視すると，二量体分子 $\mathrm{Na}_2\mathrm{Cl}_2$ の 2Na + 2Cl を基準にした位置エネルギーは，

$$V = -\frac{e^2}{4\pi\varepsilon_0}\left(\frac{4}{R(\mathrm{Na-Cl})} - \frac{2}{\sqrt{2}R(\mathrm{Na-Cl})}\right) + 3.024\ [\mathrm{eV}]$$

$$V = [5.10575 \times (-4+\sqrt{2}) + 3.024]\ \mathrm{eV} = -10.178\ \mathrm{eV} \quad (8.18)$$

したがって，この値は互いに無限遠にある 2 個の $\mathrm{Na}^+-\mathrm{Cl}^-$ 分子よりも 1.718 eV だけ安定である．一つの $\mathrm{Na}^+-\mathrm{Cl}^-$ イオン対に対しては 0.859 eV だけ安定になっている．

この NaCl 二量体分子 $\mathrm{Na}_2\mathrm{Cl}_2$ をばらばらに分解して 2Na + 2Cl にするのに必要なエネルギー(原子化熱)は，10.605 eV と測定されている．上で計算した 10.178 eV と比較するとよく一致している．斥力エネルギーも考慮して，平衡核間距離も最適化すれば，さらに一致はよくなるであろう．

このようにアルカリ金属やアルカリ土類金属のハロゲン化塩のようなイオン結合結晶では，イオンが寄り集まってできると考えれば安定化のエネルギーが相当正確に算出できる．

### 8.2.3 イオン結晶

イオン結晶の問題は本章の主題ではないが，正と負のイオンが近づいて巨視的な結晶をつくる際の結合エネルギーは，静電的な相互作用で説明ができるのでここで述べる．イオン結晶の静電的なエネルギーは**マーデルング・エネルギー**(Madelung energy)と呼ばれている．正と負の電荷がそれぞれ $+q$ と $-q$ で，イオン間の斥力エネルギーが NaCl 分子の場合と同様に 式(8.13)中の $B_0 e^{-R/\rho}$ であり，最近接イオン間だけに作用すると考える．マーデルングによると，$N$ 個の正負イオンの全位置エネルギー $U_\mathrm{tot}$ は，全部のイオンが互いに無限遠にあるときのエネルギーを 0 とし，最近接イオン間の平衡核間距離を $R_\mathrm{e}$ とすると，

$$U_\mathrm{tot} = -\frac{N\alpha q^2}{4\pi\varepsilon_0 R_\mathrm{e}}\left(1 - \frac{\rho}{R_\mathrm{e}}\right) \quad (8.19)$$

この式で $\alpha$ はマーデルング定数と呼ばれる定数で，次のように求められている．

塩化ナトリウム(NaCl)型　1.747565

塩化セシウム(CsCl)型　1.762675

立方セン亜鉛鉱(立方-ZnS)型　1.6381

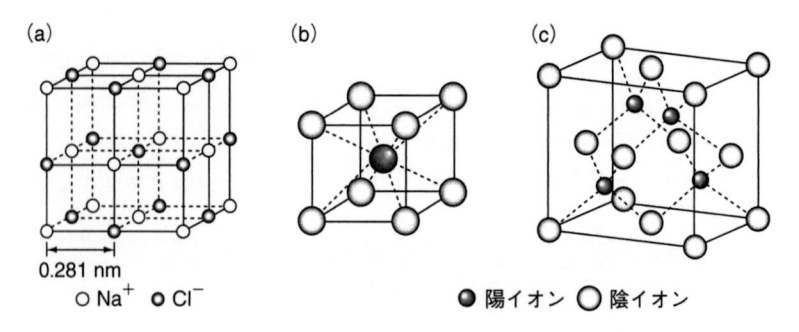

図 8.9 (a) NaCl 型, (b) CsCl 型, および(c) ZnS 型結晶の構造

$\rho$ は斥力を決めるパラメータで, 最近接イオン対の平衡核間距離 $R_e$ の約 1/10 の大きさをもっている. なお, 塩化ナトリウム(NaCl)型, 塩化セシウム(CsCl)型, セン亜鉛鉱(ZnS)型の結晶構造を図 8.9 に示す.

式(8.19)は, 位置エネルギーの斥力項を決める未知数 $\rho$ を含んでいる. 真空中にある NaCl イオン対の場合には, NaCl の結合エネルギーの実測値が測定されていたので未知数 $\rho$ を決めることができた. 結晶の場合には, 圧縮率を測定してその値から $\rho$ が決められている(表 8.2 参照). きわめておおざっぱな見積りにもかかわらず, 実験を相当に正確に見積ることができる. これは, 結晶中で完全にイオン化した正と負のイオンが配列していると仮定すると, 結晶の安定化エネルギーを相当正確に見積ることができることを意味している.

表 8.2 NaCl 型ハロゲン化アルカリ結晶の平衡核間距離($R_e$), マーデルングによるイオン結晶エネルギーとその実験値(kJ mol$^{-1}$), および斥力パラメータ $\rho$

| 分子 | $R_e$(Å) | 理論値 | 実験値 | $\rho$(Å) | 分子 | $R_e$(Å) | 理論値 | 実験値 | $\rho$(Å) |
|---|---|---|---|---|---|---|---|---|---|
| LiF | 2.014 | 1013 | 1014 | 0.291 | NaBr | 2.989 | 708 | 726 | 0.328 |
| LiCl | 2.570 | 807 | 832 | 0.330 | NaI | 3.237 | 655 | 683 | 0.345 |
| LiBr | 2.751 | 757 | 794 | 0.340 | KF | 2.674 | 791 | 794 | 0.298 |
| LiI | 3.000 | 695 | 744 | 0.366 | KCl | 3.147 | 676 | 693 | 0.326 |
| NaCl | 2.820 | 747 | 764 | 0.321 | KBr | 3.298 | 646 | 663 | 0.336 |

C. キッテル著, 宇野, 津屋, 森田, 山下訳, 「固体物理学入門(上)」, 丸善, (1998), p.76.

## 8.3 共有結合

水素分子ではどのようにして化学結合が生じているのであろうか. 水素原子の電子状態を記述するのにシュレーディンガー方程式が成功裏に使えたので, ハイトラーとロンドンは水素分子においてもこの方法を使えるに違いないと考え, **原子価結合法**(valence bond method, **VB 法**)という近似法を用いてシュレーディンガーの方法の応用を試みた(1927 年).

### 8.3.1 ボルン・オッペンハイマー近似，VB法，およびMO法

水素分子の場合には，2個の陽子と2個の電子がある．4個の荷電粒子の間には，クーロン力が働いている．同じ符号の粒子の間には斥力が，また異なる符号の粒子の間には引力が働く．それらの間の距離がわかれば，全体の位置エネルギーを算出することができる．問題は，粒子が4個もあることである．

#### (1) ボルン・オッペンハイマー近似

これを解くためには，まず第一の近似，ボルン・オッペンハイマー近似 (Born-Oppenheimer approximation) を仮定する．電子の質量は陽子の質量に比べて 1/1836 であるから，原子核の動きに比較すると電子の動きは速い．したがって，**電子の運動を考えるときには，核間距離は固定されていると仮定する**．これがボルン・オッペンハイマー近似である．固定した核間距離 $R$ に対して，2電子系のシュレーディンガー方程式を解き，電子運動に対するエネルギー固有値 $E_{el}(R)$ を求める．

次に，$E_{el}(R)$ と原子核間の反発による位置エネルギーを加えた全位置エネルギー $V_{tot}(R)$ が得られると，原子核の振動運動や分子全体の回転運動を調べることができる．図 8.10 に $V_{tot}(R)$ の模式的な関数形を示す．$R = \infty$ のときの位置エネルギーを基準にとると，$R$ の減少とともに $V_{tot}(R)$ は減少し，$R = R_e$ において最小値 $V_{tot}(R_e) = -D_e$ をとる．さらに減少すると斥力が働いて位置エネルギーは増加する．

分子は最も安定な平衡核間距離 $R = R_e$ の付近で振動していると考えるのは，ごく自然なことである．したがって，以降は，まず核間距離 $R$ をある値に固定しておいて，2個の電子のみの運動状態を考えることにする．

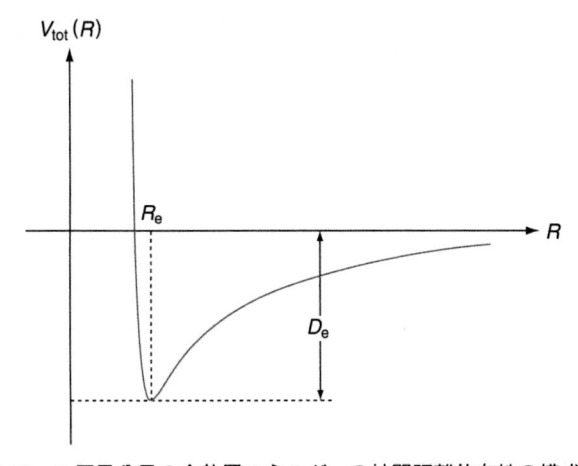

図 8.10　二原子分子の全位置エネルギーの核間距離依存性の模式図

### (2) VB 法および MO 法

前にも述べたが，3体以上の系では数式で解を得ることはできない．必ず近似法が必要である．次の問題は，どのような近似法を用いるのか．その場合に問題となるのは，どのような近似的波動関数を用いるのが便利であるかである．当然のことながら，最も計算が楽で正確な計算結果がでる方法がよい．波動関数は電子が運動をする場合に必ず入らなければならない"家"のようなものである．2個の電子が入るべき家である波動関数の関数形によって近似法が分かれてくる．まず，(a) 原子価結合法が開発され，その後に，マリケンやフントによって (b) 分子軌道法 (molecular orbital method，MO 法) が開発された．

ハイトラーとロンドンが最初に用いたのは原子価結合法である．その後の研究によって，後者の分子軌道法のほうが数学的な取扱いが簡単であり，正確な結果を与えることがわかってきたので，現在では分子軌道法がほぼ独占的に用いられている．ところが，直感的にわかりやすいこと，荒い近似の割には結合エネルギーの傾向が比較的正しく計算できることなどの理由から，量子化学の黎明期には原子価結合法が盛んに用いられた．数学的な計算方法についてはできるだけ省いて定性的に述べる．

### (3) 結合領域および反結合領域 —— 原子間の結合を助ける電子の役割

原子価結合法や分子軌道法の説明に入る前に，原子核を引きつける電子の役割について簡単に述べる．いま簡単のために水素分子イオン $H_2^+$ を考える．

2個の陽子 A，B 間には距離の2乗に反比例するクーロンの斥力が働く．係数を省略すると，その斥力は $f = 1/R^2$ となる．次に，図 8.11 の正三角形の頂点の位置 C に電子があるとする．すなわち，$R = r_A = r_B$ であるとすると，電子と陽子の間に働く引力と陽子間に働く斥力が等しくなる．したがって，1個の電子による引力の結合軸方向の成分はそれぞれ $f/2$ で方向が反対である．また，引力の合力は $f$ となり，陽子間に働く斥力 $f$ とちょうど釣り合う．したがって，電子がこの正三角形の内側にあれば原子核どうしの斥力を打ち

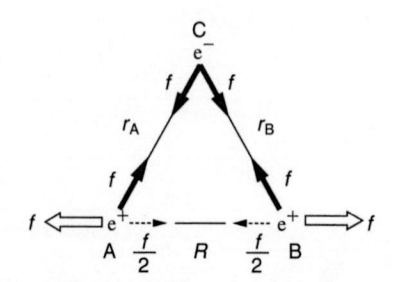

**図 8.11** $H_2^+$ イオンの2個の陽子と1電子とが正三角形の頂点の位置にあるときに粒子間に働く力 (単位：$f \propto 1/R^2$)

引力は黒の，斥力は白抜きの矢印．引力の結合軸方向の成分は破線で描いた．

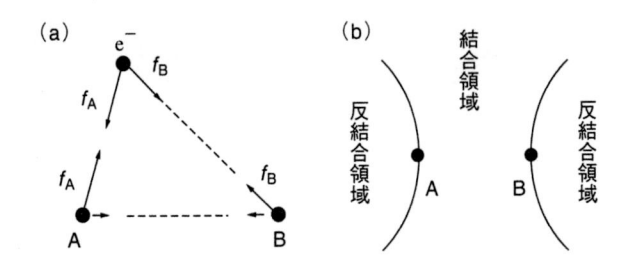

図8.12 (a) 2個の原子核に及ぼす1電子の引力の結合軸方向の成分のいずれもが，原子核を引きつけるように働く場合，(b) 結合領域（曲線で囲まれた内側）と反結合領域（その他の領域）

消し合うだけの引力が電子によって得られる．

一般的に，任意の位置に電子が位置するとき，電子による引力がどちらの方向に作用するかによって，電子が介する引力が原子核を近づけるように作用するか，遠ざけるように作用するかが決まる．図8.12(a)は前者の場合である．図8.12(b)の2本の曲線で囲まれた空間の内側では，電子は原子核を引きつけるように作用し，その外側では原子核を遠ざけるように作用する．したがって，2個の原子を引きつけて結合を形成させるためには，電子は2本の曲線で囲まれた領域（**結合領域**）に存在することが重要となる．2本の曲線の外側の領域（**反結合領域**）にある電子は，結合を弱めるような働きをすることとなる．

その結果，定性的にいえることは，電子が入っている波動関数が結合領域内に広がるような場合には，原子間の引力は増し，結合性は増すこととなる．それに対して，波動関数が主として反結合領域に広がるような場合には，結合は弱くなるであろうと予想される．

### 8.3.2 原子価結合法（VB法）
**(1) 水素分子**

原子価結合法は言葉どおりの方法である．

(i) まず，2個の水素原子の原子核は見分けがつくと仮定して，原子核Aおよび原子核Bと名づけ，核間距離$R$をある値に固定する．

(ii) 核間距離$R$が遠距離にあるときには，1番目の電子が核Aのまわりにあり〔その1s波動関数を$\phi_A(1)$で表す〕，2番目の電子が核Bのまわりにある〔その1s波動関数を$\phi_B(2)$で表す〕．どちらの電子も1s軌道にある．それを模式的に表したのが図8.13である．

(iii) 2個の原子核が近づいた場合もまったく同様に考える．すなわち，それぞれの価電子がそれぞれの原子核の近くで運動している状態を保ちながら分子を形成する．

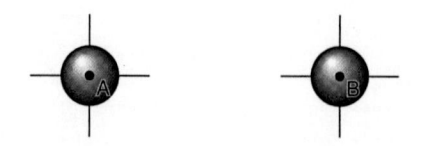

図8.13 水素分子の原子軌道 $\phi_A(1)$ および $\phi_B(2)$ の模式図

(iv) したがって，2個の原子を含む系の波動関数 $\Psi(1,2)$ は，2個の電子の波動関数の積で表されるとする．

$$\Psi(1,2) = \phi_A(1)\phi_B(2) \tag{8.20}$$

(v) ところがこれでは不十分である．古典力学では，すべての粒子に番号をつけ，その位置を指定して運動をさせることができたが，量子力学では，電子は波の性質をもっているので，ある時刻にどの位置にいるという情報は捨て去らなければならない．よって，1番目の電子が原子核Aのまわりを運動していて，2番目の電子が原子核Bのまわりを運動しているとはいえなくて，その反対に1番目の電子が原子核Bのまわりを運動していて，2番目の電子が原子核Aのまわりを運動していることもありうる．したがって，本当の波動関数は次のようになりそうである．

$$\Psi(1,2) = \phi_A(1)\phi_B(2) + \phi_B(1)\phi_A(2) \tag{8.21}$$

(vi) もっと一般的な波動関数は，未定係数を $a$ および $b$ として，

$$\Psi(1,2) = a\phi_A(1)\phi_B(2) + b\phi_B(1)\phi_A(2) \tag{8.22}$$

これで，式の上では2個の電子が入るべき家である波動関数を仮定することができた．あとは，この波動関数に対して，電子運動に対するエネルギーが最小になるようにすればよい．2個の電子が2個の原子核から引力を受け，電子からは斥力を受けているクーロンの場にあって運動をしているときの波動関数が $\Psi(1,2)$ の形をしている場合，電子の運動に対する全エネルギーを計算する計算式は確立されている．数学的には次のような式で定義される**エネルギー期待値 $E(a, b)$**

$$E(a, b) = \frac{\iint \Psi(1,2)^* \hat{H}(1,2) \Psi(1,2) \, d\tau_1 d\tau_2}{\iint \Psi(1,2)^* \Psi(1,2) \, d\tau_1 d\tau_2} \tag{8.23}$$

を計算する．ただし，$\hat{H}(1,2)$ は水素分子の核間距離 $R$ を固定して2個の電子が原子核のまわりを運動するときの運動エネルギーと位置エネルギーを加えた全エネルギーに対する量子力学的ハミルトニアンである．この積分計算から電子の運動に対する全エネルギーが，パラメータ $a, b$ の関数として得られる．このエネルギー期待値 $E(a, b)$ が極値をとるように(換言すると極小また

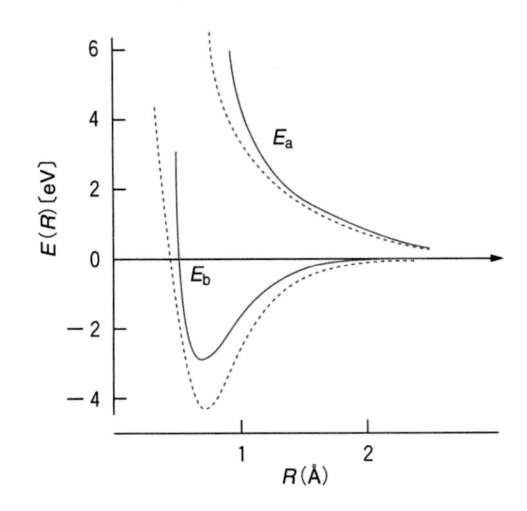

図 8.14 VB 法によって計算された $H_2$ 分子の全エネルギーから 2H のエネルギーを差し引いた値，および結合性波動関数 $E^+$ と反結合性波動関数 $E^-$ のエネルギーと実測の核間距離依存性
破線は実験から得られた位置エネルギー曲線．

は極大になるように) $a, b$ を決定する．実は，水素分子は対称であるから，式 (8.23) の二つの項は重みとしては同じであるはずである．したがって，$a = b$ または $a = -b$ が得られそうであるし，実際に $E(a,b)$ が極値をとるように数学的に解いてみると，$a = \pm b$ となることがわかる．

そのようにして電子エネルギーの項と原子核反発による位置エネルギーを加えた値を計算した結果を図 8.14 に示す．実験的に水素分子の発光スペクトルを測定して，そのデータを解析した結果，エネルギーが最も低くなる核間距離（平衡核間距離）は 0.74144 Å，その結合エネルギーは 4.7484 eV と決定されている．理論的に求められた安定化エネルギーは，実験値の約 70% である．なんだ，この程度の精度でしか計算できないのかと失望するかもしれないが，このレベルの近似法では，正確に結合エネルギーを求めることはできないのである．このようにして理論的に得られた結果を考察してみよう．

### 結合性波動関数

結合性の波動関数に対するエネルギー $E(R)$（電子エネルギーと原子核斥力エネルギー項の和）は，原子核の接近とともにまず減少し，ある核間距離 $R_e$ で最小となり，さらに接近させると，斥力項が大きくなり高くなる．この波動関数 $\Psi(1,2)$ の各項の係数 $a, b$ は絶対値が同じでその符号も同じである．核間距離 $R$ に関する位置エネルギー曲線 $E(R)$ は，まだ荒い近似ではあるものの，実測の曲線と定性的にはよく一致している．それよりも重要なのは，中性である 2 個の H 原子が近づいたときにもエネルギー的に極小値がありうる，すなわち，原子が近づくことによって安定化することである．よって安定な結

合をつくることが説明できたのである．ちなみに，2個の電子のスピンは対をなしている．このような状態を**一重項状態**と呼ぶ．

**反結合性波動関数**

計算によって得られるもう一つ別の反結合性の波動関数に対するエネルギー $E(R)$ は，核間距離 $R$ を無限大から接近させていくと常に増加する．すなわち，2個の原子が近づくともとの2個の原子がもっていたエネルギーよりもエネルギーが大きくなる(すなわち不安定となる)．これは奇妙な状態であるが，いろいろな実験をしてみると，このような状態は存在することが証明されている．ちなみに，2個の電子のスピンは平行である．このような状態を**三重項状態**と呼ぶ．

### 8.3.3 分子軌道法(MO法)

分子軌道法は，電子の入るべき家である波動関数が分子全体に広がると考える近似法である．さらに近似を進めて，分子全体に広がる分子軌道を，それぞれの原子のまわりにある原子軌道関数の線形結合または1次結合として近似するという意味から，英語で linear combination of atomic orbitals (LCAO) と呼ばれている．略して **LCAO MO 法**と呼ばれることがある．いくつかの二原子分子についてこの方法を説明しよう．便利な方法であるのでぜひとも理解してほしい．実は分子軌道法は，2個以上の原子を含む多原子分子にも適用できるが，ここでは二原子分子に限って述べる．

**(1) 等核二原子分子**

**(a) 水素分子**

最も簡単な水素分子の場合を考えよう．原子価結合法と同様に，原子核 A のまわりの規格化された 1s 波動関数を $\phi_A$ とし，原子核 B のまわりの規格化された波動関数を $\phi_B$ とすると，分子全体に広がる分子軌道 $\Psi$ は，$a, b$ を未知数として，

$$\Psi = a\phi_A + b\phi_B \tag{8.24}$$

で表されると仮定する．これらの未知の係数を，そこに電子が占有されたときのエネルギー期待値 $E(a, b)$ が最小になるように決定する．数学的には，変分法という方法を用いる．ここでは詳しいことは省くが，エネルギー期待値 $E(a, b)$ は，

$$E(a, b) = \frac{\iiint \Psi^* \hat{H} \Psi d\tau}{\iiint \Psi^* \Psi d\tau} \tag{8.25}$$

という積分で与えられるとだけ述べておく．計算の結果得られたことをここにまとめる．

**エネルギー固有値** 2種類の分子軌道が得られる．それらは，結合性軌道

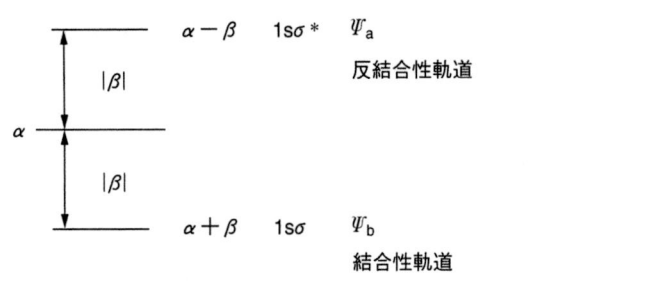

図 8.15　水素分子の分子軌道のエネルギー準位 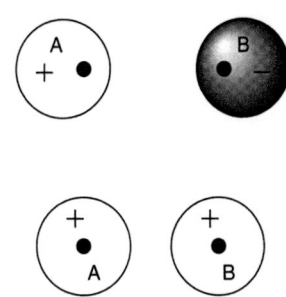　　図 8.16　水素分子の分子軌道の模式的な形
＋および－記号は波動関数の値が正および負であることを示し、電荷が正負であることを示すものではない。

(bonding orbital) $\Psi_b$ と**反結合性軌道**(antibonding orbital) $\Psi_a$ で、そのエネルギー固有値と分子軌道は次式で与えられる．

$$結合性軌道：E_b = \alpha + \beta \qquad \Psi_b = \frac{\phi_A + \phi_B}{\sqrt{2}} \qquad (8.26a)$$

$$反結合性軌道：E_a = \alpha - \beta \qquad \Psi_a = \frac{\phi_A - \phi_B}{\sqrt{2}} \qquad (8.26b)$$

この式で $\alpha$ は**クーロン積分**、$\beta$ は**共鳴積分**と呼ばれているもので、両者とも負で、その絶対値は $|\alpha| > |\beta|$ を満足する．二つの軌道のエネルギー固有値は図 8.15 のようである．

**波動関数の形状の特徴**　式(8.26a)で与えられる**結合性軌道** $\Psi_b$ の正式な名称は 1s$\sigma$ 軌道である．結合軸のまわりの回転に対しても、波動関数の形が変化しない．すなわち、回転対称性をもっている．このような分子軌道を $\sigma$ 軌道と呼ぶ．また、分子中心に対して波動関数が点対称となっている．結合領域に電子密度が高いので、この軌道に電子が占有されると結合を強め合う．

式(8.26b)で与えられる**反結合性軌道** $\Psi_a$ を 1s$\sigma^*$ (ワンエスシグマスターと発音する)**軌道**と呼ぶ．＊印は、エネルギー準位が高いほうの軌道で、この軌道に電子が占有されると結合を弱くする方向に働くことを表す．結合軸の回転に対して波動関数の形が変化しない、すなわち回転対称性をもつことは、1s$\sigma$ 軌道と同様である．波動関数は、分子中心に対して**反対称**となっている．すなわち、分子中心に対して対称な点の波動関数の絶対値は等しいが、符号が常に逆転する．反結合領域に電子密度が高いので、この軌道に電子が占有されると結合を弱める．

**結合次数**　構成原理を用いて多電子原子の電子配置をつくりあげたと同様に、分子に対して得られた二つの波動関数に電子を配置する．エネルギーの低い準位から順に、一つの空間的な波動関数に最高 2 個の電子が埋まっていく．2 個の電子の占有状態は、エネルギー固有値の図に↑↓で示してある．

結合すると安定になる分子軌道に2個の電子が入っているので，分子は安定になるということがうまく説明できる．そこで，**結合次数**(bond order, B.O. と省略)という量を定義すると，結合がありそうかどうかを判断するための指標となることがわかってきた．ある原子とその隣の原子の間の結合次数を次のように定義する．

> B.O. ＝ (結合性軌道を占有する総電子数 − 反結合性軌道を占有する総電子数) / 2 　　　　　　　　　　　　　　　　　　(8.27)

水素分子の場合には，B.O ＝ (2 − 0) / 2 ＝ 1 となる．したがって，結合次数は一重結合の1に相当する．

(b) $H_2^+$, $He_2$, $He_2^+$

$H_2^+$ 水素分子イオンは電子が1個だけのイオンである．このイオンの場合はシュレーディンガー方程式が解析的に解けることがわかっている．実験による水素分子イオンの解離エネルギーは 2.6920 eV と決定されている(振動の零点エネルギーも考慮すると，位置エネルギーの底から解離状態までのエネルギー差 $D_e$ は 2.7926 eV である)．分子軌道法で理論的に計算された値では，結合次数は B.O. ＝ 1/2 ＝ 0.5 となり，半結合的であることがわかる．エネルギーが最も低くなる核間距離は 1.052 Å である．陽子間のクーロン反発によって，平衡核間距離は水素分子のそれよりも大きくなっている．

第1周期の原子どうしが結合した分子やイオンはいくつか考えられる．実際に He 気体や水素気体の放電による発光を測定し，これらの解析から $He_2^+$ イオンや $HeH^+$ イオンがあることがわかってきた(ただし，これらのイオンは放電気相中にのみ存在するものであって，たとえば，$He_2^+Cl^-$ の組成をもつ分子や結晶があるということではない)．

$He_2$, $He_2^+$　安定な $He_2$ 分子は存在しないが，$He_2^+$ イオンは希薄ヘリウム気体の放電中に存在することが分光学的に確かめられている．それを，上記の結合次数を用いた考えで予想できないであろうか．これまでの測定の結果，解離エネルギーは図 8.17 に示したように決定されている．$He_2$ においては，全部で4個の電子が二つの分子軌道に占有されており，その結合次数は0となる．$He_2^+$ イオンでは，反結合性の軌道に占有されている電子の数が1個だけ減って1個だけであるから，結合次数が0.5となる．事実，$He_2^+$ イオンの解離エネルギーは 2.365 eV であって，一重結合の半分の半結合にしては大きい値である．

図8.17 $He_2$ および $He_2^+$ の電子配置と結合次数および解離エネルギー $D_0^0$

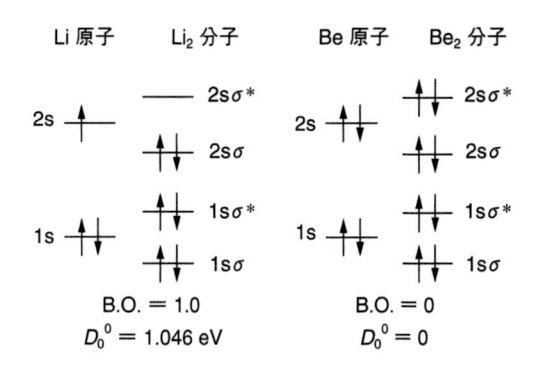

図8.18 $Li_2$ および $Be_2$ の電子配置と結合次数および解離エネルギー $D_0^0$

#### (c) $Li_2$, $Be_2$

Li原子の電子配置は $1s^2 2s^1$ である．すなわち，価電子1個が2s軌道を占有している．2個の原子が近づいた際に，強く相互作用をするのはエネルギー準位がほぼ等しい原子軌道どうしであると考えてよい．1s電子は原子核の近くで運動しているから，2個の原子核のまわりの1s軌道の重なりは小さいので結合に関与しないと考えてよい．重なりが顕著な原子軌道は2個の原子のまわりの2s軌道である．原子核どうしが接近して，2s軌道どうしが重なりはじめると，水素分子で起こったのとほぼ同じことが起こる．すなわち，二つの2s軌道から二つの分子軌道ができる．一つは安定な結合をつくる結合性軌道で，もう一つは結合を弱くする反結合性軌道である．そして，できた分子軌道のエネルギー準位は分裂する．1s軌道による分子軌道もあると考えて，存在する分子軌道は下から順に，$1s\sigma$, $1s\sigma^*$, $2s\sigma$, $2s\sigma^*$ である．6個の電子は図8.18に示すように三つの分子軌道を占める．

解離エネルギーの測定値も図に示した．結合次数（B.O. = 0）から予想されるように，$Be_2$ 分子が存在するという実験的な証拠は見いだされていない．また，解離エネルギーはきわめて低いと考えられている．ところが，興味あることに多くの原子が寄り集まればBeは金属となる．

#### (d) $B_2$, $C_2$, $N_2$, $O_2$, $F_2$ ── 2p電子が関与する分子

まず，2p原子軌道関数である3種類の独立な関数，$2p_x$, $2p_y$, $2p_z$ について考えてみよう．左側の原子をA，右側の原子をBとしよう．原子Aの2p原子軌道には添字Aを $2p_{xA}$, $2p_{yA}$, $2p_{zA}$ のようにつける．改めて原子Aの原子軌道の形を描くと図8.19のようになる．原子Bの2p原子軌道には添字Bを $2p_{xB}$, $2p_{yB}$, $2p_{zB}$ のようにつける．

**重なり積分** 2p電子が関与する原子軌道から分子全体に広がる分子軌道をつくる際に，どうしても考えておかなければならないことは，お互いの軌

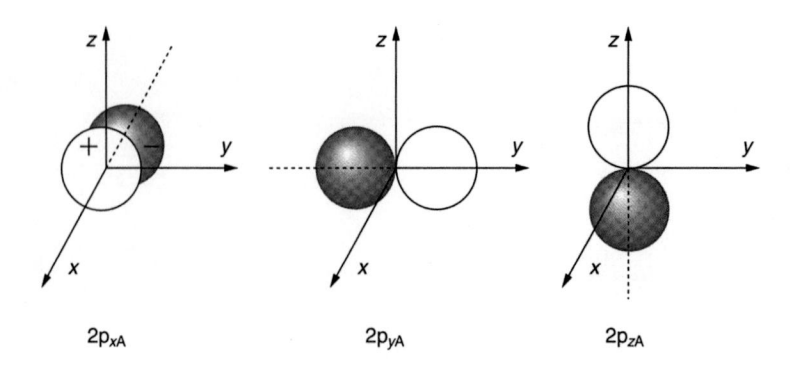

図 8.19  2p 原子軌道，$2p_{xA}$, $2p_{yA}$, $2p_{zA}$

道どうしの**重なり積分**である．水素原子の異なる原子波動関数が互いに直交していることはすでに述べた．互いに直交しているとき，重なり積分は 0 であるともいう．分子軌道をつくる際に考慮することは，次の二つである

① エネルギー準位の近い軌道どうしが強く相互作用する．
② 重なり積分が 0 である原子軌道どうしは相互作用しない．

1s, 2s および 2p 軌道のエネルギー準位が離れているから，1s 軌道，2s 軌道および 2p 軌道は互いに混じり合わないと考える．②が成り立つ理由は，エネルギー期待値を計算する際に，重なり積分が 0 である場合には**共鳴積分** $\beta$ **を計算してみると必ず 0 となる**からである．重なり積分が 0 である軌道どうしはお互いのエネルギーを乱さない．知らんふりをしているようにふるまうのである．

まず，原子軌道間の相互作用を考えるとき，通常 2 個の原子核を結ぶ結合軸を $z$ 軸にとる．

$2p_{xA}$ および $2p_{xB}$ 原子軌道の節平面は $yz$ 面である．同様に，$2p_{yA}$ および $2p_{yB}$ 原子軌道の節平面は $zx$ 面で，$2p_{zA}$ および $2p_{zB}$ 原子軌道の節平面は $xy$ 面である．それぞれの原子軌道はこれらの面に関して反対称となる．

たとえば $2p_{zA}$ 原子軌道とその他の 2p 軌道との重なり積分を考えてみよう．$2p_{zA}$ 原子軌道は $xy$ 面に関して反対称となっているが，$2p_{xA}$, $2p_{yA}$, $2p_{xB}$, $2p_{yB}$ 原子軌道のいずれもが $xy$ 面に関して対称となっている．したがって，$2p_{zA}$ 原子軌道と $2p_{xA}$, $2p_{yA}$, $2p_{xB}$, $2p_{yB}$ 原子軌道のいずれもが，全空間において関数の積をつくり，これを全空間について積分すると 0 となる．すなわち重なり積分は 0 となる．このように考えていくと，重なり積分が 0 とならない波動関数の組は，$2p_{xA}$ と $2p_{xB}$, $2p_{yA}$ と $2p_{yB}$, $2p_{zA}$ と $2p_{zB}$ の組合せのみである．

**$2p\sigma$ 軌道および $2p\sigma^*$ 軌道**　$z$ 軸のまわりに回転対称である $2p_{zA}$ と $2p_{zB}$ とが相互作用して，結合性軌道 $2p\sigma$ および反結合性軌道 $2p\sigma^*$ ができる．重なり積分を無視すると，それぞれ式(8.26a)および(8.26b)で表されるような関数形をしている．これらの分子軌道は図 8.20 のようになる．

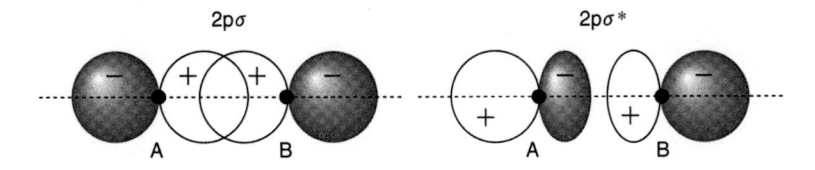

図 8.20 結合性軌道 2pσ および反結合性軌道 2pσ*

図 8.20 の 2pσ 軌道は，$2p_{zA}$ および $2p_{zB}$ 軌道を加えた関数であるから，原子核の間の領域の波動関数の値は大きな値となり，それだけ結合性領域に電子密度が高くなる．それに対して 2pσ* 軌道は $2p_{zA}$ および $2p_{zB}$ 軌道を差し引いた結果を示している．

**2pπ 軌道および 2pπ* 軌道** $2p_{xA}$ 原子軌道と $2p_{xB}$ 原子軌道とが相互作用して得られる結合性分子軌道 $2p_x\pi$ および反結合性分子軌道 $2p_x\pi^*$ は図 8.21 のようになる．また，これらを z 軸のまわりに 90°回転して得られる結合性分子軌道 $2p_y\pi$ および反結合性分子軌道 $2p_y\pi^*$ も図 8.21 に示す．$2p_x\pi$ 軌道と $2p_y\pi$ 軌道は互いに結合軸のまわりに 90°回転したものであるから，空間的な分布に相違はあるものの，エネルギー的には同じ準位にある．このような二つの状態は**縮退している**という．

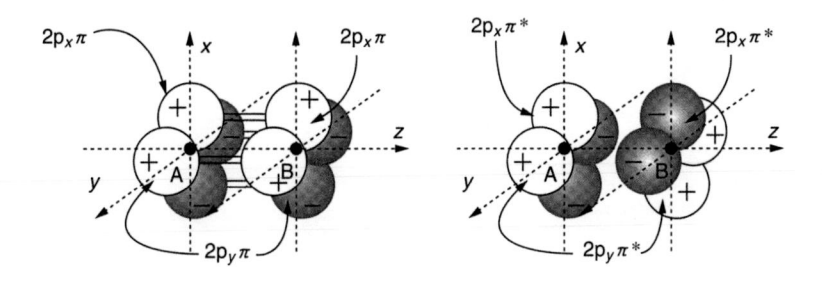

図 8.21 結合性 π 軌道 $2p_x\pi$ および $2p_y\pi$ ならびに反結合性 π 軌道 $2p_x\pi^*$ および $2p_y\pi^*$

これらの結果をまとめると，結合性分子軌道 2pσ，$2p_x\pi$，$2p_y\pi$ には，分子中心を通り結合軸に垂直な節平面はないが，反結合性分子軌道 2pσ*，$2p_x\pi^*$，$2p_y\pi^*$ にはこの節平面がある．したがって，これらの反結合性分子軌道では分子の中心における波動関数は 0 となるので，その付近では電子密度が小さい．また，反結合領域における電子密度は高くなり，エネルギー的に高くなる，すなわち不安定になる．

2 個の原子の接近によって得られる分子軌道のエネルギー準位を模式的に示すと図 8.22 のようになる．$N_2$ 分子を例にとって，電子配置を描くと図 8.22 の右のようになる．窒素原子の原子番号は $Z = 7$ で，電子は 7 個あるから，$N_2$ 分子の 14 個の電子をエネルギー的に低い分子軌道から配置した．この結

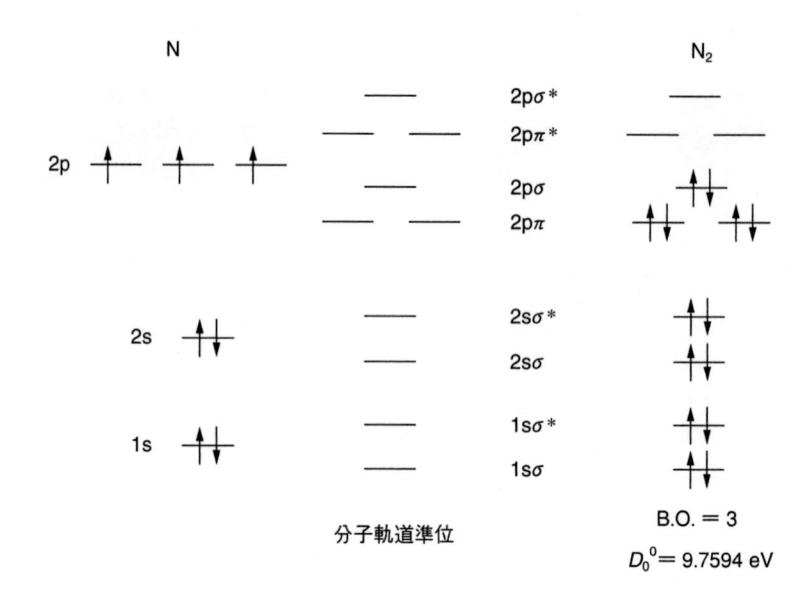

図 8.22 N 原子および $N_2$ 分子の電子配置, 結合次数 B.O., 解離エネルギー $D_0^0$

果,結合性の分子軌道に占有される電子数が,反結合性の軌道に占有される電子数よりも 6 個だけ多くなり,結合次数は B.O. = 3 となる.これは三重結合に相当する.

二つの縮退している $2p\pi$ 分子軌道とその他の $2p\sigma$ 分子軌道とのエネルギー的な上下関係は,実験によると $2p\pi$ 軌道のほうが $2p\sigma$ 軌道よりも低い(すなわち安定である).第 2 周期のその他の元素による等核二原子分子の電子配置は図 8.23 のようになる.

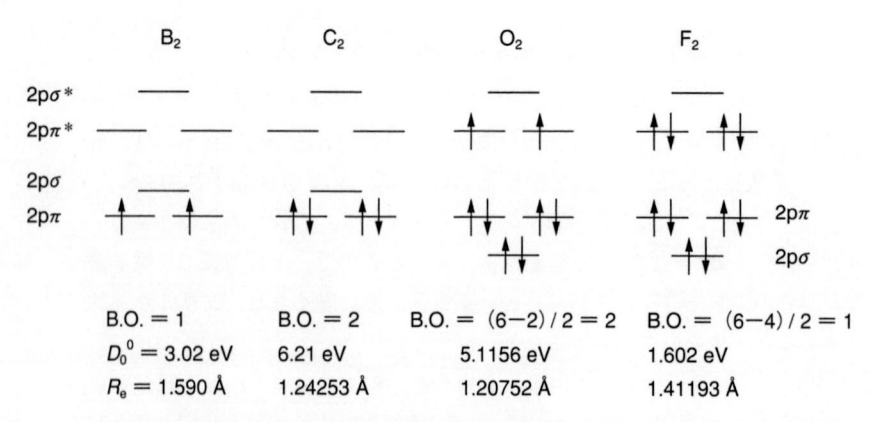

図 8.23 $B_2$, $C_2$, $O_2$, $F_2$ の電子配置, 結合次数 B.O., 解離エネルギー $D_0^0$, 平衡核間距離 $R_e$ の比較

図 8.22 および 8.23 を見て気がつくことは，$B_2$ 分子から $N_2$ 分子までは $2p\pi$ 軌道のエネルギー準位が $2p\sigma$ 軌道のそれより低いが，$O_2$ 分子や $F_2$ 分子では上下が反転して $2p\sigma$ 軌道のエネルギー準位が低いということが起こる．

表 8.3 に，これらの正負の分子イオンの結合次数，実験的に測定されている解離エネルギー $D_0^0$，および平衡核間距離 $R_e$ を示す．結合次数から解離エネルギーを定量的に予想できるほどの相関はないが，結合次数が大きい二原子分子の解離エネルギー $D_0^0$ が大きく，平衡核間距離 $R_e$ が短いことがわかる．

表 8.3 $B_2$，$C_2$，$O_2$，$F_2$ 分子およびその正イオンと負イオンの結合次数ならびに解離エネルギーの比較

|  | $B_2$ | $C_2$ | $O_2$ | $F_2$ |
|---|---|---|---|---|
| 中性分子 |  |  |  |  |
| B.O. | = 1 | = 2 | = (6−2)/2 = 2 | = (6−4)/2 = 1 |
| $D_0^0$ | = 3.02 eV | 6.21 eV | 5.1156 eV | 1.602 eV |
| $R_e$ | = 1.590 Å | 1.24253 Å | 1.20752 Å | 1.41193 Å |
| 正イオン |  |  |  |  |
| B.O. | = 0.5 | 1.5 | (6−1)/2 = 2.5 | (6−3)/2 = 1.5 |
| $D_0^0$ | = − | 5.32 eV | 6.663 eV | 3.339 eV |
| $R_e$ | = − | 1.301 Å | 1.1164 Å | 1.322 Å |
| 負イオン |  |  |  |  |
| B.O. | = 1.5 | 2.5 | (6−3)/2 = 1.5 | (6−5)/2 = 0.5 |
| $D_0^0$ | = − | 8.48 eV | 4.094 eV | 1.28 eV |
| $R_e$ | = − | 1.2682 Å | 1.35 Å | 1.88 Å |

**分子の電子スピン** 分子の電子スピンに関して述べる．これらを丁寧に見ていくと，同じ分子軌道を 2 個の電子が占有する場合には，電子スピンの成分が打ち消し合ってスピンによる角運動量の大きさは 0 となる．ところが，$B_2$ や $O_2$ 分子においては，エネルギー的に等価な二つの縮退した分子軌道を電子が 1 個ずつ占有している（フントの規則）．また，スピンは二つが平行になっているので，スピン角運動量の成分の和 $S$ は $S = 1/2 + 1/2 = 1$ となる．したがって，これらの分子は常に磁石となっている，すなわち**常磁性**である．磁場のなかにこれらの分子をおくと，エネルギー準位が三つに分かれる．この状態を**三重項状態**と定義している．

**結合次数と結合の強さ** これらの分子がイオン化されたり，また電子を 1 個受け入れて負イオンとなった場合に，結合次数，平衡核間距離，解離エネルギーはどのように変わるであろうか．表 8.4 に，典型的な二原子分子 AB および正負分子イオン $AB^+$，$AB^-$ の解離エネルギー $D_0^0$ と平衡核間距離 $R_e$ の実測値をまとめた．価電子数が 10 個である分子は太字で示す．すなわち，価電子数が 10 個である分子では，結合性の 2p 分子軌道を 6 個の電子が占有して

おり，反結合性軌道は電子が占有していない．したがって，結合次数は3となり，解離エネルギーが大きく，平衡核間距離が短くなることが理解できる．**結合次数が増加すると解離エネルギーは増加し，結合次数が減少すると解離エネルギーは減少する**という一般的な規則が成り立つことがわかる．この表には，異核二原子分子の結果も示してある．

表8.4 典型的な二原子分子ABおよび正負分子イオン$AB^+$，$AB^-$の解離エネルギー$D_0^0$と平衡核間距離$R_e$の実測値[a]

| 分子 | 解離エネルギー $D_0^0$(eV)[b] | | | 平衡核間距離 $r_e$(Å)[c] | | | 中性分子の価電子数 |
|---|---|---|---|---|---|---|---|
| | $A-B^+$ | $A-B$ | $A-B^-$ | $A-B^+$ | $A-B$ | $A-B^-$ | |
| $B_2$ | — | 3.02 | — | — | 1.59 | — | 6 |
| $C_2$ | 5.32 | 6.21 | 8.48 | 1.301 | 1.24253 | 1.26821 | 8 |
| CN | 4.85 | 7.76 | 10.31 | 1.1729 | 1.1718 | — | 9 |
| **CO** | **8.338** | **11.092** | **8.13** | **1.11514** | **1.128323** | **—** | **10** |
| $N_2$ | 8.7128 | 9.7594 | 7.93 | 1.11642 | 1.097685 | 1.193 | **10** |
| NO | 10.851 | 6.4968 | 5.056 | 1.06322 | 1.0634 | 1.258 | 11 |
| $O_2$ | 6.663 | 5.1156 | 4.094 | 1.1164 | 1.22688 | 1.35 | 12 |
| $F_2$ | 3.339 | 1.602 | 1.28 | 1.322 | 1.41193 | [1.88] | 14 |
| $Na_2$ | 0.96 | 0.720 | [0.44] | [3.54] | 3.0788 | — | 2 |
| $K_2$ | 0.85 | 0.514 | — | [4.11] | 3.9051 | — | 2 |
| **SiO** | **4.98** | **8.26** | **—** | **[1.51911]** | **1.509739** | **—** | **10** |
| **$P_2$** | **4.99** | **5.033** | **—** | **1.9859** | **1.8934** | **—** | **10** |
| $Cl_2$ | 3.95 | 2.479367 | 1.26 | 1.8915 | 1.9879 | — | 14 |

価電子数が10個である分子は太字で示す．
[a] H. P. Huber, G. Herzberg, "Molecular Spectra and Molecular Structure IV. Constants of Diatomic Molecules," Van Nostrand Co.,(1979).　[b] 1 eV = 96.485 kJ mol$^{-1}$.　[c] 1 Å = $1\times10^{-10}$m.

### (2) 異核二原子分子

二つの異なる原子が結合した場合には，電子構造をどのように考えればよいのであろうか．原子が異なればそれぞれの原子軌道のエネルギー準位は異なるので，等核二原子分子の場合のようにはいかない．しかし，イオン化エネルギーの違いが大きい場合を除くと，等核二原子分子と同様に考えればよい．図8.24にCN，CO，NO分子の電子配置を示す．この電子配置を考えるとき，分子軌道の命名が変化していることに留意してほしい．等核二原子分子の分子軌道をエネルギー準位の低いものから順に書くと次ページのようになる（上段）．対応する異核二原子分子のそれも比較のために示す（下段）．異核二原子分子では$\sigma$軌道をエネルギー的に低いものから順番に番号をつけ，$\pi$性の軌道は低いものから順に，$1\pi$，$2\pi$，…のように名づける．

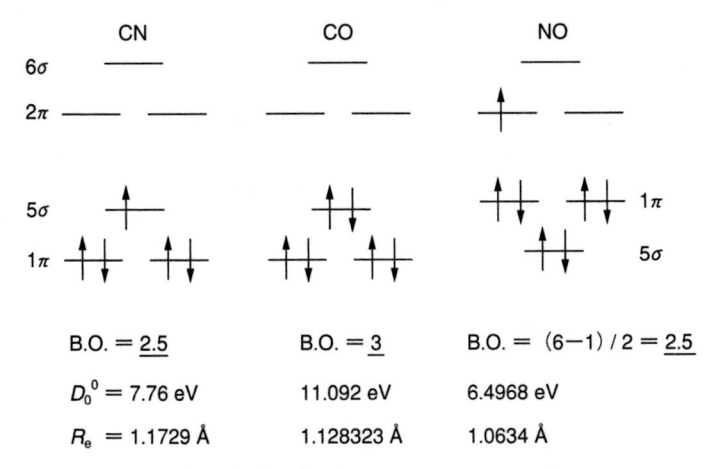

図 8.24 CN，CO，NO 分子の電子配置，結合次数 B.O.，平衡核間距離 $R_e$，および解離エネルギー $D_0^0$ の比較

$1s\sigma, \ 1s\sigma^*, \ 2s\sigma, \ 2s\sigma^*, \ 2p\sigma, \ 2p\pi, \ 2p\pi^*, \ 2p\sigma^*$
$1\sigma, \ 2\sigma, \ 3\sigma, \ 4\sigma, \ 5\sigma, \ 1\pi, \ 2\pi, \ 6\sigma$

　二つの原子の原子軌道が相互作用して得られる分子軌道の定性的な形は，等核二原子分子の場合とほぼ同じであると考えてよい．ただし，原子の電気陰性度が異なっているから，結合性軌道では電気陰性度の高い元素の寄与が幾分か大きく，逆に，反結合性軌道では電気陰性度の低い元素の寄与が大きい．そのために，分子に電荷の偏り，すなわち**分極**が起こる．

　現在では，ここに示したような一部の原子軌道のみを考慮する近似計算ではなくて，ある分子や分子イオン中のすべての原子核間の反発と電子間の反発，および原子核と電子のすべての位置エネルギーを考慮して，シュレーディンガー方程式を数値的に正確に解き，結合エネルギーを正確に計算できるようになってきた．そのような計算方法は *ab initio* MO 法と呼ばれており，その計算プログラムを開発したのが**ポープル**（J. A. Pople）で，1998 年のノーベル化学賞を受賞した．一部の簡単な分子では，実験値よりも計算値のほうがむしろ信頼性があるとまで言われるようになった（6.1 節参照）．

### (3) 多原子分子

　3 原子以上からなる分子を多原子分子と呼ぶ．この場合にはどのように取り扱えばよいであろうか．最も簡単な考え方は，原子の不対電子どうしが相互作用して結合をするという考え方である．その考えでほぼ説明できる例が水分子である．

　**水分子**　水分子では，1 個の酸素原子と 2 個の水素原子とが結合して H−O−H という構造式をもつ安定な分子をつくっていることはわかっている．

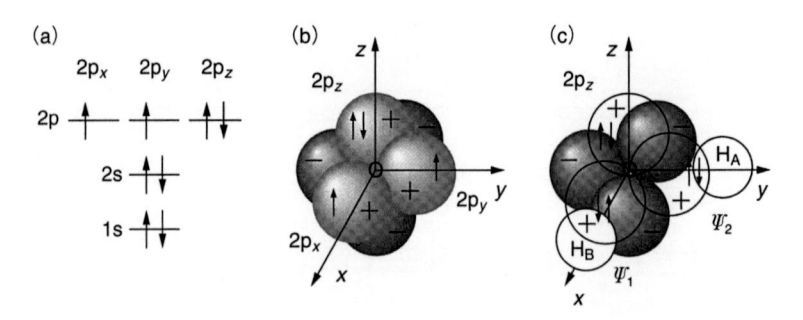

図 8.25 (a) O 原子の電子配置，(b) 三つの 2p 軌道の模式的な原子軌道関数の形，および (c) 単純な原子価結合法による $H_2O$ 分子の化学結合の説明

水蒸気の回転スペクトルを測定して，そのデータを解析した結果，水分子の構造は，OH 原子間距離 $R(O-H) = 95.6$ nm，結合角 $\angle HOH = 105.2°$ と求められている．分子面を $xy$ 面としよう．酸素原子核は原点にあると仮定し，2 個の H 原子，1s($H_A$) と 1s($H_B$) がそれぞれ $x$ 軸および $y$ 軸の正のほうから O 原子に近づくとしよう．酸素原子の価電子は 6 個あるから，それらは 2s 原子軌道に 2 個，$2p_z$ 軌道に 2 個，そして $2p_x$, $2p_y$ 軌道に 1 個ずつ占有されていると考える．図 8.25(a) に O 原子の原子軌道のエネルギー順位を模式的に示す．さらに，$2p_x(O)$, $2p_y(O)$, $2p_z(O)$ 軌道の形を図 8.25(b) に模式的に示す．二つの O–H 結合性の軌道は，規格化定数を別にして，次のように書ける．

$$\begin{aligned}\Psi_1 &= 1s(H_A) + 2p_x(O) \\ \Psi_2 &= 1s(H_B) + 2p_y(O)\end{aligned} \quad (8.28)$$

これらの結合性軌道にそれぞれ 2 個の電子が占有されると考える．ここでは，水分子における結合は，酸素原子の 2 個の不対電子が，それぞれ水素の不対電子と相互作用して二つの結合をつくるとのみ述べておく．もしそうであるならば，$\angle HOH = 90°$ となるべきであるが，実際は結合角が少し広がった構造をとっている．通常，これは次のように説明されている．

O–H 結合では，O 原子のほうが H 原子よりも電気陰性度が高いので，O 原子が $-\delta$, H 原子が $+\delta$ の電荷を帯びている．二つの O–H 結合があるので，O 原子は $-2\delta$ の電荷を帯びている．したがって，2 個の H 原子間には静電的な反発力が働き，$\angle HOH$ は広がって，$\angle HOH = 105.2°$ となる．それではその根拠はあるのかと聞かれると，実はあるのである．イオン結合のところで分子の双極子モーメントについて述べた．水分子も双極子モーメントをもっており，1.85 D と測定されている．

測定された値が O–H 結合に特有な結合双極子モーメント $\mu_1$ および $\mu_2$ のベクトル和であるとすると，合成した双極子モーメント $\mu$ は，$\mu = \mu_1 + \mu_2$ である．$\mu$ の大きさ $|\mu|$ は，図 8.26 に図示した $\mu_1$ の大きさ $|\mu_1|$ を用いて次のよう

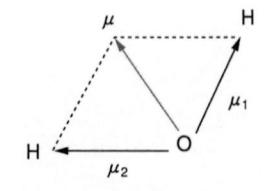

図 8.26
$H_2O$ の結合双極子モーメントと分子の双極子モーメントとの関係

に表すことができる．

$$|\mu| = 2|\mu_1|\cos\frac{105.2°}{2} \tag{8.29}$$

したがって，$|\mu_1| = 1.365$ D が得られる．O－H 結合距離は $R(\text{O}-\text{H}) = 0.956$ Å であるから，$qR(\text{O}-\text{H}) = 1.365$ D と仮定すると，分極した電荷は $q = 0.2973\,e$ である．また，H－H 核間距離は $R(\text{H}-\text{H}) = 2\sin(105.2°/2)\,R(\text{O}-\text{H}) = 1.4061$ Å である．1.4061 Å だけ離れた二つの電荷（$q = 0.2973e$）の反発による位置エネルギー（$V$）は，

$$V = \frac{q^2}{4\pi\varepsilon_0 R(\text{H}-\text{H})} = 1.450 \times 10^{-19}\,\text{J} = 0.905\,\text{eV} \tag{8.30}$$

である．これは $H_2O$ における O－H 結合解離エネルギーの測定値 5.1136 eV に比べても相当に大きい．

### (a) 混成軌道

多原子分子についても分子軌道法を適用できるし，最近では計算機の計算速度が速くなっているので，それが可能である．その場合には，分子をつくるすべての原子の原子核のまわりにある原子軌道のすべてが関与した分子軌道を求めるのが常道である（8.5 節参照）．ところが，そのようにはじめから全部の原子軌道を考えなくても，ある種の化合物については，同じ結合様式をもって結合しているらしいことが経験的にわかっている．

たとえば，**アセチレン**（$C_2H_2$）は直線分子であり，二酸化炭素〔$CO_2$（O＝C＝O）〕もそうである．また，アレンという分子がある．その示性式は $H_2C=C=CH_2$ であり，C－C－C 部分は一直線上にあることがわかっている．つまり，規則性があるのである．そのほかにも，**エチレン**の示性式は $H_2C=CH_2$ であり，すべての原子が同一平面上にある平面分子である．ベンゼン（$C_6H_6$）も平面分子である．メチルラジカル（$\cdot CH_3$）も平面分子であることがわかっている．炭素のまわりの結合角 $\angle\text{HCH}$ はすべてほぼ 120° か正確に 120° である．これにも規則性がある．**メタン**分子では，4 個の水素原子は正四面体の頂点にあって，炭素がその重心にある構造をとっている．これらの分子構造は，すべて回転スペクトルや振動スペクトルの測定や電子線回折などの分光学的な方法を用いてきわめて正確に決定されている．この規則性を説明するために，ポーリングは量子力学の理論を巧みに組み合わせて**混成**の概念を導入した．まず，混成の型とその混成によって得られる分子の形，および分子の例を表 8.5 に示す．

### (i) 昇位

まず，$H_2O$ 分子とまったく同様に原子の不対電子のみが結合に関与すると考えると，炭素原子と 2 個の水素原子が結合してできる分子は $CH_2$ で，

表 8.5 混成の型とその混成によって得られる分子の形および分子の例

| 混成の型 | 配位数 | 形 | 結合角 | 分子の例 |
|---|---|---|---|---|
| sp 混成 | 2 | 直線形 | 180° | H−C≡C−H, H−C−H, H−Be−H |
| $sp^2$ 混成 | 3 | 平面三角形 | 120° | $BF_3$, $CH_3$, $H_2C=CH_2$, $C_6H_6$ |
| $sp^3$ 混成 | 4 | 正四面体 | 109°28′ | $CH_4$, $NH_4^+$, $CH_3−CH_3$, $SiH_4$ |

∠HCH は 90°であると予想される.よく知られている 1 個の炭素原子を含む炭化水素分子はメタン($CH_4$)である.しかし,$CH_2$ 分子が存在しないかというと,実はそうではない.炭化水素の放電や燃焼において反応性の高いラジカル(遊離基)として $CH_2$ が生成することが知られている.そのスペクトルの測定によって,最も安定な $CH_2$ ラジカルは直線構造をしていることがわかった.このような直線分子の結合が起こる原因として,ポーリングは**混成軌道**の考え方を提案した.ここで,各種の炭化水素分子に見られる 3 種の混成軌道(sp 混成,$sp^2$ 混成,$sp^3$ 混成)について述べる.

まず,第一ステップとして,すべての価電子を不対電子にするために**昇位**ということをする(図 8.27 参照).2s 軌道の 2 個の電子のうちの 1 個を空軌道である $2p_z$ に移す.エネルギー的には不安定な状態[図 8.27(b)]であるが,これは可能である.

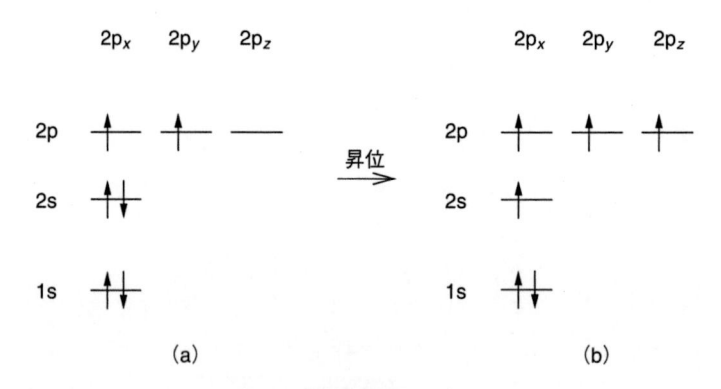

図 8.27 混成軌道のつくり方
(a) 基底状態の C 原子の電子配置,(b) 昇位後の C 原子の電子配置

次に,2s, $2p_x$, $2p_y$, $2p_z$ の四つの軌道から二つ以上の軌道を取りだして,その 1 次結合によって等価な混成軌道をつくる.その他の原子軌道はそのままにしておく.混成軌道をつくるときには必ず 2s 軌道を入れる.以後,簡単のために $2p_x$, $2p_y$, $2p_z$ 軌道を,原子波動関数の値が最大となる点の位置を表す単位ベクトル $x$, $y$, $z$ で表し,2s 原子軌道を $s$ で表すことにする.四つの波動関数は規格化されており,また互いに直交している.すなわち,重なり積分 $S$ は 0 である.

### (ii) sp³ 混成

三つの p 軌道と一つの s 軌道とが混成をして四つの等価な混成軌道をつくる方法であるが，数学的には次のようにするとできる．

$$a = \frac{1}{2}(s + x + y + z)$$

$$b = \frac{1}{2}(s + x - y - z)$$

$$c = \frac{1}{2}(s - x - y + z)$$

$$d = \frac{1}{2}(s - x + y - z) \tag{8.31}$$

立方体の重心に原子があるとき，重心から八つの頂点に向かうベクトルのうちから，辺で結ばれるベクトルができないように四つの頂点だけ取りだすと，これらが正四面体の頂点となる(実は，$x$, $y$, $z$ を直交する単位ベクトルとする混成軌道をつくる関数を表す式から $s/2$ を除いた部分が，四つの頂点に向かうベクトルとなっている)．四つの混成軌道は図 8.28 のようになる．

この四つの混成軌道に四つの水素原子が近づき結合をつくった分子がメタン $CH_4$ である．アンモニウムイオン $NH_4^+$ もその例であり，第 3 周期にある Si 原子を用いてつくられた $SiH_4$ 分子もこの範ちゅうに属する．メタンの 1 個の H 原子の代わりに同じく sp³ 混成にある $CH_3$ が結合してできたのがエタン ($CH_3-CH_3$) 分子である (図 8.29)．このように，sp³ 混成軌道にある C 原子または H 原子を連結していくと，好きなだけ長い飽和炭化水素分子をつくることができ，考えられるすべての分子が知られていると考えてよい．

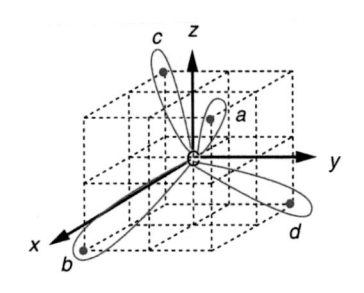

図 8.28 sp³ 混成軌道

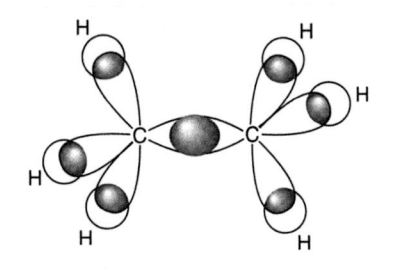

図 8.29 エタンの結合様式

### (iii) sp² 混成

二つの p 軌道 (たとえば $2p_x$, $2p_y$) と一つの s 軌道とを組み合わせて三つの等価な混成軌道をつくる．$p_x$, $p_y$ 関数をベクトルの形 $x$, $y$ で表す．三つの関数形 $a$, $b$, $c$ は次のようにつくる．

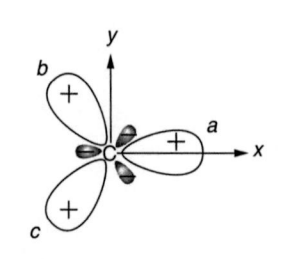

**図 8.30**
**sp² 混成軌道**
白色の部分は波動関数が正であることを表し，影つきの部分は負であることを表す．

$$a = \frac{(s + \sqrt{2}x)}{\sqrt{3}}$$

$$b = \frac{(\sqrt{2}s - x + \sqrt{3}y)}{\sqrt{6}} \qquad (8.32)$$

$$c = \frac{(\sqrt{2}s - x - \sqrt{3}y)}{\sqrt{6}}$$

この数学的な関数形について，気にすることはない．それぞれの混成軌道の密度分布が最大となる点を計算してみると，三つとも $xy$ 平面内にある．① 混成軌道 $a$ の密度分布が最大となる点 P は $x$ 軸上にあり，② 混成軌道 $b$ に対する点 Q は，P 点を原点のまわりに反時計まわりに $120°$ だけ回転した点であり，③ 混成軌道 $c$ に対する点 R は，さらに $120°$ だけ回転した点であることを述べておく．その三つの混成軌道を図 8.30 に示す．これらの三つの混成軌道を用いて他の原子との結合をつくるのは sp³ 混成の場合と同様である．

**エチレン** エチレン ($H_2C=CH_2$) 分子を sp² 混成軌道で説明するのは簡単である．実験的には，すべての原子が同一平面にある平面分子であるから，2 個の炭素原子は sp² 混成をしている．炭素の二つの混成軌道が重なって C-C 間にまず σ 結合をつくる．その他の混成軌道は，4 個の水素原子と同じく σ 結合をつくる．残ったのは，2 個の炭素原子上の $2p_z$ 軌道の重なりによる π 結合である．その結合の様子を図 8.31 に示す．

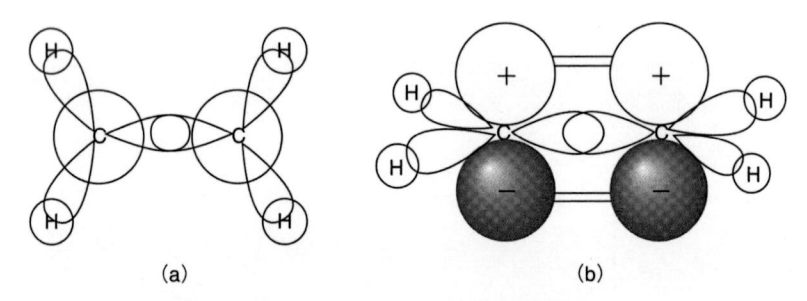

**図 8.31 エチレン分子の結合軌道図**
(a) 分子面の上から見た図，(b) 分子を斜めから見た図．

C-C 間の結合は，1 本の σ 結合だけでなく，π 結合もあるので**二重結合**となる．さらに，平面の上下にある π 電子による結合のために，C-C 結合のまわりにねじって，左側の $H_2C$ 面と右側の $CH_2$ 面とがちょうど垂直となるようにするには，大きなエネルギーが必要となる．これが，すでに述べた *cis* - および *trans* - ジクロロエチレンが別の分子として分離できる理由である．

**(iv) sp 混成**

2s 軌道 ($s$) と 2p 軌道のひとつ $z = 2p_z$ を組み合わせて二つの混成軌道をつくる．規格化定数も考慮して，次のような関数の 1 次結合で二つの混成軌道 $a$,

$b$ をつくる．

$$a = \frac{(s+z)}{\sqrt{2}}$$
$$b = \frac{(s-z)}{\sqrt{2}} \qquad (8.33)$$

これらの関数の模式的な形は図 8.32 のようになる．2p 軌道も 2s 軌道も $z$ 軸のまわりに回転対称性をもっているから，$a, b$ 混成軌道も $z$ 軸のまわりに回転対称である．それらの混成軌道を，各 1 個の電子が占めている．他の不対電子をもつ原子の軌道と電子対をつくって結合をつくる．$CH_2$ 分子を考える．2 個の水素原子が $z$ 軸の正の方向と負の方向から原点に近づくとき，二つの水素原子の 1s 軌道を $1s_+$ および $1s_-$ とすると，二つの結合性軌道はそれぞれ次式のようになる．

$$\Psi_+ = \frac{(a+1s_+)}{\sqrt{2}}$$
$$\Psi_- = \frac{(b+1s_-)}{\sqrt{2}} \qquad (8.34)$$

これらの関数の模式的な形は図 8.33 のようになる．二つの 2p 軌道，$2p_x$，$2p_y$ を各 1 個の電子が占有している．$2p_x$，$2p_y$ は等価であるから，フントの規則により電子スピンを平行にしている．$CH_2$ 分子の価電子の占有状態を図 8.34 に示す．

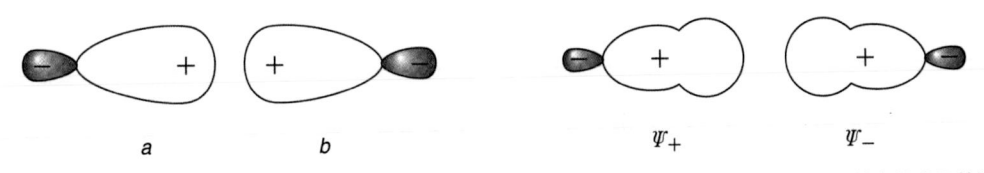

図 8.32　二つの sp 混成軌道の模式的な形

図 8.33　$CH_2$ 分子の二つの C–H 結合性分子軌道

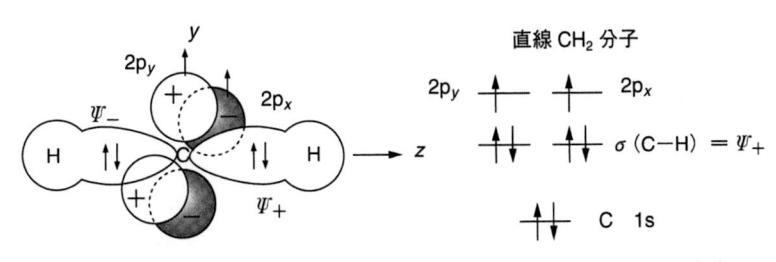

図 8.34　直線 $CH_2$ 分子の価電子の各種の分子軌道および原子軌道への占有状態

**アセチレン**　sp 混成をしている分子で化学的に比較的安定でより複雑なものはアセチレン（H–C≡C–H）である．左側の炭素原子に A，右側の炭素原子に B の添字をつける．この分子では，図 8.35 の $C_A$–H の水素原子の代わ

りに，同じsp混成をして結合している$C_B-H$が結合するかたちとなる．$CH_2$と異なるのは，2個の炭素原子には全部で4個の2p電子があるから，2組のπ結合ができることである．これらの結合性軌道は，$C_2$分子のそれと同じである．したがって，H-C結合間はσ結合である．$C_A$原子と$C_B$原子の間には，一つのσ結合と二つのπ結合がある．したがって，C-C間の結合は**三重結合**である（図8.35）．

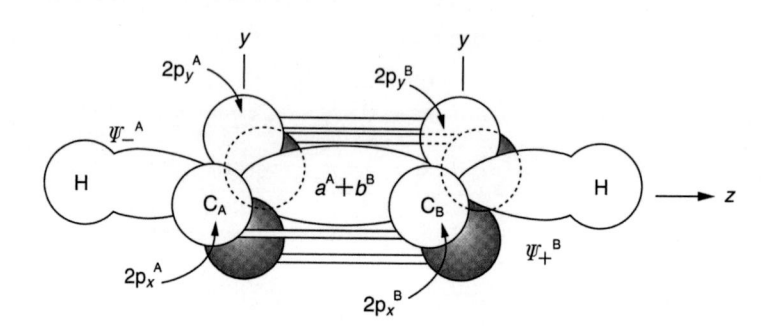

図8.35 アセチレンの価電子の結合状態を示す概念図

### (c) 混成軌道の応用

これまでに述べた混成軌道を用いると，多くの分子をつくりあげることができる．これらを図8.36にまとめた．$sp^3$, $sp^2$, sp混成軌道をもつ炭素原子と水素原子の1s軌道とを組み合わせると，ほとんどすべての安定な炭化水素分子をつくることができる．

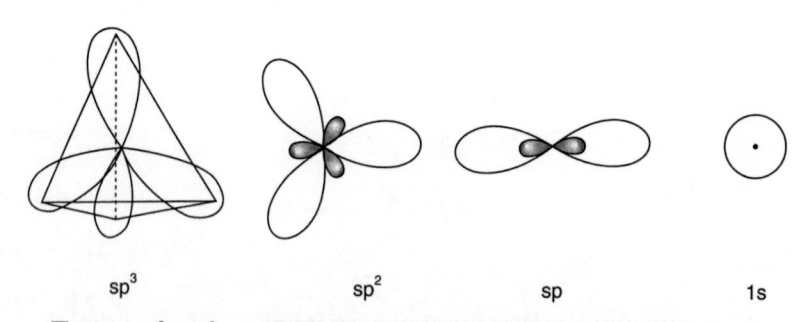

図8.36 $sp^3$, $sp^2$, sp混成軌道と1s軌道の空間的な分布の模式図のまとめ

### (i) ダイヤモンドと黒鉛

$sp^3$混成の炭素原子を結合させたものが**ダイヤモンド**（diamond）であり，$sp^2$混成の炭素を結合させた物質が**黒鉛**（graphite, グラファイト, 石墨ともいう）である．それらの構造を図8.37に示す．黒鉛は炭素の六員環が同一平面内で無限に広がったシートが重なってできる．C-C結合間距離は1.418 Å で，シート間の距離は3.348 Å と長い．シート間には弱い分子間力（ファンデル

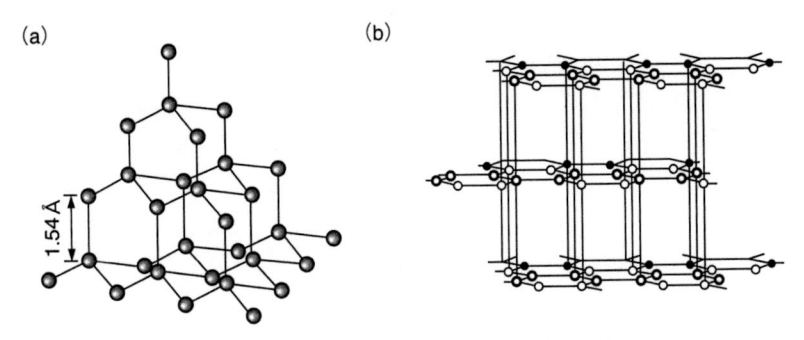

図 8.37 (a) ダイヤモンドおよび(b) 黒鉛の構造

ワールス力)が働いているので，モース硬さは 1〜2 と低く，接着テープを貼りつけてはがすと簡単にとれる．それに対して，ダイヤモンドではすべての原子は共有結合で結合しているので，きわめて硬く，モース硬さは 10 で，物質中で最大である．なお，C−C 結合間距離は 1.5445 Å と測定されており，エタンの 1.5351 Å とほぼ等しい．

(ii) ヘテロ原子を含む分子

さらに，炭素や水素以外の原子であるヘテロ原子，たとえば，酸素(O)原子や窒素(N)原子を分子をつくる際に組み込むと，エーテル類，ケトン類，アミノ酸などの分子をつくりあげることができる．酸素原子および窒素原子では，炭素原子よりも電子数が多いだけ，孤立電子対がそれらの軌道に占有されると考えると都合がよい．図 9.38 には窒素原子および酸素原子の混成軌道とそこに占有されている電子を●で示した．ただし，$sp^2$ 混成では混成に参加していない 2p 軌道に電子が 1 個残っているが，それは描いていない．

(a) 窒素(N)　　　　　　　　　(b) 酸素(O)

$sp^2$ 混成　　$sp^3$ 混成　　$sp^2$ 混成　　$sp^3$ 混成
ピリジン($C_5H_5N$)　アンモニア　ケトン類　エーテル類

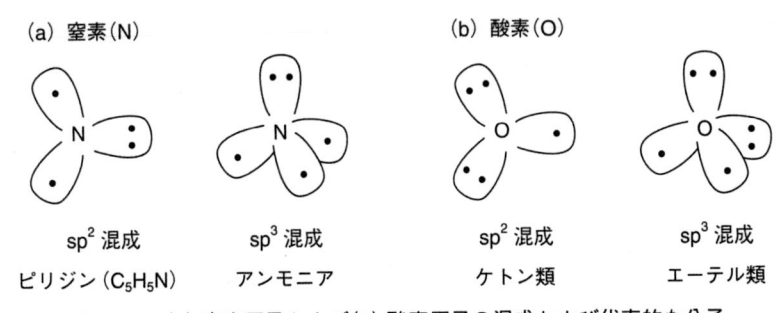

図 8.38 (a) 窒素原子および(b) 酸素原子の混成および代表的な分子

### 8.3.6 VSEPR 法

上記のような混成軌道を用いて分子の結合を予想するのではなくて，もっと簡単に分子の構造を予想する方法がある．VSEPR 法(valence - shell electron pair - repulsion model，原子価殻電子対反発法)は，ルイスの八隅子則を発展させた考え方で，ギレプシーやナイホルムによって最近使われるよう

になった.

たとえば, メタン (CH$_4$) が正四面体構造をとっていることは知られている. すなわち, 結合角∠HCH は 109.47°で, 全価電子数は 8 個である. アンモニア (NH$_3$) の全価電子数は同じく 8 個で, 結合角∠HNH = 106.7°であるから, メタンの結合角にきわめて近い. さらに, 水分子 (H$_2$O) の全価電子数は同じく 8 個で, 結合角∠HOH = 105.2°であり, やはりメタンの結合角にきわめて近い. そこで, VSEPR 法では, 4 組の価電子対がもともとお互いに最も遠くなるような方向を向いていると考える.

また, アンモニア分子にプロトンが結合したアンモニウムイオン (NH$_4^+$) は正四面体構造をとっていることがいろいろな研究からわかっている. 孤立電子対にプロトンが結合しただけであると考えてもよい. その他のさまざまな分子の構造と最外殻の電子数の関係を調べてみると, ある原子のまわりの電子対の数から分子の構造を予想することができるというのが VSEPR 法の特徴である. それをまとめると表 8.5 のようになることだけを述べておく.

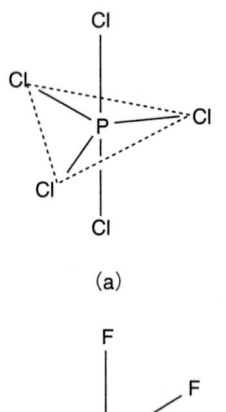

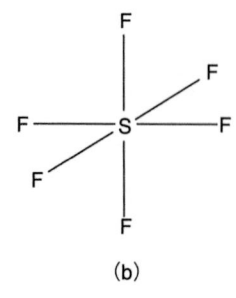

図 8.39
(a) PCl$_5$ 分子と (b) SF$_6$ 分子の構造

表 8.5　VSEPR 法による電子対の基本配置と典型的な分子

| 電子対の数 | 2 | 3 | 4 | 5 | 6 |
|---|---|---|---|---|---|
| 原子配置 | 直線形 | 平面三角形 | 四面体形 | 三方両錘形 | 八面体形 |
| 分子の例 | H−Be−H | BF$_3$ | CH$_4$, NH$_4^+$, SiH$_4$ | PCl$_5$ | SF$_6$, WF$_6$ |

実は, このほかにもっと多様な構造をしている分子もある. たとえば, 種々の分光学的な実験方法を用いて決定された PCl$_5$ 分子と SF$_6$ 分子の構造は図 8.39 のようである.

この VSEPR 法の考え方と, 155 ページで述べた水分子の電子配置とは異なるではないかということになる. VSEPR 法の考え方によると, 水分子では, 8 個の価電子のうちの 2 組の孤立電子対が実際には正四面体の頂点を占める構造をとって存在していると考える. 他の原子が結合していないために, 単独の分子では見えないだけである. 2 個の水分子が結合した二量体では, 図 8.40(a) のような構造をとることがわかってきた. 水分子では, 双極子モーメントから, 水素原子は正に分極しており, 酸素原子は負に分極していることはすでに述べた. 静電的な電荷の偏りから, 水素原子と酸素原子が接近すると結合が生ずる. このような結合を**水素結合**と名づけている. 実験によると, 通常の氷の O−H 基は水素結合される酸素の孤立電子対の方向を向いている〔図 8.40(b)〕. ダイヤモンド構造で配置している酸素に 2 個の水素原子が化学結合し, O−H⋯O がほぼ一直線上にあるように水素結合して氷はできている.

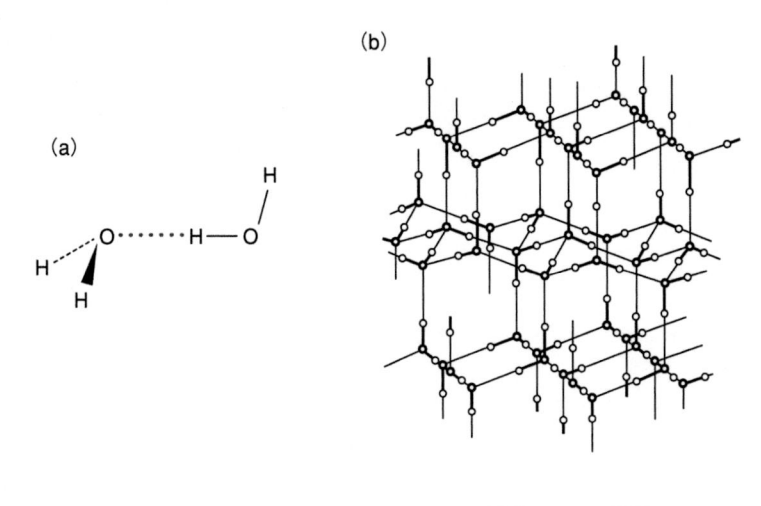

図 8.40 (a) 水の二量体の構造と(b) 立方晶系の氷の構造

## 8.4 配位結合

　配位結合という概念は，ケクレの原子価の概念を用いて説明できない化合物である無機錯体についてウェーラーが使ったのが最初である．さらに，原子のまわりにある電子の数がわかった段階で提出されたルイスの八隅子則を用いて，これまで知られている分子や分子イオンにおける結合を，共有結合で説明しようとすると，どうしても説明がつかない多くの例が発見された．その一つが**配位結合**(coordination bond)である．配位結合とは，**ある結合にあずかる電子対が，一方の分子または原子からのみ供給された場合の結合である**．

　まず簡単な例が，プロトン化によるイオンの生成である．たとえば，$H^+$は電子をまったくもたない裸のイオンである．したがって，どんな原子や分子とも結合して安定なイオンをつくる傾向にある．その例を表8.6に示す．

表 8.6　気相中におけるプロトン化反応の反応熱（反応エンタルピー）

| 原子またはイオン | He | $H_2$ | Ne | $H_2O$ | $NH_3$ | $C_2H_4$ |
|---|---|---|---|---|---|---|
| 生成イオン | $HeH^+$ | $H_3^+$ | $NeH^+$ | $H_3O^+$ | $NH_4^+$ | $C_2H_5^+$ |
| プロトン化エンタルピー (eV) | 1.845 | 4.388 | 2.083 | 7.23 | 8.85 | 7.05 |

　とくに，プロトン化によるエンタルピーが大きいのは，$H_2O$，$NH_3$，$C_2H_4$などの分子である．これらの場合，供与する電子は，それぞれ酸素原子および窒素原子上の孤立電子対や，エチレンの$\pi$電子であるといわれている．したがってイオンの構造は，右図のような三角形構造をとっているといわれている．

$$\left( \begin{array}{c} H_2C\!-\!CH_2 \\ H \end{array} \right)^+$$

なお，分光学的測定と量子化学計算により，$H_3^+$イオンも正三角形イオン構造をもっていることがわかっている．気相で安定に存在することのできるイオンのうちで，とくに安定なのは$H_3O^+$と$NH_4^+$イオンであり，これらは水中でも安定に存在していると考えられている．

配位結合で結合した分子でよく知られている化合物には，フッ素原子や酸素原子をもっているものが多い．たとえば，多くの窒素酸化物（$N_2O$，$NO_2$，$HNO_3$など），塩素酸化合物（$NaClO$，$NaClO_2$，$NaClO_3$，$NaClO_4$など），フッ化物（$SF_6$，$SF_4$，$XeF_2$，$XeF_4$，$XeF_6$，$ClF_3$，$ClF_5$など）にはすべて，電子を引きつけやすい酸素原子やフッ素原子のような元素が関与している．また，これらの分子構造は複雑である．

$BF_3$や$BCl_3$のように真ん中のホウ素(B)原子の2p軌道が空軌道になっている分子は，電子対を受け入れやすい．その結果，アンモニア（$NH_3$）やアミン類〔$N(CH_3)_3$など〕，またリンの化合物（$PCl_3$など）と配位結合をし，$BF_3 \leftarrow NH_3$，$BCl_3 \leftarrow N(CH_3)_3$，$BCl_3 \leftarrow P(CH_3)_3$などが得られることが知られている．左側に向く矢印は，NやPの孤立電子対が分子に供与されて結合をつくるので，**供与結合**（dative bond）または**配位共有結合**（coordination covalent bond）とも呼ばれている．この場合，ホウ素は正四面体構造に近い構造をとっている．

### 8.5 多原子分子の ab initio 分子軌道法

これまでは，原子や分子の電子構造について定性的な取扱いをしてきた．ところが，実際の分子や，原子や分子の集合体〔**分子クラスター**（molecular cluster）〕，さらには液体や固体のような**凝集体**についても電子構造が理論的に計算できるようになった．現在では，多数の原子核と電子が存在する分子系については，シュレーディンガー方程式をそのまま数値的に解く方法が開発され，実在分子のあらゆる性質を再現できるようになってきた．その方法は *ab initio*\* **分子軌道法**と呼ばれている．たとえば，水分子を取り扱うために，分子全体に広がる分子軌道$\Psi$を，考えられる原子軌道のすべての1次結合として，

$$\Psi = \sum_{j=1}^{n_A} a_j \phi_{Aj} + \sum_{j=1}^{n_B} b_j \phi_{Bj} + \sum_{j=1}^{n_C} c_j \phi_{Cj} \tag{8.35}$$

\*ラテン語で"はじめから"を意味する．

と近似する．この式で，$\phi_{Aj}$，$\phi_{Bj}$，$\phi_{Cj}$はそれぞれ水分子の原子核A，B，Cの周囲の原子軌道の集合である．この場合に，少なくとも考慮しなければならない原子軌道は，水素原子の二つの1s軌道と酸素原子のまわりの1s，2s，$2p_x$，$2p_y$，$2p_z$の七つの原子軌道である．実際には，水素原子の2s，2p軌道や酸素原子のまわりの3s，3p，3dなども考慮に入れて計算する．すべての原子核の位置を固定した原子配置に対して，総電子のエネルギーが最低になるようにこれらの係数を求める．ここでは具体的にどのようにして分子軌道の係数を求めるかは述べないで，その計算だけでどのくらいの精度で核間距離，原子化

熱，双極子モーメントや反応熱(反応エンタルピー)などの分子の性質が予想できるかを示す．$H_2$, HF, $H_2O$, HOF, $H_2O_2$, $NH_3$, $N_2H_2$, HCN, $C_2H_2$, $C_2H_4$, $CH_4$, $N_2$, $CH_2$, CO, $CO_2$, $O_3$, $F_2$ の 17 分子について得られた結果を表 6.1 に示した．その実験値と計算値の比較の結果を下にまとめた．

① 平衡核間距離については，23 のうちの 16 が 0.1 pm の誤差範囲内で実験を再現できる．平均すると 0.14％の相対誤差である．

② 結合角の精度は 0.2° 以内で，誤差が大きいものは実験値の誤差による可能性もある．

③ 双極子モーメントは，HF, $H_2O$, CO 分子では，0.01 D の誤差範囲で実験値と一致する．

④ ばらばらの原子にするエネルギーである原子化熱の計算値は，1～2 kJ $mol^{-1}$ の精度で実験値と一致する．最も精度の悪いのは $O_3$, HOF で，誤差は $-10.7$ kJ $mol^{-1}$ と $-12.0$ kJ $mol^{-1}$ である．

⑤ 反応熱についても，実験値と比較されており，通常 1 kJ $mol^{-1}$ 程度の誤差で一致する．

シュレーディンガー方程式をパウリの排他原理を考慮して数値的に解いた結果がこのように化学現象を正しく再現できるのは，量子力学が正しいからであると考えられている．なぜ，物質には波動と粒子の二重性があるという不思議なことがありうるのかについては，誰もその理由は知らないのであるが，**計算だけで化学現象を相当正確に再現できるようになったのである**．最近は，多くの原子が集まった分子集団系についても，理論的に実験を予想できるようになった．したがって，固体表面での反応過程，タンパク質の構造や反応機構，細胞の各部位に対する薬分子の吸着作用や反応，ナノメートルスケールの分子の動き，セメントの強靱さの推定，分子素子の設計，高温超伝導物質の設計などのように，現在ではまだ計算だけで解決するにはきわめて複雑な現象も，十数年もすると理論化学的計算によって正確に予想できるようになるかもしれない．理論化学の果たす役割を軽視すると，無駄な時間を使うことになるかもしれない．高機能性材料の探索がますます必要とされる時代には，理論化学・物理学の果たす役割が増すことは間違いないと考えられるので，頭の隅にこのことを記憶しておくことは無駄ではないであろう．

## 8.6 金属結合

この節では，多くの原子が寄り集まったときにできる金属，半導体および絶縁体などの総称である凝集体の電子構造について簡単に論ずる．まず金属は，容易に延ばしたり曲げたりできる展性や延性などの力学的な性質や金属光沢をもっている．さらに，一般に高い電気伝導性や熱伝導性がある．なお，一般に高い電気伝導性をもつ金属は高い熱伝導性をもっている．清浄な金属

表面は反応性が高く，酸素やハロゲン元素と容易に反応する．例外的な金属は金や銀で，金属酸化物が安定ではない．反応性の高低は，酸素やハロゲン化物などと反応してできた物質が安定であるか，反応熱が高いかなど，さまざまな要素によっている．アルミニウムやニッケルなどが酸素に対して耐腐食性が高いのは，きめの細かい酸化物である不動体膜ができて表面を覆うからである．また，Fe, Co, Ni, Cu, Ag, Pd, Pt, Ru, Ir など触媒作用をもつ金属は多い．

金属を巨視的な性質から分類することができるが，もっと一般的な概念を用いて考えてみよう．共有結合の項において述べたように，金属が結合するときにも，電子が糊の役割を果たしていることには変わりない．さらに，電子が存在するためには，金属中には電子が入るべき"家"である波動関数が必要である．金属中の価電子の波動関数は結晶全体に広がっていると考えられている．そこで，これまでに学んだ内容から波動関数を考えやすい系である伝導性ポリマーについてまず考えよう．

### 8.6.1 伝導性ポリマー

現在では，金属的な性質である高い電気伝導性や金属光沢は，いわゆる金属元素からなる純金属結晶や合金だけではなく，黒鉛にアルカリ金属を埋め込んだ**黒鉛層間化合物**(graphite intercalation compound) $C_8K$ においても知られている．

アセチレンを重合させるとポリアセチレンという高分子化合物ができる．示性式で書くと，$-(CH=CH)_n-$ のようになる．エチレンがいくつも結合したポリエンである．このポリエンは，構造式で書くと図 8.41 のようになる．二重結合と単結合が交互につながった高分子である．二重結合で書かれた C＝C 原子間距離は 1.34 Å で，一重結合で書かれた C－C 原子間距離は 1.46 Å である．C－C 間は単結合のように書かれているが，実際にはこの二つの炭素原子間にも弱い π 結合がある．したがって，π 電子の軌道は長い分子の全体につながっている．

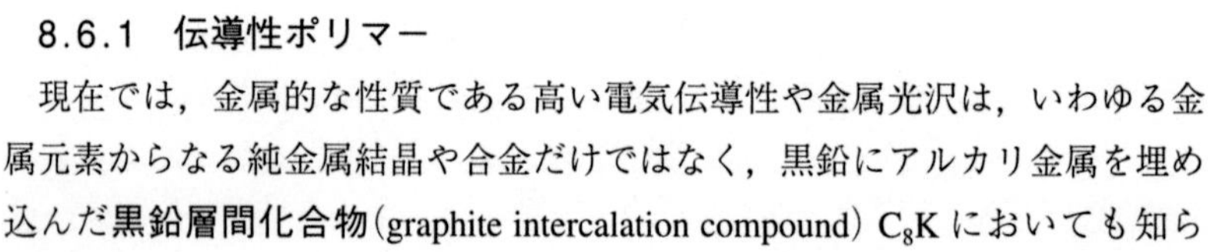

図 8.41 ポリアセチレンの分子構造の模式図

8.3.3 項で述べたように，二つの p 軌道の相互作用によって，結合性軌道と反結合性軌道の二つができる．$-(CH=CH)-$ 基が増えるごとに，π 電子の状態は二つずつ増えていく．その様子を模式的に描くと図 8.42 のようになる．

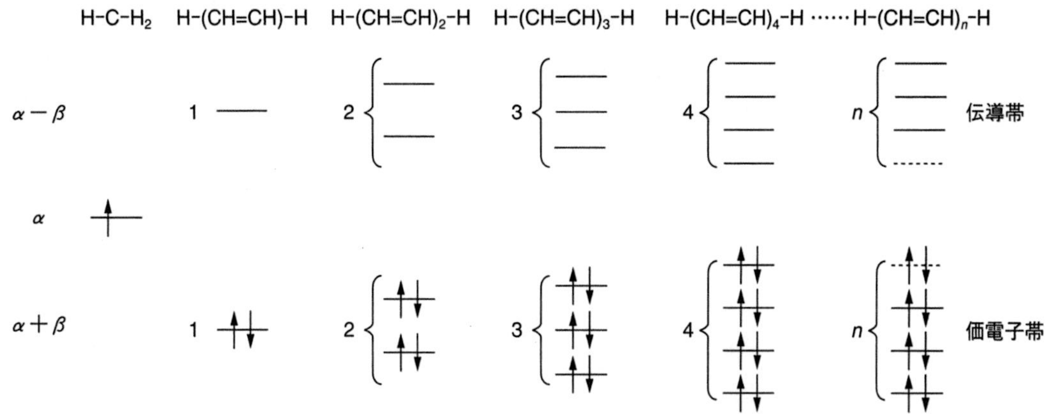

H-C-H₂   H-(CH=CH)-H   H-(CH=CH)₂-H   H-(CH=CH)₃-H   H-(CH=CH)₄-H …… H-(CH=CH)$_n$-H

図 8.42 ポリアセチレンの重合度の増加に伴う電子の占有状態の変化

1個の炭素原子に対して1個のπ電子があるから，$2n$個の炭素原子には，$n$個の結合性分子軌道と$n$個の反結合性分子軌道がある．そして，結合性の軌道を$2n$個の電子が占有している．これを**価電子帯**(valence band)と呼んでいる．このときのπ分子軌道は全分子に広がっている．この分子の端に電圧をかけてもほとんど電気伝導性がない，すなわち電流が流れない．ところが，この高分子に少量の$I_2$分子をドープすると，電気伝導性が9桁も上昇する．すなわち，電気伝導性プラスチックの合成である．このような画期的な物質を発見した業績によって，筑波大学名誉教授の白川英樹博士が2000年度のノーベル化学賞を受賞した．

それでは，ヨウ素分子をドープするとなぜ電気伝導性が飛躍的に上がるのか．反結合性の軌道は伝導帯と呼ばれており，これを電子が占有すると伝導性が出てくる．ヨウ素を添加すると，π電子の一部がヨウ素分子に移って$I_2^-$イオンとなり，ポリアセチレンは正電荷を帯びる．なお，電子を与える原子または分子を**電子供与体**(electron donor)，電子を受ける分子または原子を**電子受容体**(electron acceptor)と呼び，このようにしてできた錯合体を**電荷移動錯体**(charge transfer complex または donor-acceptor-complex)と呼んでいる．ポリアセチレンにヨウ素分子をドープしてπ電子をヨウ素に移すと，価電子帯にある電子が少なくなる．除かれるπ電子は，交互のC-C間の結合を弱める軌道を占有している．したがって，炭素原子15個に対して1個程度のヨウ素分子を加えてこのπ電子を除くと，C=C-C=C-のように炭素-炭素核間距離が交互に長・短を繰り返していたのが，=C=C=C=C=C=C=C=のようにほぼ等間隔となり，核間距離も短くなる．その結果，伝導帯の軌道と価電子帯の軌道が重なるようになり，電気伝導性が飛躍的に増加すると説明されている．

### 8.6.2 金属の電子状態

固体には，電気伝導度がきわめて低い絶縁体，および電気伝導度の高い金属と絶縁体の中間の電気伝導性をもつ半導体もある．普通の金属がそれ自体で電気伝導性が高いのは，多くの電子が伝導帯に存在するからであると説明されている．伝導帯とは固体全体に広がる波動関数の集まりである．絶縁体では，電子が原子の内殻軌道に局在化しているか原子間の結合に局在化している．化学結合の観点から，金属，半導体，絶縁体における結合を考えてみよう．

#### (1) Li および Na のバンド構造

まず，結合を考える際に，結合にあずかる電子の入る"家"である波動関数がなければならないということを思いだそう．固体の性質を考える際によく使われるのは**バンド理論** (band theory)である．金属原子の核(イオン)と他の電子の及ぼす周期的な電場のなかで，1個の電子があたかも他の電子とは無関係に独立して運動していると考えた一体近似というのを考える．そこで，1次元の Li 金属の波動関数はどうなるであろうか．前項のポリアセチレンの電子構造の場合に考えたと同様に，相互作用する原子の数を 1個，2個，3個，…と増やしていく．Li 原子の 2s 電子のエネルギー準位が $\alpha$ であるとしよう．簡単な分子軌道論的な考え方によれば，2個の Li 原子が近づいてできた$Li_2$分子では，エネルギー準位は $\alpha \pm \beta$ に分裂する．同様にして$Li_3$分子では，エネルギー準位は三つに分裂する．$N$個の Li 原子が並ぶと全部で$N$個の波動関数ができる．これらを集めたものをバンドと呼んでいる．

もともと Li 原子の 2s 軌道には 1個の電子しか占有されていなかったので，$N$個の Li 原子には$N$個の 2s 電子しかない．Li 原子の 2s 軌道は広がっているので，隣り合う原子にある 2s 軌道の間の重なりは小さい．したがって，金属間の結合は強くない．Li の**融点**(melting point)は 453.69 K(180.54 ℃)，**沸点**(boiling point)は 1620 K (1347 ℃)と比較的低い．そのようにしてできた$N$個の波動関数のエネルギー準位のうちで，最高のものと最低のものとの差は大きくない．$N$個の波動関数のうちの半分は電子が占有しているが，残りの半分は電子が占有していない空の軌道となっている．

#### (2) バンド構造と固体の電気伝導性

実際の金属原子は，1次元的に配列しているのではなくて 3次元的に配列している．その場合にも，原子が寄り集まってできる波動関数の数は同じである．すなわち，$N$個の Li 原子が 3次元的に寄り集まった際に，$N$個の 2s 軌道が寄り集まって結晶全体に広がる $N$個の波動関数ができる．実際には，2s 軌道だけではなくて比較的低い励起準位にある 2p 軌道も重なって，結晶全体に広がる波動関数ができる．図 8.43(b)に Na の場合に考えられているバンド構造を示す．これらの伝導帯にある波動関数は結晶全体に広がっているの

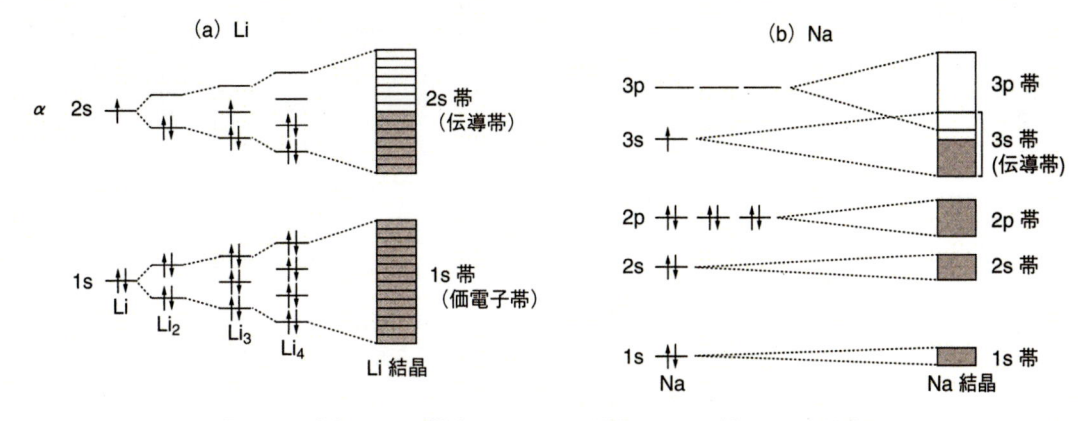

図 8.43　(a) Li および (b) Na のバンド構造ができる様子を示す模式図

で，ほんの小さな電場をかけても金属の端から端まで電子が動ける．すなわち電気伝導性がある．このようにしてできた波動関数の集まりが伝導帯を形づくっている．金属では，伝導帯にある波動関数の数は，伝導帯に入る電子の数の半分よりも多い．その様子を図 8.44(a) に示す．

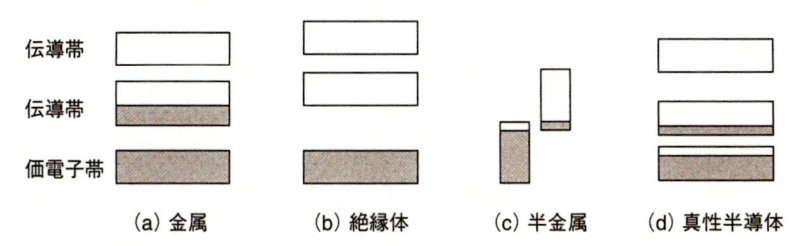

**絶縁体**　典型的な**絶縁体**(insulator)であるダイヤモンド結晶の場合には，価電子が入っている価電子帯と伝導帯の間には広いバンドギャップがあるので電気は流れない．その様子を図 8.44(b) に示す．その理由を以下に簡単に述べる．炭素原子には 4 個の価電子がある．1 個，2 個，3 個，… と正四面体構造をとって伸びていくとき，波動関数の数は，やはり 4, 8, 12, … と増加していく．なぜならば，炭素の価電子が入る原子軌道は，$2s, 2p_x, 2p_y, 2p_z$ と四つあるからである．ダイヤモンドのように，隣り合う原子軌道の間の重なりが大きい場合には，結合形成によってできる結合性軌道と反結合性軌道のエネルギー準位の差は大きい．電子が占有している価電子帯の最高準位と，電子によって占有されていない伝導帯の一番下のエネルギー準位との差をバンドギャップと呼んでいる．ダイヤモンドの場合，それが 5.4 eV であると測定されている．絶縁体においては，通常の温度では価電子帯と伝導帯の間の

図 8.44　(a) 金属，(b) 絶縁体，(c) 半金属，(d) 真性半導体におけるバンド構造の模式図
白抜きの領域は電子が占有していないバンドで，灰色の領域は電子が占有していることを示す．

バンドギャップが大きすぎて伝導帯に電子は存在しない．したがって，電気は流れない．

**半導体** 図8.44(d)に示すようなバンド構造をもつ**半導体**(semiconductor)では，電子が占有している価電子帯と伝導帯のエネルギーギャップは比較的小さい．たとえば，典型的な半導体であるSiとGeのバンドギャップは，それぞれ1.17 eVおよび0.744 eVと測定されている．この場合，試料の温度が絶対零度では伝導帯に電子が存在しないから電流は流れない．すなわち絶縁体である．しかし，室温からさらに数百℃まで上げていくと，伝導帯にある一部の電子は伝導帯に励起され，それが電気伝導に寄与する．このような半導体を**真性半導体**(intrinsic semiconductor)と呼んでいる．半導体では，試料の温度を上げていくと電気伝導率は上昇する．

**半金属** 図8.44(c)のようなバンド構造をもつ物質は**半金属**(semi-metal)と呼ばれている．黒鉛，ヒ素，アンチモンがこれに属する．伝導帯と価電子帯がわずかに重なるために絶対零度でも伝導性をもつが，伝導帯にある自由電子数が少ないので電気伝導性は金属ほどは高くない．

## この章のまとめ

1. **化学式** 2個以上の原子から構成される要素粒子(分子，錯イオン，原子団など)を示す．表す情報によって，化学式は，実験式，分子式，示性式，構造式，立体構造式などがある．

2. **ルイスの原子価理論** コッセルは，複数の原子が接近して結合をつくるとき，原子の最外殻の電子構造が希ガスのそれと同じになるように，陽イオンとなったり負イオンとなったりして，それらのイオンが電気的な引力で結合するという，現在のイオン結合の考え方を提案した．ルイスは，複数の原子が化学結合をするときに，(a)原子の最外殻の電子数が8個となるとき最も安定化する，(b)8個の電子が立方体の八つの隅にあるように配置し，(c)2個の電子が，結合する原子によって共有されてもよい，という八隅子則を提案した(1916年)．最後の条件(すなわち共有結合)によって，窒素分子や酸素分子のような無極性分子の結合を説明することができた．ラングミュアは，電子を立方体の八つの隅に配置しないで，各原子のまわりに配置した(ただし，第1周期の元素については最も安定な最外殻電子数は2個である)．現在では，ルイス・ラングミュアの原子価理論をルイスの原子価理論と呼んでいる．

3. **イオン結合** 電荷を帯びると希ガスの電子構造をもちやすい原子，すなわちイオン化エネルギーの低いアルカリ金属などの原子と，電子を得て負イオンになると希ガスの電子構造になりやすいハロゲン原子などの原子が接近した際に，クーロン引力が作用してイオン対が生成し，分子をつくる結合である．その結合エネルギーを定量的に見積もることができる．

4. **共有結合** 電子対結合ともいわれている．電子対が2個の原子に共有されて形成される化学結合である．正の電荷をもつ原子核の作用するクーロンの電場で電子が運動するとき，その位置によって，結合を強める結合領域と，核を反発させるような力を作用させる領域である反結合領域とがある．これまでの量子化学の研究から，分子中に電子が存在するためには電子が入る"家"である波動関数が必ず必要であることがわかってきた．その電子の入る"家"である波動関数をつくりあげるために提案された近似法が8.3節に解説されている．

結合に関与する波動関数は容易につくりあげることができて，二原子分子や多原子分子の化学結合が半定量的に説明できる．

5. **VB法とMO法** 結合に関与する波動関数をつくりあげる近似法に，原子価結合法(VB法)と分子軌道法(MO法)とがある．原子価結合法では，結合にあずかるそれぞれの電子は原子軌道または混成軌道にあり，そのような原子どうしが近づくと結合性の軌道を生じ，そこに両方の原子からきた2個の電子が，そのスピンが対をなすようにして入ることにより結合ができるというものである．その場合，結合に関与する電子は2個の原子から孤立電子として関与する．この方法で多くの分子の結合が説明できる．しかし，そのようにして分子をつくると，たとえばベンゼンが正六角形の分子になることが説明できない．それを避けるために，ケクレが考えたように各電子配置の間で共鳴が起こるとする共鳴の概念を導入するとうまく説明できる．

6. **分子軌道法** 電子が入るべき波動関数は分子全体に広がる分子軌道であるとする考え方である．分子軌道ができると，そこに存在する電子をパウリの排他原理を考慮して割り当てていく．分子全体に広がる分子軌道をつくるのにさらに進んだ近似法として，各原子の原子軌道の線形結合を考える．簡単な二原子分子を考えると，2個の原子にあって，重なり積分が0とならない二つの原子軌道が近づくと必ず結合性の分子軌道と反結合性の分子軌道の1対ができる．それらに入るべき電子が，パウリの排他原理を満足するように軌道を占有する．結合性の軌道に入った電子は分子を安定にし，反結合性の軌道に入った電子は結合を弱めるように働く．結合性軌道に入った電子数から反結合性軌道に入った電子数を差し引いて2で割った数を結合次数と定義すると，多くの二原子分子の解離エネルギーが定性的によく説明できる．

7. **混成軌道** 多くの有機化合物の結合を考えるとき有用なのが混成軌道の概念である．基底状態の炭素原子の電子配置は，[He] $2s^2 2p^2$ であり，不対電子数は2である．もし不対電子のみが結合に関与すると考えると，$CH_2$分子のように二つの結合手(原子価)しかないと考えるべきである．ところが，炭素原子はメタンのように4個の水素原子と結合できることが知られている．そこで，四つの原子軌道を組み合わせて四つの独立な混成軌道というものをつくり，それが結合に寄与すると考える．これによって，炭素だけでなく多くの原子の原子価やその分子の構造などが定性的に説明できる．炭素の場合には，$sp$, $sp^2$, $sp^3$ の三つの混成軌道がある．それぞれ，アセチレン型(直線分子)，エチレン型(平面分子)，メタン型(正四面体構造)の結合形態をとっている．この三つの混成軌道を組み合わせると，多くの有機および無機の分子の結合や構造を説明できる．

8. **原子価殻電子対反発法** ある原子のまわりにいくつの電子対があるかを数えると，電子対はなるたけ遠ざかるように空間的に広がるから，その分子の構造が予想できる．たとえば，メタンでは4対の電子対があるので正四面体構造をとり，アンモニアや水では4対の電子対があるので孤立電子対が正四面体の頂点に向かう方向に広がる．∠HNH および ∠HOH は，メタンの結合間角 ∠HCH = 109°28′ に近い．

9. **配位結合** 一方の原子から一方的に電子が供給されるような結合である．電気を引きつけやすい原子が，多くの原子や分子の孤立電子対を引きつけて2個の原子で共有することによって結合が生じる．アンモニウムイオン($NH_4^+$)やオキソニウムイオン($H_3O^+$)，硝酸($HNO_3$)などがこれに属する．

10. **金属，半導体，絶縁体** 多くの原子が寄り集まってできる金属，半導体，絶縁体における結合の場合にも，電子が入るための波動関数が用意されていなければならない．集合する原子の数 $N$ が2個，3個，…と増加するにつれて，凝集体全体に広がる波動関数の総数は，1個の原子の原子波動関数の数を $n$ とすると，$nN$ 個となる．凝集体全体に広がる電気伝導に関与する伝導帯の軌道数の2倍が，入るべき電子数 $N_e$ よりも十分多いとき，その物体は金属の性質をもつ．それに対して，電子の

占有している価電子帯と呼ばれる波動関数のエネルギー準位の最高位(フェルミ準位)が，電子が占有していない伝導体の最低の準位よりも熱エネルギー $kT$ に比較して十分低いときには，その物体は絶縁体となる．また，そのエネルギー差(バンドギャップ)が熱エネルギー $kT$ に比較して小さいときには半導体となる．この場合には，物体の温度を上げると伝導帯にある電子数が増し，電気伝導度は上昇する．

## 章末問題

1. メタン分子は，炭素原子に4個の水素原子が結合した分子である．この分子を構造式および電子式を用いて表せ．

2. 八隅子則に従うように，(a)アンモニア($NH_3$)，(b)一酸化炭素(CO)，(c)オゾン($O_3$)の電子式を描け．

3. イオン結合とはどのような場合に起こるかについて述べよ．これはどのような元素どうしが結合する場合に起こるか．その実験的な証拠はあるのか．

4. 気相 LiF 分子が完全にイオン化した $Li^+$ イオンと $F^-$ イオンが結合したイオン対として存在し，斥力パラメータ $\rho$ が表8.2の値と等しく，平衡核間距離が表8.1の値で与えられるとき，$Li^+F^-$ 分子の解離エネルギーを計算せよ．ただし，$Li^+F^-$ 分子が分解したときに生じる最も安定な生成物は Li 原子と F 原子であることに留意せよ．また，必要ならば表 A1 の原子のイオン化エネルギーや電子親和力を用いよ．

5. LiF 結晶のイオン結晶エネルギーをマーデルングの式を用いて計算せよ．斥力パラメータ $\rho$ および平衡核間距離については表8.2の値を用いよ．

6. NaCl の四量体〔$(NaCl)_4$〕は，右図のように立方体の頂点にイオンが配置した構造をとっていると考える．すべての原子が互いに無限遠にあるときのエネルギーを基準($V=0$)としたとき，この四量体の位置エネルギーを計算せよ．また，NaCl の 1 イオン対あたりの位置エネルギーを計算せよ．さらにこの値を NaCl 結晶の値(764 kJ $mol^{-1}$)と比較せよ．ただし，Na−Cl の核間距離は，$R_e = 2.82028$ Å であるとせよ．

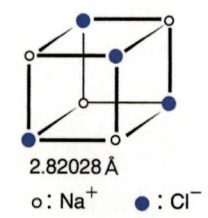

2.82028 Å

o: $Na^+$  ●: $Cl^-$

NaCl 四量体の模型

7. 量子力学を導入すると，共有結合はどのような結合様式であると説明できるかについて簡潔に述べよ．

8. 水分子の双極子モーメントは 0 ではないが，二酸化炭素のそれは 0 である．それはなぜか説明せよ．二酸化炭素の構造を電子構造の観点から説明せよ．

9. 結合のイオン性について述べよ．

10. $H_2S$ 分子にはどのような結合が存在すると予想できるか．実験的には，$R(S-H) = 1.328$ Å, $\angle HSH = 92.2°$，双極子モーメントは 1.02 D と測定されている．水素原子間の反発による位置エネルギーを求めよ．また，$H_2S$ 分子の分子構造について論ぜよ．

11. $He_2$ 分子は存在しないといわれているが，それはなぜか．$He_2^+$ は存在するといわれている．分子軌道法の考え方を用いて説明せよ．

12. CO 分子の解離エネルギーは $CO^+$ よりも大きいことが知られている．この事実を結合次数を用いて説明せよ．

13. 次の中性分子の結合次数を算出し，解離エネルギーの大小について予想せよ．
    (1) PO, (2) BN, (3) $B_2$, (4) OS, (5) BO, (6) CF

14. $CH_3$ 分子ラジカルおよび $BF_3$ 分子の構造を予想せよ．

15. ホルムアルデヒド（$H_2C=O$）の分子構造を炭素（C）原子および酸素（O）原子の混成を考慮して推定せよ．

16. ベンゼンは平面分子である．その電子構造と分子構造について知るところを述べよ．実験によると，ベンゼン分子は正六角形の平面分子で，隣接する炭素原子間の距離は 1.399 Å と測定されている．予想と実験との差があればその理由について考察せよ．

17. メタンの分子構造について特徴的な点を述べよ．その構造を，混成軌道の考え方を用いて説明せよ．

18. その構造式が $CH_2=C=CH_2$ と書けるアレンという分子がある．3 個の炭素原子は一直線上にあることを知って，適当な混成軌道を用いてこの分子をつくりあげよ．その構造の特徴がわかるように描け．

19. 1,2-ジクロロエチレンにはシスとトランスの異性体が存在するが，1,2-ジクロロエタンには異性体が存在しないことが知られている．その理由を混成軌道の考え方を用いて説明せよ．

20. 1,3-ブタジエン（$CH_2=CH-CH=CH_2$）の結合を四つの $sp^2$ 混成軌道を用いて説明せよ．

21. 共有結合や金属結合などの化学結合の生成における波動関数の役割について述べよ．

# 9
# 化学結合エネルギーと分子間相互作用

## 9.1 化学結合エネルギーと解離エネルギー
### 9.1.1 結合解離エネルギーとは何か
**(1) 結合解離エネルギー，解離エネルギー，および化学結合エネルギー**

前章では，化学結合がどのような理論的モデルで説明されているかを述べた．理論的なモデルによって計算された値が正しいかどうかは，実験によって得た値と比較することによってはじめて判定されるものである．

特定の化学結合を切るエネルギーを**結合解離エネルギー**(bond dissociation energy)と呼ぶ．二原子分子の場合には，これを単に解離エネルギーと呼ぶ．$H_2$分子の解離エネルギーは表6.1の値から，零点エネルギー(15.93 kJ mol$^{-1}$)も含めて458.0 kJ mol$^{-1}$であるから，振動状態$v = 0$, 回転状態$j = 0$にある分子を切断して2個のH原子を生成させるのに必要なエネルギーは432.07 kJ mol$^{-1}$である．よって，1個のH原子を生成させるのに必要なエネルギーは，その半分の216.04 kJ mol$^{-1}$である．

3個以上の原子を含む多原子分子の場合，たとえば，$H_2O$分子を2H + Oとするために必要なエネルギー(0 Kにおける原子化エネルギーまたは原子化熱, 917.76 kJ mol$^{-1}$)は，一つのO–H結合を切断してO–H + Hとするのに必要なエネルギーの2倍とは限らない．しかし通常は，水分子のO–H化学結合エネルギーを原子化熱の半分(458.88 kJ mol$^{-1}$)とする．メタン分子の場合は，C–H結合が四つあるので，原子化熱1642.0 kJ mol$^{-1}$の4分の1(410.5 kJ mol$^{-1}$)を化学結合エネルギーと定義する．

次に，固体である**ダイヤモンド**について考えてみよう．ダイヤモンドにおいては，すべての原子が正四面体構造をとっているから，各炭素は四つの結合手をもっている．炭素数を$N$個とすると価標の全数は，$4N/2 = 2N$となる．したがって，ダイヤモンドから1個の原子を切りだすために必要なエネ

— 177 —

ルギーは，ダイヤモンドの二つのC−C結合を切るエネルギーと等しいことになる．後述するように，炭素原子Cの生成エネルギーは，黒鉛から炭素を切りだすエネルギーに等しく，716.68 kJ mol$^{-1}$と与えられている．厳密には，この値は298.15 Kにおいて黒鉛から気体のC原子(298.15 K)をつくるのに必要な1 molあたりのエネルギーである．ダイヤモンドのほうが黒鉛よりも1.90 kJ mol$^{-1}$だけ不安定であるから，ダイヤモンドの原子化熱は(298.15 Kにおいて)714.78 kJ mol$^{-1}$となる．したがって，ダイヤモンドのC−C化学結合エネルギーは714.78 kJ mol$^{-1}$の半分，すなわち357.39 kJ mol$^{-1}$となる．0 Kにおける値を求めると少し小さい値となって354.2 kJ mol$^{-1}$が得られる(表9.2参照)．したがって，1種類の元素からなる単体から原子が生成するために必要なエネルギーは，他の原子との結合をすべて切るために必要なエネルギーの半分となる．

**(2) 分子の原子化熱の測定法**

分子の原子化熱の実験的な測定法を述べる．二原子分子の解離エネルギーは，分子の放電による発光から得られる多数の発光線の波長を正確に決定して求める．または，その分子の気体の高分解能吸収スペクトルを測定し，それらのデータを解析して決定される．ところが，3個以上の原子を含む多原子分子をばらばらにして無限遠にある状態に分けるエネルギー，すなわち**原子化熱**または**原子化エネルギー**(atomization energy)を求めるのは，実は相当にやっかいな作業である．そのためには，物質変化の最初と最後の状態が決まっていれば，反応の経路が異なっても出入りする熱の総量は変わらないというヘスの法則(熱量和一定の法則)を使う．その手順は，

① まず分子の生成熱を求める．
② 各原子(たとえば，H, C, O, Cl, Nなど)の生成熱または原子化熱を求める．
③ 分子の原子化熱は，分子が原子化した状態と結合した状態のエネルギー差をもって定義される．

以下に，これらの測定法を概括する．

### 9.1.2 分子の生成熱の測定法

分子の生成熱は，標準状態にある元素から標準状態にある1 molの化合物を生成させるのに必要なエネルギー(正式には**標準生成エンタルピー**)と定義されている．**標準状態**\*にある元素とは，25 ℃，1 atmにおいて最も安定な物質で，たとえば，酸素は酸素気体，炭素は結晶黒鉛，水素は水素気体である．メタンの生成エンタルピーは−74.87 kJ mol$^{-1}$と測定されている．必要なエネルギーが負であるということは，メタンが生成する反応が発熱反応であることを意味する．これを熱化学方程式で表すと，

---

\* IUPACが1982年に勧告した標準状態は298.15 K, 1 bar = 10$^5$ Paであり，それ以前の標準圧力は1 atm = 101325 Pa (標準大気圧)であった．

$$C(s, 黒鉛) + 2H_2(g) = CH_4(g) + 74.87 \text{ kJ} \quad (9.1)$$

となる．ところが，炭素と水素を加熱するとメタンだけが生成するわけではない．そのため，関係する物質の燃焼熱を測定し，ヘスの法則を用いてメタンの生成熱を決定する．図9.1に測定すべき値を概略的に示した．

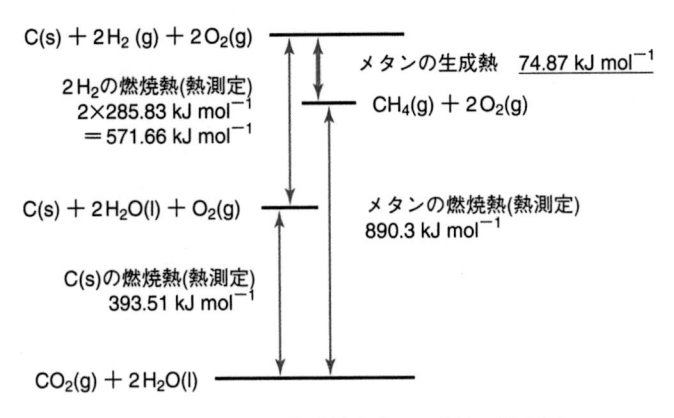

```
C(s) + 2H₂(g) + 2O₂(g) ─────
                              ↕  メタンの生成熱  74.87 kJ mol⁻¹
   2H₂の燃焼熱(熱測定)
   2×285.83 kJ mol⁻¹           CH₄(g) + 2O₂(g)
   = 571.66 kJ mol⁻¹
                              
C(s) + 2H₂O(l) + O₂(g) ─────
                              ↕  メタンの燃焼熱(熱測定)
   C(s)の燃焼熱(熱測定)            890.3 kJ mol⁻¹
   393.51 kJ mol⁻¹

CO₂(g) + 2H₂O(l) ─────
```

図9.1　メタンの生成熱を求める方法の概念図

まず，メタンを燃焼させて，二酸化炭素と2molの液体の水が生成する際の反応熱を，後述するボンベ型反応熱測量計を用いて測定する．その値は 890.3 kJ mol$^{-1}$ と求められている．次に，液体の水の生成熱も測定する．この目的のために，2molの水素気体の燃焼熱を燃焼測定によって決定する．その結果，571.66 kJ mol$^{-1}$ が得られる．さらに，1molの黒鉛を燃焼させて，二酸化炭素が生成する際の反応熱を求める．この値も 393.51 kJ mol$^{-1}$ と測定されている．したがって，1molの黒鉛単体と2molの水素ガスから1molのメタンが生成する際に発せられる熱，すなわち生成熱は 74.87 kJ mol$^{-1}$ である．以上の実験から熱化学方程式を求めると下記のようになる．

$$CH_4(g) + 2O_2(g) = CO_2(g) + 2H_2O(l) + 890.3 \text{ kJ} \quad (9.2)$$

$$C(s, 黒鉛) + O_2(g) = CO_2 + 393.51 \text{ kJ} \quad (9.3)$$

$$H_2(g) + \frac{1}{2}O_2(g) = H_2O(l) + 285.83 \text{ kJ} \quad (9.4)$$

多くの燃焼反応について反応熱が測定され，『化学便覧』などに表として掲載されている．式(9.3) + 2×式(9.4) − 式(9.2)を計算すると，メタンの生成反応の反応熱が得られる．

$$C(s, 黒鉛) + 2H_2(g) = CH_4(g) + 74.87 \text{ kJ} \quad (9.5)$$

式(9.5)において，+74.87 kJ とは反応の結果それだけの発熱があることを示している．

### ボンベ型反応熱測量計

固体または液体の有機物質の**燃焼熱**(heat of combustion)を測定するには，図 9.2 に示すようなボンベ型反応熱測量計を用いる．図 9.2(a) は，反応によって発生した熱量を測定する装置の全体図である．断熱材で囲んだ容器 G のなかに，約 2 kg の水 B を満たした金属容器 C を置く．金属容器 C には，反応物を入れたボンベ A〔図 9.2(b)〕，水をかき混ぜるためのかき混ぜ機 E，および水温を (0.001 ℃ の精度で) 正確に測定するための温度計 D が挿入されている．図 9.2(b) は，約 1 $l$ の容積をもち，高圧にも耐える金属製の反応容器であるボンベの概略図である．ボンベは，ボンベ底 A，ふた B，ふたを締める袋ナット C の 3 部分からなり，酸素の導入口 D から酸素を導入する．ボンベ内には，正確に秤量した試料を白金製の燃焼皿 G に置き，反応を促進するための抵抗加熱用鉄製フィラメント F を取りつける．

約 20 atm の酸素雰囲気下でフィラメントを加熱して燃焼を起こし，温度上昇を正確に測定する．実際には，いくつかの補正をする．最も重要な補正は，あらかじめ装置自体の加熱に必要な熱量を測定しておくことである．すなわち，反応容器の温度が変化した際に，かき混ぜ機，容器，ボンベ，温度計，その他を加熱するのにどれだけの熱が必要かを，燃焼用の試料が入っていない条件下であらかじめ測定しておく．その際の発熱源としては電気的なジュール熱を用いる．もちろん，爆発性の試料の場合には，爆発しないようにできるだけ少量の試料を用いる．燃焼実験は室温で行うために，反応熱は 25 ℃，1 atm における値を採用する．

代表的な有機化合物の**燃焼熱**〔= −燃焼エンタルピー，$-\Delta H_c°$ (298.15

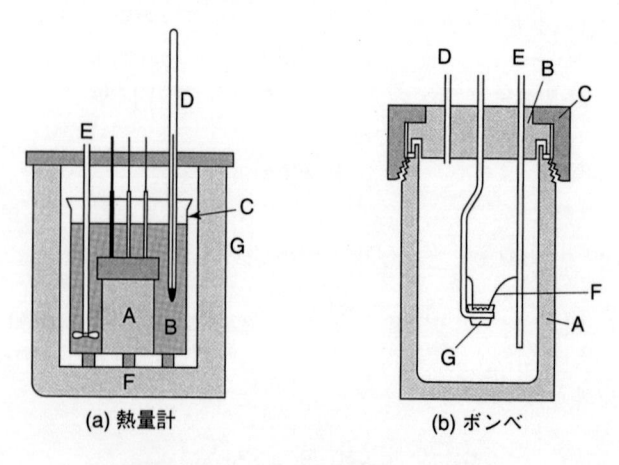

(a) 熱量計　　(b) ボンベ

図 9.2　ボンベ型反応熱測量計の模式図

表 9.1 無機・有機化合物の燃焼熱 $\Delta H_c^\circ$ (298.15 K) と生成熱 $-\Delta H_f^\circ$ (298.15 K)

| 化合物 | 示性式 | $-\Delta H_c^\circ$ (kJ mol$^{-1}$) | $-\Delta H_f^\circ$ (kJ mol$^{-1}$) |
|---|---|---|---|
| 黒鉛 | C(s) | 393.51 | 0 |
| 水素 | H$_2$(g) | 285.83 | 0 |
| メタン | CH$_4$(g) | 890.3 | 74.87 |
| エタン | C$_2$H$_6$(g) | 1559.8 | 84.00 |
| プロパン | C$_3$H$_8$(g) | 2220.0 | 104.5 |
| ブタン | C$_4$H$_{10}$(g) | 2876.2 | 126.5 |
| エチレン | CH$_2$=CH$_2$(g) | 1411.2 | 52.09 |
| プロピレン | CH$_2$=CHCH$_3$(g) | 2057.8 | 20.2 |
| 1,3-ブタジエン | CH$_2$=CHCH=CH$_2$(g) | 2540.4 | $-$109.9 |
| アセチレン | HC≡CH(g) | $-$ | $-$227.36 |
| シクロヘキサン | C$_6$H$_{12}$(l) | 3919.6 | 156.3 |
| | C$_6$H$_{12}$(g) | 3952.6 | 123.3 |
| メタノール | CH$_3$OH(l) | 744.0 | 239.1 |
| | CH$_3$OH(g) | 781.5 | 200.7 |
| エタノール | C$_2$H$_5$OH(l) | 1367.6 | 234.8 |
| | C$_2$H$_5$OH(g) | 1418.9 | 277.1 |
| 酢酸 | CH$_3$COOH(l) | 1559.8 | 484.3 |
| | CH$_3$COOH(g) | 1612.0 | 432.1 |
| ジエチルエーテル | C$_2$H$_5$OC$_2$H$_5$(g) | 2751.1 | 251.7 |
| ジメチルエーテル | CH$_3$OCH$_3$(g) | 1460.5 | 184.0 |
| ベンゼン | C$_6$H$_6$(l) | 3267.6 | $-$49.0 |
| | C$_6$H$_6$(g) | 3301.5 | $-$82.9 |
| トルエン | C$_6$H$_5$CH$_3$(l) | 3910.2 | $-$12.1 |
| ナフタレン | C$_{10}$H$_8$(s) | 5156.2 | $-$77.7 |

*1 生成物は二酸化炭素と水であるとする.
*2 反応する化合物が固体，液体，気体であることを，それぞれ(s), (l), (g)で表した.

K)] および分子の生成熱 [= $-$生成エンタルピー, $-\Delta H_f^\circ$ (298.15 K)] を表9.1に示す.

### 9.1.3 二原子分子の解離エネルギーの決定法

二原子分子の解離エネルギーを決定するためには，分光学的な方法を用いる．その方法を要約すると次のようになる．これまでは，分子には最も低い電子エネルギーをもつ状態しかないように述べてきた．ところが，水素原子に励起状態が無数にあるのと同様に，分子にも多くの電子励起状態がある．原子と異なるのは，分子には振動や回転の自由度があることである．すなわち，原子核が振動でき，回転もできる．原子核の振動および回転のエネルギー準位も量子化されている．図9.3に$O_2$分子を例にとって，五つの電子状態の位置エネルギー関数と，それぞれの電子状態の振動エネルギー準位を横線で模式的に示した．

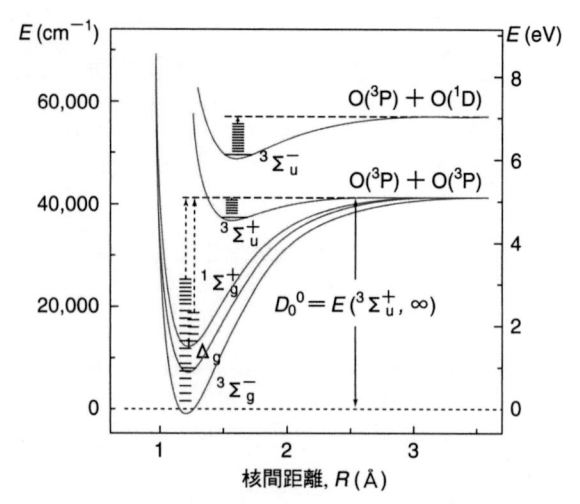

図 9.3 $O_2$ 分子の電子的基底状態を含む五つの電子状態における位置エネルギー関数の核間距離依存性と，それぞれの電子状態における振動エネルギー準位

エネルギーは $cm^{-1}$ および eV 単位で示した．電子的基底状態にある $O_2$ 分子解離エネルギーは図中の $E(^3\Sigma_u^+, \infty)$ に相当する．G. Herzberg, "Spectra of Diatomic Molecules," Van Nostrand Co. (1950).

$O_2$ 分子の電子状態は，下から順に，$^3\Sigma_g^-$, $^1\Delta_g$, $^1\Sigma_g^+$, $^3\Sigma_u^+$, $^3\Sigma_u^-$ と名づけられている．これらの状態の名前は覚えなくてもよい．それぞれの電子状態には，多くの振動状態が存在している．それらの振動エネルギーを含むエネルギー準位は電子的基底状態 $^3\Sigma_g^-$ で，振動的に最も低い振動状態 ($v = 0$) のエネルギー準位を基準としている．この状態にある $O_2$ 分子に波長 $\lambda$ の光を照射すると，エネルギー準位の差 $\Delta E$ が波長 $\lambda$ の光のエネルギー〔式(5.15)参照〕と等しいとき，すなわち，

$$\Delta E \equiv E(^3\Sigma_u^+, v = v') - E(^3\Sigma_g^-, v = 0) = \frac{hc}{\lambda} \tag{9.6}$$

を満足するとき，光の吸収が起こり，分子はたとえば励起 $^3\Sigma_u^+$ 状態の振動状態 $v = v'$ 状態へ励起される．この図にあるように，振動エネルギーは，振動量子数 $v'$ の増加とともに等間隔で上昇するのではなくて，隣り合う振動エネルギー準位間の差はどんどん小さくなり 0 になるところがある．式(9.6)の振動準位間の差が 0 となる極限のエネルギー以上では，吸収スペクトルはどの波長でも吸収する連続スペクトルとなる．その励起状態の極限のエネルギー準位を仮に $E(^3\Sigma_u^+, \infty)$ とすると，それが $O_2$ 分子の解離エネルギーとなる．

この説明には，分子の回転状態を考慮しなかったが，実際には，分子の回転状態のエネルギー準位も考慮してその解離状態のエネルギー準位 $E(^3\Sigma_u^+, \infty)$ を決定する．このように，二原子分子の解離エネルギー極限を吸収スペクトルから測定することによって，分子の解離エネルギーが決定されている．

## 9.1 化学結合エネルギーと解離エネルギー

表9.2 解離エネルギー $E°$ (0 K) と多原子分子の化学結合エネルギー

| 結合(分子) | $E°$(kJ mol$^{-1}$) | 結合(分子) | $E°$(kJ mol$^{-1}$) | 結合(分子) | $E°$(kJ mol$^{-1}$) |
|---|---|---|---|---|---|
| H−H(H$_2$) | 432.07 ± 0.04 | Cu−F(CuF$_2$) | 389 ± 3 | N−F(NF$_3$) | 273 ± 2 |
| H−F(HF) | 566.6 ± 0.8 | Cu−O(CuO) | 339 ± 35 | P−P(P$_4$) | 198 ± 2 |
| H−Cl(HCl) | 427.8 ± 0.2 | Hg−Cl(HgCl$_2$) | 223 ± 4 | P−P(P$_2$) | 481 ± 2 |
| H−Br(HBr) | 362.5 ± 0.2 | Hg−Br(HgBr$_2$) | 184 ± 5 | P−F(PF$_3$) | 486 ± 3 |
| H−I(HI) | 294.7 ± 0.8 | Hg−I(HgI$_2$) | 145 ± 2 | P−Cl(PCl$_3$) | 319 ± 3 |
| H−O(H$_2$O) | 458.9 ± 0.4 | B−B(B$_2$) | 290 ± 21 | P−N(PN) | 731 ± 3 |
| H−S(H$_2$S) | 363.5 ± 0.3 | B−F(BF$_3$) | 641 ± 16 | As−As(As$_2$) | 380 ± 2 |
| H−N(NH$_3$) | 386.0 ± 0.5 | B−Cl(BCl$_3$) | 440 ± 3 | As−F(AsF$_3$) | 483 ± 3 |
| H−P(PH$_3$) | 316 ± 2 | Al−F(AlF$_3$) | 585 ± 3 | As−Cl(AsCl$_3$) | 301 ± 4 |
| H−As(AsH$_3$) | 292 ± 2 | Al−Cl(AlCl$_3$) | 422 ± 5 | Sb−Sb(Sb$_4$) | 140 ± 4 |
| H−C(CH$_4$) | 410.5 ± 0.6 | Ga−Cl(GaCl) | 475 ± 3 | Sb−Sb(Sb$_2$) | 287 ± 4 |
| H−Si(SiH$_4$) | 318 ± 3 | C−C(ダイヤモンド) | 354.2 ± 0.2 | Sb−Cl(SbCl$_3$) | 311 ± 3 |
| H−Li(LiH) | 234 ± 2 | C=C(C$_2$) | 590 ± 4 | O−O(H$_2$O$_2$) | 138 ± 1 |
| H−Na(NaH) | 198 ± 19 | C=C(エチレン, C$_2$H$_4$) | 720 ± 6 | O−O(O$_2$) | 493.6 ± 0.2 |
| H−K(KH) | 181 ± 15 | C≡C(C$_2$H$_2$) | 960 ± 6 | O−F(OF$_2$) | 210 ± 3 |
| Li−Li(Li$_2$) | 108 ± 5 | C−F(CF$_4$) | 484 ± 21 | O−Cl(OCl$_2$) | 202 ± 3 |
| Na−Na(Na$_2$) | 76 ± 5 | C−Cl(CCl$_4$) | 323 ± 2 | S−S(H$_2$S$_2$) | 237 ± 3 |
| K−K(K$_2$) | 50 ± 4 | C−Br(CBr$_4$) | 269 ± 21 | S−S(S$_2$) | 425.9 ± 0.4 |
| Be−F(BeF$_2$) | 636 ± 5 | C−I(CI$_4$) | 212 ± 3 | S−F(SF$_6$) | 322 ± 4 |
| Be−O(BeO) | 444 ± 21 | C−O(CH$_3$OH) | 321 ± 1 | S−Cl(S$_2$Cl$_2$) | 287 ± 4 |
| Mg−F(MgF$_2$) | 511 ± 2 | C=O(CO$_2$) | 798.9 ± 0.5 | S−O(SO) | 517 ± 2 |
| Mg−Cl(MgCl$_2$) | 389 ± 2 | C−S(CH$_3$SH) | 269 ± 2 | Se−Se(Se$_2$) | 305 ± 3 |
| Mg−Br(MgBr$_2$) | 328 ± 6 | C=S(CS$_2$) | 574 ± 1 | Se−F(SeF$_6$) | 298 ± 5 |
| Mg−O(MgO) | 368 ± 21 | C−N(CH$_3$NH$_2$) | 267 ± 3 | Se−O(SeO) | 419 ± 1 |
| Ca−F(CaF$_2$) | 556 ± 3 | C≡N(HCN) | 852 ± 3 | F−F(F$_2$) | 154.6 ± 0.6 |
| Ca−Cl(CaCl$_2$) | 455 ± 3 | C−Si[(CH$_3$)$_4$Si] | 293 ± 2 | F−Cl(ClF) | 251 ± 3 |
| Ca−Br(CaBr$_2$) | 386 ± 5 | Si−Si[(CH$_3$)$_6$Si$_2$] | 224 ± 6 | F−Br(BrF) | 281 ± 2 |
| Ca−O(CaO) | 381 ± 21 | Si−Si(Si 結晶) | 228 | F−I(IF) | 278 ± 4 |
| Ba−Cl(BaCl$_2$) | 472 ± 21 | Si−F(SiF$_4$) | 592 ± 8 | Cl−Cl(Cl$_2$) | 239.2 ± 0.0 |
| Ba−O(BaO) | 548 ± 10 | Si−Cl(SiCl$_4$) | 397 ± 3 | Cl−Br(ClBr) | 216 ± 2 |
| Y−Cl(YCl$_3$) | 497 ± 4 | Si−O[Si$_2$(OCH$_3$)$_6$] | 443 ± 4 | Cl−I(ClI) | 208.8 ± 0.1 |
| Ti−F(TiF$_4$) | 581 ± 4 | Si−O(SiO$_2$) | 622 ± 17 | Br−Br(Br$_2$) | 190.1 ± 0.3 |
| Ti−O(TiO$_2$) | 606 ± 22 | Sn−Cl(SnCl$_4$) | 313 ± 3 | Br−I(BrI) | 175.4 ± 0.1 |
| W−O(WO$_3$) | 626 ± 10 | Pb−Cl(PbCl$_2$) | 302 ± 2 | I−I(I$_2$) | 148.8 ± 0.2 |
| Fe−F(FeF$_2$) | 478 ± 3 | Pb−O(PbO) | 392 ± 3 | Xe−O(XeO$_3$) | 84 |
| Fe−Cl(FeCl$_2$) | 342 ± 3 | N−N(N$_2$H$_4$) | 152 ± 1 | Xe−F(XeF$_2$) | 133 |
| Co−Cl(CoCl$_2$) | 378 ± 5 | N≡N(N$_2$) | 941.6 ± 0.6 | Xe−F(XeF$_6$) | 126 |

表9.2 に掲載した多くの二原子分子の解離エネルギーはこのようにして決定された．

なお，高い励起状態である $^3\Sigma_u^-$ 状態が解離すると，1個の基底状態の O($^3$P) 原子と励起状態にある1個の O($^1$D) 原子の対を生成する．O($^1$D) 原子はフン

トの規則に従わない原子で，基底状態の $O(^3P)$ 原子よりも約 2 eV も高いエネルギー状態にあるために，化学反応性が高いことが知られている．また，第一励起状態である $O_2(^1\Delta_g)$ は，電子的に基底状態にある $O_2(^3\Sigma_g^-)$ 分子よりも 7918 cm$^{-1}$ = 0.9818 eV しかエネルギーは高くないが，反応性が高いので活性酸素とも呼ばれており，生物の老化を促進する働きがあるといわれている．

### 9.1.4 炭素原子の生成熱

固体元素の原子の生成熱は，安定な元素が気体である場合のようにはいかない．最も重要な元素の一つである炭素を例にとって，原子の生成熱測定法を検討してみよう．図 9.4 にその方法の概略を示した．炭素の標準状態 (298.15 K, 1 atm) において最も安定な単体は**黒鉛** (graphite) であるので，炭素原子の生成熱は，炭素原子を黒鉛から引きだして気相の原子にするエネルギーである．また，炭素を含む安定な二原子分子である CO 分子や $O_2$ 分子の絶対温度 0 K における解離エネルギー $D_0^0(CO)$ および $D_0^0(O_2)$ は，分光学的方法によって測定されている．CO 分子および $O_2$ 分子の解離反応の熱化学方程式は，

$$CO(g, 0\text{ K}) = C(g, 0\text{ K}) + O(g, 0\text{ K}) - 1070.2 \text{ kJ} \tag{9.7}$$

$$\frac{1}{2}O_2(g, 0\text{ K}) = O(g, 0\text{ K}) - 246.79 \text{ kJ} \tag{9.8}$$

298.15 K における熱化学方程式は，これらの式を少し補正して 298.15 K における解離エネルギーを用いて計算する (この補正法についてはここでは述べないが，比較的小さい値である)．

$$CO(g, 298.15\text{ K}) = C(g, 298.15\text{ K}) + O(g, 298.15\text{ K}) - 1074.79 \text{ kJ} \tag{9.9}$$

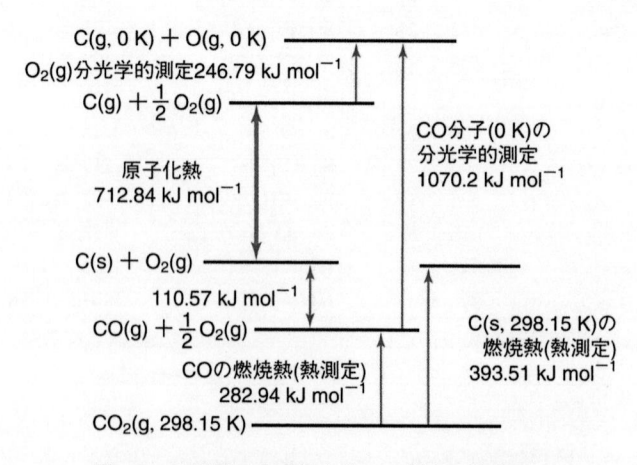

図 9.4 C 原子の生成熱を求める方法の模式図

$$\frac{1}{2}\mathrm{O}_2(\mathrm{g}, 298.15\ \mathrm{K}) = \mathrm{O}(\mathrm{g}, 298.15\ \mathrm{K}) - 249.18\ \mathrm{kJ} \tag{9.10}$$

また，CO の燃焼熱から求めた CO の生成熱(298.15 K)は 110.57 kJ mol$^{-1}$ であるから，

$$\mathrm{C}(\mathrm{s}, 298.15\ \mathrm{K}) + \frac{1}{2}\mathrm{O}_2(\mathrm{g}, 298.15\ \mathrm{K}) = \mathrm{CO}(\mathrm{g}, 298.15\ \mathrm{K}) + 110.57\ \mathrm{kJ} \tag{9.11}$$

式(9.5) ＋ 式(9.3) － 式(9.4)より，炭素原子生成反応の熱化学方程式は，

$$\mathrm{C}(\mathrm{s}, 黒鉛) = \mathrm{C}(\mathrm{g}) - 1074.79\ \mathrm{kJ} + 249.18\ \mathrm{kJ} + 110.57\ \mathrm{kJ} \tag{9.12}$$

$$\mathrm{C}(\mathrm{s}, 黒鉛) = \mathrm{C}(\mathrm{g}) - 715.04\ \mathrm{kJ} \tag{9.13}$$

となり，炭素原子の生成反応は 715.04 kJ mol$^{-1}$ の吸熱反応である．図 9.4 に示した値をそのまま用いて，温度による補正をしないで炭素の原子化熱 $\Delta H_\mathrm{a}$ を求めるためには，

$$\mathrm{CO}(298.15\ \mathrm{K}) = \mathrm{C}(\mathrm{g}) + \mathrm{O}(\mathrm{g}, 0\ \mathrm{K}) - 1070.2\ \mathrm{kJ} \tag{9.14}$$

$$\begin{aligned}
\mathrm{CO}(298.15\ \mathrm{K}) &= \mathrm{C}(\mathrm{s}) + \frac{1}{2}\mathrm{O}_2(\mathrm{g}, 298.15\ \mathrm{K}) - 110.57\ \mathrm{kJ} \\
&= \mathrm{C}(\mathrm{g}, 298.15\mathrm{K}) + \frac{1}{2}\mathrm{O}_2(\mathrm{g}, 298.15\ \mathrm{K}) - \Delta H_\mathrm{a} - 110.57\ \mathrm{kJ} \\
&= \mathrm{C}(\mathrm{g}, 298.15\ \mathrm{K}) + \mathrm{O}(\mathrm{g}, 298.15\ \mathrm{K}) - \Delta H_\mathrm{a} - 110.57\ \mathrm{kJ} - 246.79\ \mathrm{kJ}
\end{aligned} \tag{9.15}$$

$$\therefore\ \Delta H_\mathrm{a} \approx 712.84\ \mathrm{kJ\ mol}^{-1} \tag{9.16}$$

#### 水素原子の生成熱

水素原子の生成熱は，水素分子の解離エネルギーをやはり分光学的な方法を用いて測定し，その値から決定する．絶対温度 0 K における熱化学方程式は，

$$\frac{1}{2}\mathrm{H}_2(\mathrm{g}, 0\ \mathrm{K}) = \mathrm{H}(\mathrm{g}, 0\ \mathrm{K}) - 216.035\ \mathrm{kJ} \tag{9.17}$$

それに熱力学的な補正を加えると，標準状態における H 原子の生成熱は，

$$\frac{1}{2}\mathrm{H}_2(\mathrm{g}, 298.15\ \mathrm{K}) = \mathrm{H}(\mathrm{g}, 298.15\ \mathrm{K}) - 217.999\ \mathrm{kJ} \tag{9.18}$$

したがって，式(9.10)，式(9.13)，式(9.18)がそれぞれ，O，C，H 原子の生成熱を与える熱化学方程式である．

### 9.1.5 分子の原子化エネルギーの決定

分子の生成熱と元素の原子化熱を求めたので，分子の原子化熱を求める．

メタンを例にとって，得られた熱化学方程式を書きあげると，

C 原子の生成熱：$C(s, 黒鉛) = C(g) - 715.04$ kJ (9.13)

H 原子の生成熱：$\frac{1}{2} H_2(g, 298.15 K) = H(g, 298.15 K) - 217.999$ kJ (9.18)

メタンの生成熱：$C(s, 黒鉛) + 2 H_2(g) = CH_4(g, 298.15 K) + 74.87$ kJ (9.5)

−式(9.5) ＋ 式(9.13) ＋ 4 ×式(9.18) より，

$CH_4(g, 298.15 K) = C(g, 298.15 K) + 4 H(g, 298.15 K) - 1661.91$ kJ (9.19)

この$(1661.91$ kJ mol$^{-1})/4 = 415.48$ kJ mol$^{-1}$ をもってメタンの平均的な C−H 化学結合エネルギーとする．

簡単に結合解離エネルギーおよび化学結合エネルギーの測定法を述べた．最近では，光分解法，熱分解反応の活性化エネルギーの測定など，さまざまな方法を用いて分子の特定の結合の結合解離エネルギーが測定されている．

## 9.2 電気陰性度

### 9.2.1 ポーリングの電気陰性度

原子が電子を引きつける傾向に違いがあることは，化学を少し学んだ者の常識として受け入れられていた．それを定量化する量として，酸化数，電子親和力，イオン化エネルギーなどがある．電子親和力が大きい原子は，電子を引きつける傾向がとくに強い．しかし，イオン化エネルギーの大きい原子が電子を引きつける傾向が強いとは限らない．希ガス原子は最外殻が満たされているので，イオン化エネルギーが大きいにもかかわらず，化学的な反応性は高くはない．

20 世紀前半に行われた実験によって，多くの分子の解離エネルギーや核間距離などのさまざまな物理量や熱化学的な量が測定された．ポーリングは，多くの元素を含む分子の膨大な熱力学的データから，原子どうしが接近して化学結合を生ずる際に，原子が電子を引きつける傾向を表すための指標として**電気陰性度**(electronegativity)を見いだした(1937 年)．

ポーリングは，異核二原子分子 A−B の解離エネルギー $D_{AB}$ が，その構成原子の等核二原子分子 $A_2$, $B_2$ の解離エネルギーの平均値 $(D_{AA} + D_{BB})/2$ よりも必ず大きいことに気づいた．さらに，その差が，原子に特有な指標である電気陰性度 $\chi_A$, $\chi_B$ を与え，その差の 2 乗 $(\chi_A - \chi_B)^2$ に比例すると仮定すると，多くの解離エネルギーデータをほぼ予想できることを示した．解離エネルギーを kJ mol$^{-1}$ 単位で表すと，この電気陰性度 $\chi_A$, $\chi_B$ の満足する関係式は

ポーリング(アメリカ)
L. C. Pauling (1901〜1994)
1954 年度ノーベル化学賞受賞

次式で与えられる．

$$D_{AB} - \frac{1}{2}(D_{AA} + D_{BB}) = 96.5(\chi_A - \chi_B)^2 \qquad (9.20)$$

このようにして得られた各原子の電気陰性度の値を，原子番号が1(H)から60(Nd)までの元素について図9.5に示した．当然のことながら，希ガス元素は化学的に安定な二原子分子をつくらないので，電気陰性度は定義されていない．

最大の電気陰性度をもつ元素はフッ素で，その値は4.0である．アルカリ金属やアルカリ土類金属は1.0前後の低い値をもっている．周期表の同じ周期ではアルカリ金属の電気陰性度が最小で，ハロゲン元素のそれが最大となる．図9.5に示した電気陰性度の原子番号依存性を原子のイオン化エネルギー(図7.8参照)や電子親和力(図7.9参照)の原子番号依存性と比較してみると，よく似た傾向を示すことがわかる．イオン化エネルギーは，希ガス原子で極大値をとることからそれらの値を除くと，電気陰性度とイオン化エネルギーとの間には相関性がある．事実，分子軌道法の創始者であるマリケンは，原子のイオン化エネルギー$I_p$と電子親和力$E_A$をeV単位で表した場合の平均値$\chi_M$〔式(9.21)〕をもって電気陰性度とすることを提案した．

$$\chi_M = \frac{1}{2}(E_A + I_p) \qquad (9.21)$$

なぜならば，イオン化エネルギーも電子親和力も物理化学的な実験によって測定できる量だからである(ただし，負の電子親和力をもつ原子の電気陰性度は測定されていないので，マリケンの電気陰性度は定義できない)．ポーリングの電気陰性度$\chi_P$とマリケンの電気陰性度$\chi_M$の間にはほぼ直線的な相関性がある．

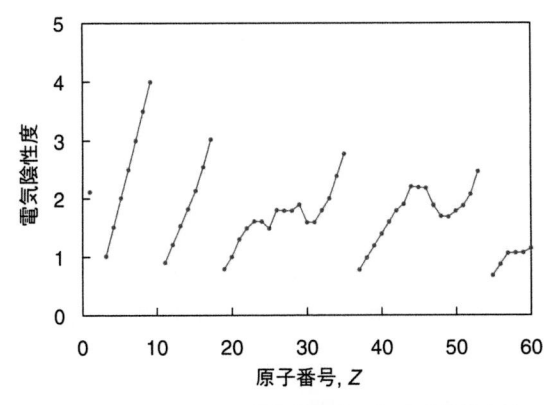

図9.5 ポーリングの電気陰性度の原子番号依存性

### 9.2.2 分子の双極子モーメント

この電気陰性度は何かの役に立つのだろうか．NaCl イオン結合の説明において，測定された NaCl 分子の双極子モーメントを，負に荷電した原子から正に荷電した原子へ電子が完全に移行したと仮定したときの核間距離から予想される分子の双極子モーメントで割ると，79.4 % が得られることを述べた (8.2.1 項参照)．この値は分子のイオン性と定義されている．これまでに測定された分子の双極子モーメント $\mu_{obs}$ から分子のイオン性を求めてみると，二つの元素の電気陰性度の差が大きいものほど，イオン性が大きいという定性的な関係があることがわかった．ポーリングによると，経験的な関係式であるが，二原子分子のイオン性と二つの原子の電気陰性度の差 $(\chi_A - \chi_B)$ との間に，

$$\text{イオン性} = 1 - e^{-\frac{(\chi_A - \chi_B)^2}{4}} \tag{9.22}$$

のような関係があるという．この式を用いて，すでに計算した NaCl 分子の結合のイオン性を計算してみると，$|\chi_A - \chi_B| = 3.0 - 0.9 = 2.1$ であるから，イオン性は 66.8 % と計算される．双極子モーメントの実測値から求めたイオン性 $\mu/eR_e$ の値は 79.4 % であるから，大雑把ながら一致はよい．

8.2 節において，異なる原子が結合した分子のなかで電荷分布に偏りがある，すなわち分極していることを述べた．電気陰性度の異なる原子どうしが結合した場合には，電気陰性度の大きい原子が負の電荷を帯び，小さい原子が正の電荷を帯びる傾向がある．異核二原子分子の場合には，正電荷の重心と負電荷の重心の位置がいずれかの原子核上にあると仮定すると，双極子モーメントの大きさ $\mu$ を平衡核間距離 $r_e$ で割った値 $q$ が，移った電子の有効電荷を与える．表 9.3 に気相の異核二原子分子の双極子モーメントと平衡核間距離を示す．

この表で注意すべき点は，一般に負電荷の中心は電気陰性度の大きい原子側にあるということである．ところが例外がある．たとえば CO 分子においては，電気陰性度の大きいのは O 原子 $(\chi = 3.5)$ で，C 原子 $(\chi = 2.5)$ の値より 1.0 も大きい．それにもかかわらず，表 9.3 に示したように負電荷の中心は $(C^-O^+)$ で表したように C 原子側にある．

これは次のような理由によるものである．C 原子および O 原子の価電子数

表 9.3 気相の異核二原子分子の双極子モーメント $\mu$ と平衡核間距離 $r_e$．

| 分子 | $\mu(D)$ | $r_e(Å)$ | 分子 | $\mu(D)$ | $r_e(Å)$ | 分子 | $\mu(D)$ | $r_e(Å)$ |
|---|---|---|---|---|---|---|---|---|
| AlF | 1.53 | 1.654 | BrCl | 0.57 | 2.136 | HF | 1.826 | 0.9169 |
| BaO | 7.954 | 1.9397 | FCl | 0.888 | 1.628 | HI | 0.4477 | 1.6092 |
| CO($C^-O^+$) | 0.112 | 1.128 | HCl | 1.1086 | 1.2746 | LiH | 5.882 | 1.5957 |
| CS | 1.958 | 1.5349 | HBr | 0.8280 | 1.4144 | NO | 0.1587 | 1.1507 |

1 D = $3.336 \times 10^{-30}$ cm, 1 Å = $10^{-10}$ m

はそれぞれ4および6である．2s電子はそれぞれの原子のまわりに局在していると考えると，それぞれ2個および4個の電子が2pσ軌道と，二つの2pπ軌道に入ることになる．もし，これらの分子軌道に対するC原子およびO原子の寄与が同等であるならば，C原子のまわりの価電子数は，2s電子も含めると5となり，O原子のまわりの価電子数もやはり5となる．すなわち，CO分子のなかでは電荷分布は$C^-O^+$となるはずである．実際には，それぞれの結合性軌道に対してはO原子の重みのほうが大きいから，電子密度をO原子に引き寄せるものの，電気陰性度から予想されるほど電子は引き寄せられない．このことは，分子のなかではスピンを対にした2個の電子が分子全体に広がる分子軌道に占有される傾向のほうが，電気陰性度から予想される電気的引力よりも優先されると考えてよい．

**結合双極子モーメント**

多原子分子の場合には，個々の結合ごとに双極子モーメントがある，すなわち**結合双極子モーメント**があると考えると便利がよい．双極子モーメントはベクトル量であるから，分子全体の双極子モーメントは個々の結合双極子モーメントのベクトル和で与えられる．永久双極子モーメントが0であるか0でないかによって分子の構造に関する情報を得ることができる．たとえば，エチレン，アセチレン，二酸化炭素，$SF_6$，p-ジクロロベンゼンのように点対称中心をもっている分子は，結合双極子モーメントのベクトル和が0となるから永久双極子モーメントは0となる．また，$BF_3$，1,3,5-トリクロロベンゼンのように平面分子で3回対称軸をもっている分子は，結合双極子モーメントのベクトル和が0となるので永久双極子モーメントは0となる．さらに，$CH_4$，$CCl_4$，$SiH_4$などのように$XY_4$型の構造をとる正四面体分子は同様に結合双極子モーメントのベクトル和が打ち消し合うので双極子モーメントは0となる．分子がもっている対称性から結合双極子モーメントのベクトル和が0となる分子以外は，すべて永久双極子モーメントをもっていると考えてよい．代表的な多原子分子の永久双極子モーメントを表9.4にまとめた．

表9.4 気相の多原子分子の永久双極子モーメント$\mu$

| 分子 | $\mu(D)$ | 分子 | $\mu(D)$ | 分子 | $\mu(D)$ | 分子 | $\mu(D)$ |
|---|---|---|---|---|---|---|---|
| $CO_2$ | 0 | HCN | 2.94 | $CH_2=CCl_2$ | 1.34 | $o\text{-}C_6H_4Cl_2$ | 2.14 |
| $H_2O$ | 1.94 | $H_2O_2$ | 2.26 | $CHCl=CHCl$ (cis) | 1.89 | $m\text{-}C_6H_4Cl_2$ | 1.54 |
| $H_2S$ | 1.02 | $NO_2$ | 0.316 | $CH_2=CHCl$ | 1.44 | $p\text{-}C_6H_4Cl_2$ | 0 |
| $SO_2$ | 1.634 | $CH_2Cl_2$ | 1.62 | $CH_3OH$ | 1.69 | $C_6H_5NO_2$ | 4.21 |
| $CS_2$ | 0 | $(CN)_2$ | 0 | $CH_3OCH_3$ | 1.302 | $C_6H_5Cl$ | 1.782 |
| $O_3$ | 0.5324 | $CH_3Cl$ | 1.892 | $CH_3COCH_3$ | 2.90 | $C_6H_5CH_3$ | 0.375 |
| $N_2O$ | 0.1608 | $NH_3$ | 1.468 | $CH_3CHO$ | 2.69 | $NF_3$ | 0.235 |

## 9.3 分子間相互作用

原子間の化学結合も含めて原子や分子の間に働く力を一般に分子間力と呼び，その結果得られた位置エネルギーを**分子間ポテンシャル**または**分子間相互作用**と呼ぶ．

### 9.3.1 元素の融点，沸点，および原子化熱

まず，原子に特有な分子間相互作用を表す量として，元素の融点と沸点を取りあげ，これらの物理量が原子番号とともにどのように変化するか見てみよう．付表 A1 に元素の融点，沸点，イオン化エネルギー，電子親和力，ポーリングの電気陰性度，および原子化エンタルピー(原子化熱)をまとめてある．

**(1) 元素の融点および沸点の原子番号依存性**

図 9.6 に最も安定な同素体の融点の原子番号依存性を，図 9.7 に沸点の原子番号依存性を示す．これらのデータから，常温，常圧で気体である非金属元素は融点や沸点が低いことがわかる．とくに希ガスの融点は低い．ところが，常温，常圧で固体である元素は，その融点の高低がその物質の化学結合の強さを示していると考えてよい．典型元素では，融点が極大値をもつのは C, Si, Ge, Sb である．

また，遷移金属元素の融点は，一般に副殻がちょうど半分程度満たされている元素の付近で最高となる．第 4 周期では V，第 5 周期では Mo，第 6 周期では W の融点が最高となる．融点は，$nd$ 軌道と $(n+1)s$ 軌道を完全に満たす電子数 12 個の半分の価電子数をもつ元素において極値をもち，さらに $nd$ 軌道と $(n+1)s$ 軌道が完全に占有された元素で極小値をもつ．ところが，4f 軌道を電子が占有しているランタノイド系列(La から Lu まで)では融点は比較的低い．

沸点は，元素の蒸気圧が 1 atm となる温度である．沸点の原子番号依存性は，融点のそれと似通った変化をする．沸点は，元素の蒸気が原子状であるかあるいは安定な分子状であるかによって変わるので，沸点と単体から原子

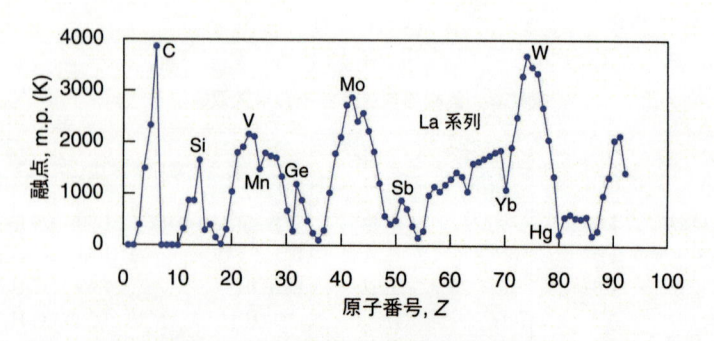

**図 9.6 元素の融点の原子番号依存性**
最も安定な同素体の融点の値を示す．

9.3 分子間相互作用　191

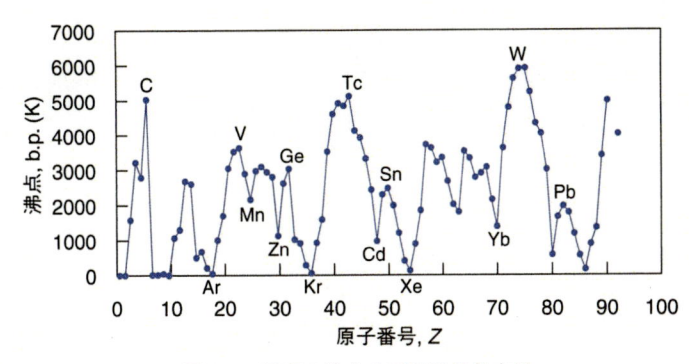

図9.7 元素の沸点の原子番号依存性

を取りだすために必要なエネルギー（原子化熱）との間に比例関係はない．しかし，金属元素の場合には，沸点は結合を切って原子を取りだすエネルギーとほぼ比例関係にある．

**(2) 原子化熱の原子番号依存性**

図9.8に原子化熱の原子番号依存性を示す．室温で気体である希ガスの原子化熱としては，沸点における蒸発熱を採用した．原子化熱の原子番号依存性も元素の沸点の変化とよく対応している．当然のことながら，原子化熱の原子番号依存性が沸点のそれと最も著しい違いを示す元素は，室温で気体分子である非金属元素である．原子化熱は，その原子が同じ原子間の結合の強さを示すものである．

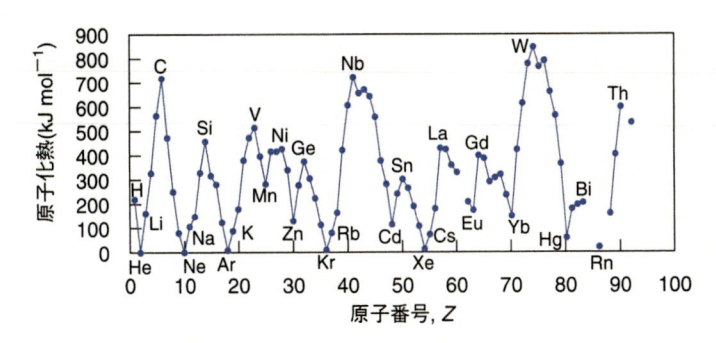

図9.8 元素の原子化熱（厳密には原子化エンタルピー）の原子番号依存性
希ガスの原子化熱としては蒸発熱を用いた．

### 9.3.2 分子の原子化熱

すでに多くの分子が合成されており，その生成エンタルピーが測定されている．塩化物，フッ化物および酸化物の原子化エネルギーの原子番号依存性をそれぞれ，図9.9，図9.10および図9.11に示す*．

これらの図に掲載した室温における原子化熱の値は，標準状態における生成エンタルピーをもとに算出した．酸化物の原子化熱は，酸素と結合してい

\* $XeF_2$ や $XeO_3$ を除いて希ガスの分子は存在しないが，図9.9，図9.10，図9.11においては，グラフの連続性のために原子化熱として蒸発熱を用いてプロットした．

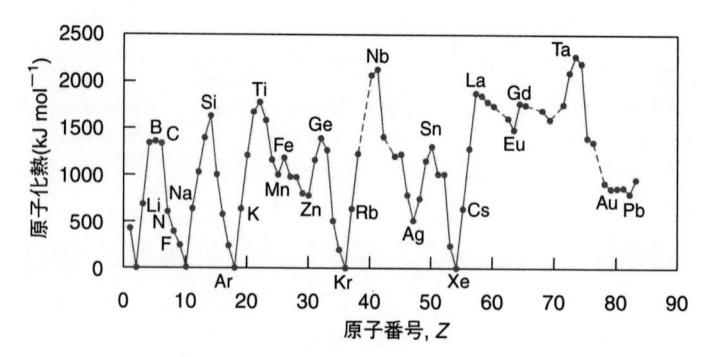

図 9.9　塩化物の原子化熱(原子化エンタルピー)の原子番号依存性

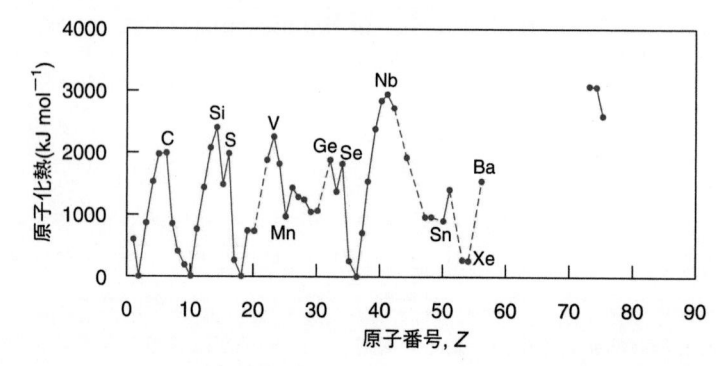

図 9.10　フッ化物の原子化熱(原子化エンタルピー)の原子番号依存性

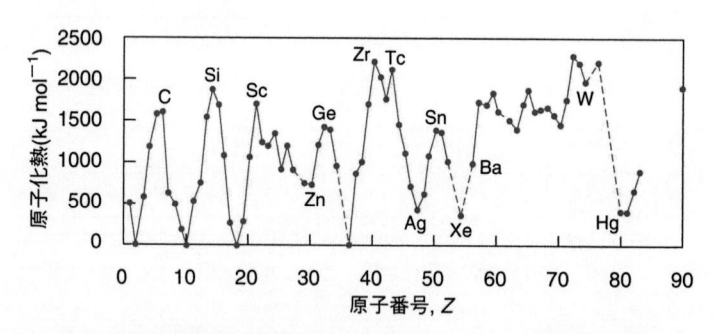

図 9.11　酸化物の原子化熱(原子化エンタルピー)の原子番号依存性

る原子1個あたりの原子化熱を採用してある.たとえば,$Al_2O_3$の原子化熱は3074.8 kJ mol$^{-1}$であるが,Al原子1 molについての値である1537.4 kJ mol$^{-1}$をプロットしてある.イオン性結晶の化合物については,結晶化によるエネルギーが気相の分子の原子化エネルギーに加わった値となっている.元素によっては,複数の酸化数をもつものがあるが,通常,最も安定な化合物を選んだので値には少し任意性がある.

　これらの化合物の原子化熱から明らかなように,塩化物やフッ化物を原子

状にするために必要なエネルギーが，元素の原子化熱ときわめてよく対応している．Cl，FおよびOはすべて電気陰性度の大きい元素であるから，電気陰性度の小さい元素との結合が安定となる傾向がある．しかし，Mで表される元素とハロゲン原子Xとが反応して生成した化合物の組成式または分子式が$MX_n$で表されるとき，原子化熱は結合しているハロゲン原子の数の多さ，すなわち原子価の絶対値とよく対応していることがわかる．フッ化物について検討すると，原子番号が16のS原子と34のSe原子の酸化数はともに+6であるから，O原子の酸化数+2と比較すると格段に高い．したがって，原子化熱がそこで飛び抜けて大きくなっている．このようなことが起こるのは，F原子の電気陰性度が大きいために，S原子やSe原子に対しては多くのF原子が配位結合をすることができるからである．これらの値を比較しながらこれらの図を眺めてほしい．

付表A2に，無機物質の沸点(K)および蒸発熱，ならびに有機化合物の沸点(K)，蒸発熱，および標準生成熱をまとめた．イオン性の物質の沸点は高く，また蒸発熱も大きいことがわかる．

## 9.4 原子半径，イオン半径，ファンデルワールス半径

原子どうしが化学結合をしてできた分子や結晶性物質内で，原子がどのように配列しているかを知ることが次の問題である．分子内の原子の配置を**分子構造**と呼ぶ．固体の分子構造を決定するには，通常，光や電子，中性子などの波動性を利用して回折現象を応用する．波長がわかった波の回折強度の角度依存性から結晶内の原子の配列を決定する．この回折法による測定の物差しに相当するのが，X線ならばその波長であり，物質波の場合にはド・ブロイ波長である．また，気体分子の振動回転スペクトルを測定して，スペクトル解析から分子の構造を決定する．

結晶性固体物質の構造は，通常，X線回折法により決定される．多くの化合物について化学結合(イオン結合，共有結合，金属結合，配位結合)をしている原子間距離が測定されている．最近接原子間の距離を**結合距離**と呼ぶが，これは

① 0.74～5 Å程度である．ただし，1 Å = $1.0 \times 10^{-10}$ m = 100 pmである．
② 最も短いのはH-H(74 pm)で，長いものはアルカリ金属やランタノイド系列金属である．
③ 周期表で周期が下の元素ほど長くなる．

すなわち，結合距離は水素原子のボーア半径($a_0$ = 52.9 pm)の1倍程度から10倍程度である．

### 9.4.1 金属結合の結合半径

まず，金属結晶における結合距離の半分を金属結合の**結合半径**と定義する．その値を表 9.5 に示す．

表 9.5 金属結合の結合半径（単位：pm）

| | | | | | | | | | | | | | |
|---|---|---|---|---|---|---|---|---|---|---|---|---|---|
| Li 152 | Be 111 | | | | | | | | | | | | |
| Na 186 | Mg 160 | Al 143 | | | | | | | | | | | |
| K 231 | Ca 197 | Sc 163 | Ti 145 | V 131 | Cr 125 | Mn 112 | Fe 124 | Co 125 | Ni 125 | Cu 128 | Zn 133 | Ga 122 | |
| Rb 247 | Sr 215 | Y 178 | Zr 159 | Nb 143 | Mo 136 | Tc 135 | Ru 133 | Rh 135 | Pd 138 | Ag 144 | Cd 149 | In 163 | Sn 141 | Sb 145 |
| Cs 266 | Ba 217 | La 187 | Hf 156 | Ta 143 | W 137 | Re 137 | Os 134 | Ir 136 | Pt 139 | Au 144 | Hg 150 | Tl 170 | Pb 175 | Bi 156 |

| La 187 | Ce 183 | Pr 182 | Nd 181 | Pm 180 | Sm 179 | Eu 198 | Gd 179 | Tb 176 | Dy 175 | Ho 174 | Er 173 | Tm 172 | Yb 194 | Lu 172 |
|---|---|---|---|---|---|---|---|---|---|---|---|---|---|---|

上段は元素名，下段は結合半径

### 9.4.2 炭素を含む分子の結合距離

表 9.6 に炭素を含む化合物の C–C および C とその他の原子との結合距離を示す．これから明らかなように，C–C 結合の結合距離は，単結合，二重結合，三重結合となるにしたがって短くなる．ベンゼンのような芳香族化合物の C–C 結合距離は 139.5 pm であるから，単結合よりも二重結合のそれに近い．結合距離は結合の強さの尺度となりうることがわかる．同種類の原子どうしの結合では，結合距離が短い結合ほど結合解離エネルギーが大きいことが知られている．

表 9.6 C–C および C とその他の原子との結合距離（単位：pm）

| 結合 | 分子など | 結合距離 | 結合 | 分子など | 結合距離 |
|---|---|---|---|---|---|
| C–C | 飽和炭化水素類 | 154.1 ± 0.3 | C–P | | 184 |
| C–C | 芳香族（$C_6H_6$ など） | 139.5 ± 0.3 | C–O | アルコール，エーテル類 | 143 |
| C=C | 不飽和炭化水素類 | 133.7 ± 0.6 | C=O | ケトン類 | 123 |
| C≡C | アセチレン | 120.5 ± 0.5 | C–S | | 181 |
| C–H | 飽和炭化水素類 | 107 〜 111 | C=S | $CS_2$ | 171 |
| C–H | 不飽和炭化水素類 | 107 | C–F | $CH_3F$ | 138 |
| C–H | 芳香族（$C_6H_6$ など） | 108 | C–Cl | $CH_3Cl$ | 177 |
| C–N | $CH_3NH_2$ | 148 | C–Br | $CH_3Br$ | 194 |

### 9.4.3 炭素を含まない分子の原子間隔

表9.7に炭素を含まない分子の原子間隔を示す.

表9.7 炭素を含まない結合の結合距離(単位:pm)

| 原子対 | 化合物 | 原子間隔 | 原子対 | 化合物 | 原子間隔 | 原子対 | 化合物 | 原子間隔 |
|---|---|---|---|---|---|---|---|---|
| F−F | $F_2$ | 141.2 | He−He | $He_2$ | 297 | Si−Si | $Si_2H_6$ | 224.6 |
| Cl−Cl | $Cl_2$ | 198.8 | Ne−Ne | $Ne_2$ | 316 | Si−F | $SiF_4$ | 155.4 |
| Br−Br | $Br_2$ | 228.1 | Ar−Ar | $Ar_2$ | 376 | Si−O | $SiO_2$ | 160.9 |
| I−I | $I_2$ | 266.6 | Kr−Kr | $Kr_2$ | 401 | Si−O | SiO(g) | 151.0 |
| H−F | HF | 91.7 | Xe−Xe | $Xe_2$ | 436 | Si−Cl | $SiCl_4$ | 201.9 |
| H−Cl | HCl | 127.5 | F−Cl | FCl | 162.8 | S−H | $H_2S$ | 133.6 |
| H−Br | HBr | 141.4 | Cl−Br | ClBr | 213.6 | S−O | $SO_2$(g) | 143.1 |
| H−I | HI | 160.9 | I−Br | IBr | 246.9 | S−O | $SO_4^{2-}$ | 148 |

希ガスは安定な化学結合による分子をつくらないが,最近になっていろいろな実験法を用いて,図9.13に示したような位置エネルギーの核間距離曲線が求められている.この表に示した原子間隔は,位置エネルギーが最小となる原子間隔である.

このような多くの分子や分子結晶の原子間隔から,それぞれの原子について原子半径を定めておくと,任意の物質の原子間隔を推定できる.**原子半径**の考え方である.一重結合の場合の原子半径(pm)が下のように決定されている.

| H | B | C | N | O | F | Si | Ge | P | S | Cl | Br | I |
|---|---|---|---|---|---|---|---|---|---|---|---|---|
| 30 | 81 | 77.2 | 74 | 74 | 72 | 117 | 122 | 110 | 104 | 99 | 114 | 133 |

すでに決定されている原子半径を用いると,これらの原子を含み,一重結合で結合していると考えられる任意の物質の原子間隔を予想できる.ところが,高いイオン性が予想される物質については,実測値はこれらから予想される値よりも短くなる.すなわち,イオン結合性が増すと化学結合エネルギーが増大する傾向がある.

### 9.4.4 イオン半径

ポーリングやその他の多くの研究者が数多くのイオン結晶のX線回折実験を行い,原子間隔を決定した.このような一連の研究を行った研究者は,必ずといってよいほど,次のようなことを考えた.すなわち,これまでに得られたデータからなんらかの方法で,組成が既知の物質の構造を予想できないだろうかということである.ポーリングらは,正イオンや負イオンに特有な**イオン半径**というパラメータを定めておくと,最近接のイオン間の距離がそれらの和で計算でき,原子間隔が比較的正確に予想できることを見いだした.よく知られているイオンについてイオン半径を表9.8にまとめてある.イオン半径に関する一般的な規則は次のようである.

表9.8 イオン半径(pm)($n$は配位数)

| イオン | $n$ | イオン半径 | イオン | $n$ | イオン半径 | イオン | $n$ | イオン半径 | イオン | $n$ | イオン半径 |
|---|---|---|---|---|---|---|---|---|---|---|---|
| $Li^+$ | 4 | 73 | $Be^{2+}$ | 4 | 41 | $Cs^+$ | 6 | 181 | $S^{6+}$ | 4 | 26 |
|  | 6 | 90 |  | 6 | 59 | $Al^{3+}$ | 6 | 68 | $F^-$ | 6 | 119 |
| $Na^+$ | 4 | 113 | $Mg^{2+}$ | 4 | 71 |  | 4 | 53 | $Cl^-$ | 6 | 167 |
|  | 6 | 116 |  | 6 | 86 | $N^{3-}$ | 4 | 132 | $Cl^{7+}$ | 4 | 22 |
| $K^+$ | 6 | 152 | $Ca^{2+}$ | 6 | 114 |  | 4 | 124 | $Br^-$ | 6 | 182 |
|  | 8 | 165 |  | 8 | 126 | $O^{2-}$ | 6 | 126 | $Br^{7+}$ | 4 | 39 |
| $Rb^+$ | 6 | 166 | $Sr^{2+}$ | 6 | 132 |  | 8 | 128 | $I^-$ | 6 | 206 |
|  | 8 | 175 |  | 8 | 140 | $S^{2-}$ | 6 | 170 | $I^{7+}$ | 4 | 56 |

同じ電子配置をもつイオンについては，イオンの価数が高いものほどイオン半径は小さい．また，同じイオンでも，配位数によってイオン半径は変わる．

### 9.4.5 ファンデルワールス半径

安定な分子の気体の温度を下げると凝縮して液体となり，さらに温度を下げると固体となる．原子や分子の占める空間的な大きさはどのくらいであろうか．それを知るためには1分子あたりの体積を求めてみるとよい．表9.9にいくつかの簡単な分子の分子量，沸点における密度 $d$ (g cm$^{-3}$) およびモル体積 $V_L$ (cm$^3$ mol$^{-1}$) を示す．希ガスや水素，窒素のように簡単な分子固体は，分子を球形であるとして，球を充填したような構造をとっている場合が多い．分子間の相互作用に強い方向性がないからである．このモル体積から，大雑把に分子の大きさを求めてみよう．

表9.9 簡単な分子の液体の沸点における密度 $d$ とモル体積 $V_L$

| 分子 | 分子量 | $d$(g cm$^{-3}$) | $V_L$(cm$^3$ mol$^{-1}$) | 分子 | 分子量 | $d$(g cm$^{-3}$) | $V_L$(cm$^3$ mol$^{-1}$) |
|---|---|---|---|---|---|---|---|
| 水素 | 2.016 | 0.0708 | 28.3 | アルゴン | 39.95 | 1.393 | 28.7 |
| ヘリウム | 4.003 | 0.125 | 32.0 | メタン | 16.04 | 0.426 | 37.7 |
| 窒素 | 28.01 | 0.808 | 34.7 | ベンゼン | 78.11 | 0.878(20℃) | 89.0 |
| 酸素 | 32.00 | 1.14 | 28.1 | ネオペンタン | 72.15 | 0.613 | 117.7 |

【例題9.1】 Ar原子の占める体積を計算せよ．その体積全部が球形の原子の体積であると仮定して原子の半径を求めよ．このようにして求めた原子間隔(= 半径の2倍)と，表9.7の原子間隔とを比較せよ．

【解答】 表9.9よりモル体積は28.7 cm$^3$ mol$^{-1}$ である．1原子あたりの体積は，アボガドロ数で割って，$3.77 \times 10^{-23}$ cm$^3$/原子が得られる．

原子の半径を $r$ とすると，原子の体積は $4\pi r^3/3$ であるから，$4\pi r^3/3 = 3.77 \times 10^{-23}$ cm$^3$ として半径を求めると，$r = 2.25 \times 10^{-8}$ cm $= 225$ pm が得られる．したがって，原子間の距離は 450 nm となる．この値を表 9.7 に示した固体 Ar 中の Ar－Ar 原子間距離 $= 376$ pm と比較すると，計算の近似法の荒さを考慮すると一致はよいといえる．

【例題 9.2】 固体 Ar の密度は 1.65 g cm$^{-3}$ と求められている．したがって，固体 Ar のモル体積は 24.21 cm$^3$ である．また，Ar 固体は**面心立方構造**をとることが知られている（図 9.12）．すなわち，立方体の八つの頂点に原子が位置しており，さらに六つの面の中心にも 6 個の原子が位置している．(a) Ar が球形であるとして，全体の体積に対する原子の占める割合を計算せよ．(b) 球の半径を求め，原子間隔を求めよ．

【解答】 (a) 面心立方格子の立方体の 1 辺の長さを $a$（**格子定数**という）とし，球の半径を $r$ とすると，正方形の中心に球の中心があり，隅の球と接しているので $\sqrt{2}\,a = 4r$ が成り立つ．したがって，$a = 2\sqrt{2}\,r$ である．また，立方体中には 4 個の球が入っており，球の占める体積は $4 \times 4\pi r^3/3$ である．また立方体の体積は $a^3$ であるから，分子球の占める体積の割合は $(4 \times 4\pi r^3/3) \div a^3$ であり，これを計算すると $\sqrt{2}\,\pi/6 = 0.7405$ となる．

(b) 空間部分も含めた 1 原子の占める体積は，$24.21$ cm$^3/N_A = 4.020 \times 10^{-23}$ cm$^3$ となる．この体積の 0.7405 倍が一つの原子球の体積であるから $4.020 \times 10^{-23}$ cm$^3 \times 0.7405 = 4\pi r^3/3$ となる．これより，$r = 192$ pm が得られる．したがって，原子間隔は 384 pm である（この値は表 9.7 に示した固体 Ar 中の Ar－Ar 原子間隔 $= 376$ pm にきわめて近い）．

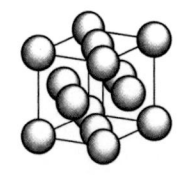

(a) 面心立方構造

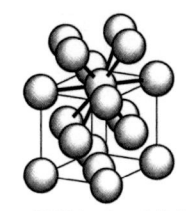

(b) 12 配位している各原子

図 9.12
**面心立方構造の原子配置図**

＊ 0 ℃, 1 atm における理想気体の体積は，22.4141 dm$^3$ mol$^{-1}$ $=$ 22414.1 cm$^3$ mol$^{-1}$ であるから，水素や窒素のような簡単な分子気体が 0 ℃, 1 atm において占める体積は，液体のそれの約 600 倍から 800 倍程度である．すなわち，0 ℃，1 atm の気体はその分子の占める平均的な空間の一辺の約 10 倍の立方体の体積を占めていることがわかる．

## 9.4.6 ファンデルワールス力

安定な原子-分子間にはどのような力が作用しているであろうか．すべての原子や分子の間に作用する弱い相互作用を**ファンデルワールス力**と呼んでいる．図 9.13 に示したように，希ガス原子対 Rg－Rg の間に作用する力による位置エネルギー $V(R)$ の核間距離依存性が実験によって決定されている．その実験方法についてはここでは述べないが，これらの気体の沸点付近で気体中に存在する希ガスの二量体 Rg$_2$ の高分解吸収スペクトルを測定するという分光学的方法や，気体の拡散定数の温度依存性，原子－原子の散乱実験法などのすべてを考慮して最終の原子間位置エネルギー関数が求められている．

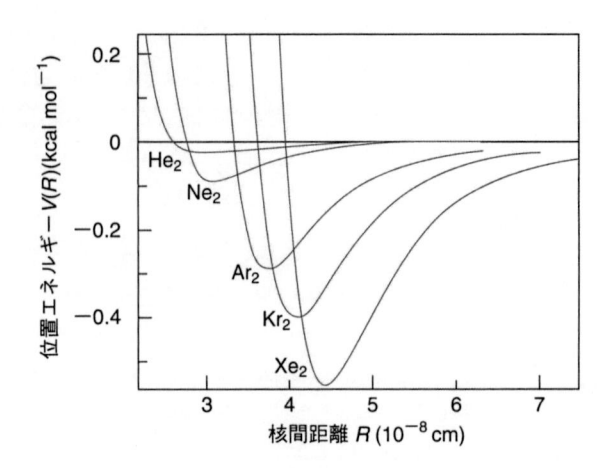

図9.13 希ガス Rg－Rg 位置エネルギー関数の核間距離依存性

　図9.13から明らかなように，Rg－Rgの二量体を引き離して無限遠に分解するためには，Ne－Ne，Ar－Ar，Kr－Kr，Xe－Xeについてそれぞれ，約0.08，0.27，0.39，0.55 kcal mol$^{-1}$程度のエネルギー(解離エネルギー)が必要である*．このようにして求めたRg－Rg対を切断するためのエネルギー(結合エネルギー)とこの物質の巨視的な性質との間には，関連があるのだろうか．これらの液体の沸点における蒸発熱が測定されており，それぞれ1.80，6.52，9.03，12.6 kJ mol$^{-1}$である．蒸発熱を解離エネルギーで割ると約6倍となる．図9.12から明らかなように，面心立方格子構造をとる原子の最近接原子数は12個である．12個の最近接原子との結合を切断して液体内部から気相中に原子を引きだすためには，6個の結合を切断しなければならない．したがって，蒸発熱は，1対の原子間の相互作用エネルギーを切断するためのエネルギーの6倍にほぼ等しいことがわかる．

* 単位はkcal mol$^{-1}$で与えられているが，これらをkJ mol$^{-1}$に換算するためには4.184倍すればよい．したがって，これらの値はそれぞれ0.33，1.13，1.63，2.30 kJ mol$^{-1}$となる．

**分散力**　希ガス原子のように永久双極子モーメントをもたない原子間になぜ引力が作用するのであろうか．このような力を**分散力**(dispersion force)と呼んでいる．原子の周囲を運動している電子によって電子の存在確率は，図7.6に示したように球対称となる．電気的に完全に中性であるものどうしは相互作用しない．ところが，実際には電子は波の性質があるからという理由で，電荷が粉のように広がっているわけではない．電子は波の性質はもってはいるが，ひと塊の粒子として実際には運動しているから，その電子の運動の瞬間，瞬間では，電子の負電荷分布の重心と原子核の正の電荷分布の和をとると0とならず，時間とともに瞬間的に変わる双極子モーメントがある．したがって，このまわりの原子や分子に誘起双極子モーメントが生じ，これが引力を引き起こすというのである．たとえば，Ar－Ar対の一方の原子があ

る瞬間に $\mu$ という双極子モーメントをもつと，そばにいる原子には $\mu$ と平行となるような双極子モーメントが誘起される．そのほうがエネルギー的に安定となるからである．ロンドンが研究したので，このような相互作用を**ロンドン相互作用**と呼んでいる．その位置エネルギー $V(R)$ は，核間距離 $R$ が大きいとき次のような逆6乗関数として表される．

$$V(R) = -\frac{C_6}{R^6} \tag{9.23}$$

$C_6$ は正の定数である．したがって引力が働くことになる．近距離ではイオン間，原子間にかかわらず急に強い斥力が作用するから，任意の核間距離に対して成立する位置エネルギー関数は，斥力による位置エネルギー $V_{\text{repulsion}}(R)$ を加えて，次のような式で表される．

$$V(R) = -\frac{C_6}{R^6} + V_{\text{repulsion}}(R) \tag{9.24}$$

斥力項 $V_{\text{repulsion}}(R)$ には，イオン結合の節で使った指数関数形 $B_0\exp(-R/\rho)$ か $C_{12}/R^{12}$ のような形を使うことが多い．ここで問題なのは，どのような関数形であるかということではない．すべての分子間に弱い引力が働くが，近距離では急に増加する斥力が働くということである．分散力は，電子の多い原子や分子ほど強くなる．また，イオン化エネルギーが大きい原子や分子ほど誘起双極子モーメントを生じにくいから，相互作用は小さくなる．図9.13に示した分子間相互作用関数はそのことを如実に示している．

**双極子-誘起双極子相互作用**　分子が永久双極子モーメントをもっている場合には，分子の配向によって周囲の無極性分子にも誘起双極子モーメントが生じ，引力が作用する．このような引力は，**双極子-誘起双極子相互作用**(dipole-induced dipole interaction)と呼ばれている．

**双極子-双極子相互作用**　HCl分子のような永久双極子モーメントをもつ分子どうしが近づくとき働く相互作用を**双極子-双極子相互作用**(dipole-dipole interaction)と呼ぶ．二つの双極子はお互いがより安定になるように配向し，分子対は平均的には安定化する．ただし，分子は熱運動によって回転運動もしているから，最も安定な配向を常にとるわけではない．

分散力はすべての分子間に働く．ところが，双極子-誘起双極子相互作用や双極子-双極子相互作用は，永久双極子モーメントをもつ分子のみに働く．上記の3種類のタイプの相互作用をまとめて**ファンデルワールス相互作用**と呼んでいる．もちろん，引力のほかに二つの構成分子や原子がある程度以内の距離に近づくと，パウリの排他律に見られるような斥力も作用する．その結果，ある程度の距離にまでしか分子どうしは近づけない．

図9.13に示したような原子-原子間の位置エネルギー関数$V(R)$の実験的な測定は，安定な分子のものに比較すると困難であるが，最近は測定できるようになった．ただし，原子-分子，分子-分子間の位置エネルギー関数は，重心間の距離だけでなく，分子の配向によっても変わるので正確に測定された例は少ない．

多原子分子の場合にも，ある原子の"領域"以内に他の原子が入ると急に斥力が働くので，個々の原子に原子半径というような特有の値が存在するのである．これがファンデルワールス半径である．分子性結晶の構造解析実験によって決定された原子間距離をもとにして得たポーリングのファンデルワールス半径を表9.10に示す．共有結合半径よりも約80 pmだけ大きい．

表9.10 ポーリングのファンデルワールス半径(pm)

| | | | | | | | | | | |
|---|---|---|---|---|---|---|---|---|---|---|
| H, 120 | | | | | | | | | | He, 150 |
| Li, 182 | | | | | C, 170 | N, 155 | O, 140 | F, 135 | Ne, 154 | |
| Na, 227 | Mg, 173 | | | | Si, 210 | P, 190 | S, 180 | Cl, 175 | Ar, 188 | |
| K, 275 | | Ni, 163 | Cu, 140 | Zn, 139 | Ga, 187 | Ge, 210 | As, 200 | Se, 190 | Br, 185 | Kr, 202 |
| | | Pd, 163 | Ag, 172 | Cd, 158 | In, 193 | Sn, 217 | Sb, 220 | Te, 220 | I, 215 | Xe, 216 |
| | | Pt, 175 | Au, 166 | Hg, 155 | Tl, 196 | Pb, 202 | | | | |

興味ある点は，F原子のファンデルワールス半径(135 pm)がH原子(120 pm)の値とほぼ等しいことである．さらに，$CF_4$の蒸発熱12.6 kJ mol$^{-1}$はメタンのそれ(8.18 kJ mol$^{-1}$)に近い．C－F結合双極子モーメントは比較的大きい(1.41 D)にもかかわらず，エチレンのH原子をF原子で置換したテトラフルオロエチレンの高分子(ポリテトラフルオロエチレン，PTFE)では，高分子鎖間の相互作用が比較的弱い．またその他の分子との相互作用も弱いので，PTFEは他の分子と接着しにくく，滑りやすいという特性をもっている．

## 9.5 蒸発熱と水素結合

### 9.5.1 蒸発熱

蒸発熱は，凝縮系内における分子間の結合エネルギーに相当する量である．付表A2に，無機化合物の沸点(K)および蒸発熱，有機化合物の沸点(K)，蒸発熱，および標準生成熱($-\Delta H_f^\circ$)をまとめてある．これらのデータから，蒸発熱について次のようなことがいえる．

① イオン性の高い結合をしている物質の沸点は高く，また蒸発熱も大きい（例：ハロゲン化アルカリ結晶，$AlF_3$など）．
② 飽和炭化水素の蒸発熱は小さい．とくに直鎖の飽和炭化水素の蒸発熱は，$CH_2$基が一つ増えるごとに約3 kJ mol$^{-1}$程度しか増加しない．これらの分子を液体から気相に引き離すために必要なエネルギー(蒸発熱)が，C－C結合を切断するエネルギー(約350 kJ mol$^{-1}$)に等しくなるの

は，$C_{100}H_{202}$ 程度の相当に分子量の大きい分子である．
③ 極性の大きいカルボニル基をもつケトン類，アルデヒド類，エステル類は，分子量が小さくても蒸発熱は比較的大きい（$25 \sim 30$ kJ mol$^{-1}$）．
④ ベンゼンやトルエンなどの芳香族化合物も蒸発熱が比較的大きい（$\sim 30$ kJ mol$^{-1}$）．
⑤ 水やアルコール類の蒸発熱は大きい（$30 \sim 45$ kJ mol$^{-1}$）．これは水素結合の強さによると考えてよい．

### 9.5.2 水素結合

水の結晶構造においては，すべての水分子は四つの水素結合をしている〔図 8.40 (p.165) 参照〕．沸点における水の蒸発熱は 40.66 kJ mol$^{-1}$ と測定されている．また，0 ℃ における水の蒸発熱は 45.0 kJ mol$^{-1}$ であるので，一つ分の水素結合エネルギーは，その半分の $\sim 22.5$ kJ mol$^{-1}$ である．図 8.40 のような構造をもつ水の二量体の結合解離エネルギーが約 23 kJ mol$^{-1}$ と測定されており，蒸発熱から見積もることのできる水素結合エネルギーとよく一致する．

いずれにしても，水素結合エネルギーは，分子間相互作用エネルギーとしては大きい．水，アンモニア，HF などの沸点は，同程度の質量をもつ分子と比較すると，格段に大きい（付表 A2 参照）のはこれが原因である．

熱エネルギーは $RT$（室温で約 2.5 kJ mol$^{-1}$）のオーダーである．$RT$ が温度 $T$ で決まる系の状態分布や反応速度に決定的な役割を果たすことはよく知られている．通常，結合エネルギーが大きい結合を切断したり生成する反応は容易に進まないが，水素結合程度の結合エネルギーをもっている相互作用は簡単に切断される．したがって，水溶液中における現象は水素結合がきわめて重要な役割を果たしている．

とくに，糖質，タンパク質，DNA，生体膜などの生体関連物質は多くの OH 基，NH 基，COOH 基をもっており，二組以上の水素結合が作用すると結合が強固になり，熱エネルギー $RT$ によって切れにくい相互作用を生じることになる．したがって，生体関連物質の分子認識が主として水素結合により行われていると考えてもよい．

### この章のまとめ

1. **化学結合エネルギーの実験的決定法**

   **分子の生成熱** 最も安定な元素から分子が生成するときに発生する熱（厳密には生成エンタルピーを $\Delta H_f^\circ$ とすると $-\Delta H_f^\circ$）．測定法：断熱した容器に，水中に浸したボンベを入れそのなかで反応を起こさせ，その結果生じる温度変化を測定するボンベ型の反応熱測量計を用いる．たとえば，黒鉛と水素から直接的に生成できないメタンの生成熱は，黒鉛と水素の燃焼熱を測定し，ヘスの法則を用いて算出する．

   **二原子分子の解離エネルギー** 二原子分子気体の放電による発光スペクトルや分子の吸収スペクト

ルを解析し，分子を分解するのに必要な光エネルギーを測定して求める．

**元素の原子化熱**　水素，酸素，窒素の原子化熱は，$H_2$, $O_2$, $N_2$ 分子の解離エネルギーの半分として得られる．C 原子の原子化熱は，CO 分子の生成熱，CO 分子の解離エネルギー，O 原子の生成熱を測定し，ヘスの法則から計算して求める．

**分子の原子化熱**　構成原子の原子化熱の和と分子の生成熱との差として定義する．

**メタン $CH_4$ の化学結合エネルギー**：複数の C–H 結合がある分子の C–H 化学結合エネルギーは，メタンの原子化熱の 4 分の 1 とする．

2. **元素の融点，沸点，原子化熱の原子番号依存性**　これらの値は原子番号とともに規則的に変化する．酸化物，塩化物，フッ化物の原子化熱についても同様である．元素や分子の原子化熱の大きさは元素の原子価と強い相関性をもっている．

3. **電気陰性度**　ポーリングは，多くの二原子分子の解離エネルギーの実測値を眺めて，そのなかに一般的な規則性があることを発見し，原子が化学結合をする際に電子を引きつける力を表す尺度である**電気陰性度**という概念を提唱した．この概念は化学結合エネルギーや分子の双極子モーメントを経験的に見積もるためにも有用であることがわかった．

4. **原子半径，共有結合半径，およびイオン半径**　多くの物質の原子間隔が X 線回折法などを用いて決定された．その結果，イオン性の結晶の場合にはイオンに特有な**イオン半径**が，共有結合で結合したと考えられる分子には**共有結合半径**が，金属中の原子の場合には原子に特有な**原子半径**があると考えると，結合距離を説明することができる．化学結合による原子間隔は 0.74 Å から 5 Å 程度である．

5. **ファンデルワールス力およびファンデルワールス半径**　無極性の安定な原子や分子間に作用する力が分散力である．すべての原子や分子間に作用する力を，**ファンデルワールス力**と呼んでいる．化学結合エネルギーは $50 \sim 1000$ kJ mol$^{-1}$ もあるが，水素結合の結合エネルギーは数 kJ mol$^{-1}$ 〜 35 kJ mol$^{-1}$ と小さいので，室温付近の熱エネルギーによって容易に切断することができる．したがって，水素結合は，これを多く含む DNA，タンパク質，水溶液中などの分子の振る舞いに重要な役割を果たしている．安定な分子が凝集して結晶をつくるとき，原子に特有なファンデルワールス半径を定めると，分子の充塡の様子が説明できる．原子のファンデルワールス半径は，原子半径よりも約 80 pm だけ大きい値である．

### 章末問題

1. 実測された分子の双極子モーメントの大きさから，次の分子はどのような構造をもつか予想せよ．
    (a) $O_3$, (b) $SO_2$, (c) $CS_2$, (d) $NF_3$, (e) $p$-$C_6H_4Cl_2$, (f) $(CN)_2$

2. 化学結合の大きさはどの程度であるか述べよ．典型的な分子の化学結合エネルギーについて述べよ．

3. メタン分子が球形であり，さらに沸点における液体メタン（表 9.9）が面心立方構造をとっていると仮定して，メタン分子のファンデルワールス半径を求めよ．さらに，メタン分子のファンデルワールス半径から C–H 結合距離 109 pm を差し引いた値を H 原子のファンデルワールス半径として算出した値とポーリングの値（表 9.10）を比較し，考察せよ．

4. 電気陰性度の定義とその効用について説明せよ．

5. Ar原子やN₂分子のように中性の分子の間にも引力が働くことを示す実験事実をあげ，これがどのような機構で生じるのか説明せよ．

6. 水素結合はどのような結合であるか，例をあげて説明せよ．

7. 双極子-双極子相互作用とはどのような相互作用であるか説明せよ．

8. 化学においては，"Like dissolves like (似たものどうしはよく溶けあう)"といわれる．たとえば，ガソリンと水は簡単に混ざり合わないが，アセトンと水，アセトンと油は簡単に混ざり合う．これはなぜ起こるか説明せよ．

9. ベンゼンの共鳴エネルギーを計算したい．下記の設問に順次答えよ．
  (a) シクロヘキサンは，その化学式が$C_6H_{12}$と表される六員環の環状炭化水素である．この生成熱を付表A2から読みとり，水素と黒鉛からシクロヘキサンを生成する熱化学反応式を書き出せ．
  (b) シクロヘキセン$C_6H_{10}$は，シクロヘキサンと同様に六員環化合物で，二重結合を一つもっている分子である．その構造式を書け．また，シクロヘキセンを生成する反応の熱化学方程式を書き出せ．
  (c) 1 molのシクロヘキセンに1 molの水素ガスを付加したときどれだけの発熱となるか．(a)および(b)の熱化学方程式から，その反応の熱化学方程式を導き，水素化熱を算出せよ．
  (d) 付表A2に掲載してあるベンゼンの生成熱を利用して，1 molのベンゼンに3 molの水素ガスを付加してシクロヘキサンを生成させる反応の熱化学方程式を書き出せ．水素化反応による反応熱はいくらとなるか．
  (e) もしベンゼン分子の分子構造が，図3.5に示したようなケクレ構造をとっていて，三つのC=C二重結合が局在化しているならば，ベンゼンの水素化反応によりシクロヘキサンを生成する反応の反応熱は，シクロヘキセンからシクロヘキサンへの水素化反応の3倍となることが予想される．この仮想的な反応の熱化学方程式を書き出せ．
  (f) 当然のことながら，三つの二重結合が局在化している仮想的なベンゼンの水素化熱と，実際のベンゼンの水素化熱とは違いがある．この違いは，局在化したベンゼンと，実際のベンゼンとの安定性の差を反映している．どちらがどれだけ安定であるか述べよ〔なお，二重結合が局在化している仮想的な1,3,5-シクロヘキサトリエン〔$(C_6H_6)_{loc}$とせよ〕よりもベンゼンのほうが安定であり，安定化させているこのエネルギーは**共鳴エネルギー**，または$\pi$電子がベンゼン環全体に広がっているという意味で**非局在化エネルギー**とも呼ばれている〕．

10. エチレン，プロピレン，1-ブテン分子に1分子の水素ガスを付加したとき発生する熱，すなわち水素化熱を計算し，どの不飽和化合物においても水素化エネルギーはほぼ等しいことを確かめよ．この結果とC-HおよびC-C結合の解離エネルギーから，C=C二重結合のうちの$\pi$結合の部分を切断するエネルギーは，C-C結合を切断するエネルギーよりも小さいことを示せ．

11. HCl分子の双極子モーメントは1.109 Dである．負電荷$(-q)$が塩素原子核上にあり，正電荷$(+q)$が水素原子核上にあると仮定して，$q$の値を求めよ．いま，双極子モーメントをもっている二つのHCl分子がエネルギー的に有利となるように，右図のように長方形に配列したと仮定する．一方の分子のHと他方の分子のCl間の距離$d$がポーリングのファンデルワールス半径の和であるとき(すなわち295 pm)，2分子が無限遠にあるときと比較してクーロンの引力によってどれだけ安定化するか計算せよ．ただし，反発力による位置エネルギーは無視する．その安定化エネルギーの6倍は，塩化水素の蒸発熱とほぼ等しいか答えよ．

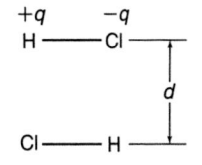

12. 付表 A2 に示したように，1,3,5-トリニトロベンゼンの生成熱は $+37.4$ kJ mol$^{-1}$ である．この分子が酸素の供給なしに化学変化を起こして最も安定な化合物に変化するときの反応熱を求めよ．なお，通常，爆薬が反応するとき，窒素は窒素分子に，炭素は一酸化炭素または二酸化炭素に，水素は水に変化することが提唱されている．

13. RbCl，LiF，NaBr は，NaCl 型の結晶構造をとる．最近接のアルカリ金属-ハロゲン原子間隔を予想せよ．なお，RbCl，LiF，NaBr の最近接原子間隔の実測値は，それぞれ 329，201，298 pm である．正確に予想できたといえるか．

付表 A1 　原子量，融点，沸点，イオン化エネルギー，電子親和力，ポーリングの電気陰性度，原子化熱の原子番号依存性（その１）

| 原子番号 | 元素名 | 原子量 (amu) | 融点 (℃) | 沸点 (℃) | イオン化エネルギー (eV) | 電子親和力 (eV) | ポーリング電気陰性度 | 原子化熱 (kJ mol$^{-1}$) |
|---|---|---|---|---|---|---|---|---|
| 1 | H | 1.0079 | −259.14 | −252.87 | 13.598 | 0.754 | 2.10 | 217.97 |
| 2 | He | 4.0026 | −272.2 | −268.93 | 24.587 | − | − | 0.08 |
| 3 | Li | 6.941 | 180.54 | 1350 | 5.392 | 0.618 | 1.00 | 159.40 |
| 4 | Be | 9.0122 | 1280 | 2970 | 9.322 | − | 1.50 | 324.00 |
| 5 | B | 10.811 | 2080 | 2550 | 8.298 | 0.277 | 2.00 | 563.00 |
| 6 | C | 12.011 | 3600 | 4800 | 11.260 | 1.263 | 2.50 | 716.68 |
| 7 | N | 14.0067 | −209.86 | −195.8 | 14.543 | −0.070 | 3.00 | 472.70 |
| 8 | O | 15.9994 | −218.4 | −182.96 | 13.618 | 1.461 | 3.50 | 249.17 |
| 9 | F | 18.9984 | −219.62 | −188.14 | 17.422 | 3.399 | 4.00 | 79.40 |
| 10 | Ne | 20.1797 | −248.67 | −246.05 | 21.564 | − | − | 1.80 |
| 11 | Na | 22.9898 | 97.81 | 882.9 | 5.139 | 0.548 | 0.90 | 107.30 |
| 12 | Mg | 24.3050 | 648.8 | 1090 | 7.646 | − | 1.20 | 147.70 |
| 13 | Al | 26.9815 | 660.37 | 2470 | 5.986 | 0.441 | 1.50 | 326.00 |
| 14 | Si | 28.0855 | 1410 | 2360 | 8.151 | 1.385 | 1.80 | 456.00 |
| 15 | P | 30.9738 | 44.1 | 280.5 | 10.486 | 0.747 | 2.10 | 314.60 |
| 16 | S | 32.066 | 112.8 | 444.67 | 10.360 | 2.077 | 2.50 | 278.81 |
| 17 | Cl | 35.4527 | −100.98 | −34.1 | 12.967 | 3.617 | 3.00 | 121.68 |
| 18 | Ar | 39.948 | −189.2 | −185.86 | 15.759 | − | − | 6.52 |
| 19 | K | 39.0983 | 63.65 | 774 | 4.341 | 0.501 | 0.80 | 89.20 |
| 20 | Ca | 40.078 | 839 | 1480 | 6.113 | − | 1.00 | 178.00 |
| 21 | Sc | 44.9559 | 1540 | 2830 | 6.54 | 0.188 | 1.30 | 378.00 |
| 22 | Ti | 47.88 | 1660 | 3300 | 6.82 | 0.200 | 1.50 | 470.00 |
| 23 | V | 50.9415 | 1890 | 3400 | 6.74 | 0.525 | 1.60 | 514.20 |
| 24 | Cr | 51.9961 | 1860 | 2670 | 6.766 | 0.666 | 1.60 | 396.60 |
| 25 | Mn | 54.9381 | 1240 | 1960 | 7.435 | − | 1.50 | 280.70 |
| 26 | Fe | 55.847 | 1540 | 2750 | 7.870 | 0.151 | 1.80 | 416.00 |
| 27 | Co | 58.9332 | 1490 | 2870 | 7.86 | 0.662 | 1.80 | 425.00 |
| 28 | Ni | 58.693 | 1450 | 2730 | 7.635 | 1.156 | 1.80 | 430.00 |
| 29 | Cu | 63.546 | 1083.4 | 2570 | 7.726 | 1.228 | 1.90 | 338.30 |
| 30 | Zn | 65.39 | 419.58 | 907 | 9.394 | 0.000 | 1.60 | 130.73 |
| 31 | Ga | 69.723 | 29.78 | 2400 | 5.999 | 0.300 | 1.60 | 277.00 |
| 32 | Ge | 72.61 | 937.4 | 2830 | 7.899 | 1.233 | 1.80 | 377.00 |
| 33 | As | 74.9216 | 613 | 817 | 9.81 | 0.810 | 2.00 | 302.50 |
| 34 | Se | 78.96 | 217 | 684.9 | 9.752 | 2.021 | 2.40 | 227.10 |
| 35 | Br | 79.904 | −7.2 | 58.78 | 11.814 | 3.365 | 2.80 | 111.88 |
| 36 | Kr | 83.80 | −156.6 | −153.35 | 13.999 | − | − | 9.03 |
| 37 | Rb | 85.4678 | 38.89 | 688 | 4.177 | 0.486 | 0.80 | 80.88 |
| 38 | Sr | 87.62 | 769 | 1380 | 5.695 | − | 1.00 | 164.00 |
| 39 | Y | 88.9059 | 1520 | 3300 | 6.38 | 0.307 | 1.20 | 421.00 |
| 40 | Zr | 91.224 | 1850 | 4400 | 6.84 | 0.426 | 1.40 | 608.00 |
| 41 | Nb | 92.9064 | 2470 | 4700 | 6.88 | 0.893 | 1.60 | 726.00 |
| 42 | Mo | 95.94 | 2620 | 4660 | 7.099 | 0.746 | 1.80 | 658.00 |
| 43 | Tc | 98.0000 | 2170 | 4900 | 7.28 | 0.700 | 1.90 | 678.00 |
| 44 | Ru | 101.07 | 2310 | 3900 | 7.37 | 1.100 | 2.20 | 642.70 |
| 45 | Rh | 102.9055 | 1970 | 3700 | 7.46 | 1.200 | 2.20 | 557.00 |
| 46 | Pd | 106.4200 | 1550 | 3100 | 8.34 | 0.557 | 2.20 | 378.00 |

付表 A1 原子量，融点，沸点，イオン化エネルギー，電子親和力，ポーリングの電気陰性度，原子化熱の原子番号依存性（その2）

| 原子番号 | 元素名 | 原子量 (amu) | 融点 (℃) | 沸点 (℃) | イオン化エネルギー (eV) | 電子親和力 (eV) | ポーリング電気陰性度 | 原子化熱 (kJ mol$^{-1}$) |
|---|---|---|---|---|---|---|---|---|
| 47 | Ag | 107.8682 | 961.93 | 2210 | 7.576 | 1.302 | 1.90 | 284.60 |
| 48 | Cd | 112.411 | 320.9 | 765 | 8.993 | 0.000 | 1.70 | 112.00 |
| 49 | In | 114.82 | 156.61 | 2080 | 5.786 | 0.300 | 1.70 | 243.30 |
| 50 | Sn | 118.71 | 231.97 | 2270 | 7.344 | 1.113 | 1.80 | 302.10 |
| 51 | Sb | 121.757 | 630.74 | 1750 | 8.641 | 1.070 | 1.90 | 262.00 |
| 52 | Te | 127.60 | 449.5 | 989.8 | 9.009 | 1.971 | 2.10 | 190.40 |
| 53 | I | 126.9045 | 113.5 | 184.35 | 10.451 | 3.059 | 2.50 | 106.84 |
| 54 | Xe | 131.29 | −111.9 | −108.1 | 12.130 | — | — | 12.60 |
| 55 | Cs | 132.9054 | 28.40 | 678.4 | 3.894 | 0.472 | 0.70 | 76.07 |
| 56 | Ba | 137.327 | 725 | 1640 | 5.212 | — | 0.90 | 180.00 |
| 57 | La | 138.9055 | 921 | 3500 | 5.577 | 0.500 | 1.10 | 431.00 |
| 58 | Ce | 140.115 | 799 | 3400 | 5.47 | — | 1.10 | 423.00 |
| 59 | Pr | 140.9077 | 931 | 3000 | 5.42 | — | 1.10 | 356.00 |
| 60 | Nd | 144.24 | 1020 | 3100 | 5.49 | — | 1.15 | 328.00 |
| 61 | Pm | 145.0000 | 1170 | 2460 | 5.55 | — | 1.15 | — |
| 62 | Sm | 150.36 | 1080 | 1790 | 5.644 | — | 1.15 | 207.00 |
| 63 | Eu | 151.96 | 822 | 1600 | 5.670 | — | 1.15 | 175.00 |
| 64 | Gd | 157.25 | 1310 | 3300 | 6.15 | — | 1.15 | 398.00 |
| 65 | Tb | 158.9253 | 1360 | 3100 | 5.864 | — | 1.15 | 389.00 |
| 66 | Dy | 162.50 | 1410 | 2560 | 5.939 | — | 1.15 | 290.00 |
| 67 | Ho | 164.9303 | 1470 | 2690 | 6.022 | — | 1.15 | 301.00 |
| 68 | Er | 167.26 | 1530 | 2860 | 6.108 | — | 1.15 | 317.00 |
| 69 | Tm | 168.9342 | 1550 | 1950 | 6.18 | — | 1.15 | 232.00 |
| 70 | Yb | 173.04 | 819 | 1194 | 6.254 | — | 1.15 | 152.00 |
| 71 | Lu | 174.967 | 1660 | 3400 | 5.426 | — | 1.15 | 428.00 |
| 72 | Hf | 178.49 | 2230 | 4600 | 6.78 | — | 1.30 | 619.00 |
| 73 | Ta | 180.9479 | 2990 | 5400 | 7.40 | 0.600 | 1.50 | 782.00 |
| 74 | W | 183.85 | 3400 | 5700 | 7.60 | 0.815 | 1.70 | 849.00 |
| 75 | Re | 186.207 | 3180 | 5700 | 7.76 | 0.150 | 1.90 | 769.90 |
| 76 | Os | 190.2 | 3045 | 5027 | 8.28 | 1.100 | 2.20 | 791.00 |
| 77 | Ir | 192.22 | 2410 | 4100 | 9.02 | 1.565 | 2.20 | 665.00 |
| 78 | Pt | 195.08 | 1770 | 3800 | 8.61 | 2.128 | 2.20 | 565.30 |
| 79 | Au | 196.9665 | 1064.43 | 2800 | 9.225 | 2.309 | 2.40 | 366.00 |
| 80 | Hg | 200.59 | −38.84 | 356.58 | 10.437 | — | 1.90 | 61.32 |
| 81 | Tl | 204.3833 | 303.5 | 1457 | 6.108 | 0.300 | 1.80 | 182.20 |
| 82 | Pb | 207.2 | 327.5 | 1740 | 7.416 | 0.364 | 1.80 | 195.00 |
| 83 | Bi | 208.9804 | 271.3 | 1560 | 7.289 | 0.946 | 1.90 | 207.10 |
| 84 | Po | 209 | 254 | 962 | 8.42 | 1.900 | 2.00 | — |
| 85 | At | 210 | 302 | 337 | — | 2.800 | 2.20 | — |
| 86 | Rn | 222 | −71 | −61.8 | 10.748 | — | — | 16.40 |
| 87 | Fr | 223 | 27 | 677 | — | — | 0.70 | — |
| 88 | Ra | 226 | 700 | 1140 | 5.279 | — | 0.90 | 159.00 |
| 89 | Ac | 227.0278 | 1050 | 3200 | 5.17 | — | 1.10 | 406.00 |
| 90 | Th | 232.0381 | 1750 | 4800 | 6.08 | — | 1.30 | 598.00 |
| 91 | Pa | 231.0359 | 1840 | — | 5.89 | — | 1.50 | — |
| 92 | U | 238.0289 | 1132.3 | 3800 | 6.191 | — | 1.70 | 531.00 |

付表 A2　無機化合物の沸点と蒸発熱($\Delta H$)，および有機化合物の沸点，蒸発熱($\Delta H$)，標準生成熱($-\Delta H_f^\circ$)

| 化合物 | 沸点(K) | 蒸発熱 $\Delta H$ (kJ mol$^{-1}$) | 化合物 | 沸点(K) | 蒸発熱 $\Delta H$ (kJ mol$^{-1}$) | $-\Delta H_f^\circ$ (kJ mol$^{-1}$) |
|---|---|---|---|---|---|---|
| AgBr | 1806 | 155 | 飽和炭化水素 | | | |
| AgCl | 1830 | 183 | メタン($CH_4$) | 111.67 | 8.18 | 74.5 |
| $Al_2Cl_6$ | 453.3 | 117 | エタン($C_2H_6$) | 184.53 | 14.72 | 84.0 |
| $AlF_3$ | 1545 | 293 | プロパン($C_3H_8$) | 231.09 | 18.77 | 104.5 |
| $AsF_3$ | 292.50 | 35.84 | ブタン($n$-$C_4H_{10}$) | 272.7 | 21.29 | 147.5 |
| $AsH_3$ | 210.7 | 17.5 | ペンタン($n$-$C_5H_{12}$) | 309.23 | 25.8 | 173.2 |
| $BCl_3$ | 285.60 | 24 | ヘキサン($n$-$C_6H_{14}$) | 341.90 | 28.85 | 198.6 |
| $BF_3$ | 144.50 | 23.8 | ヘプタン($n$-$C_7H_{16}$) | 371.56 | 31.69 | 224.0 |
| $B_2H_6$ | 180.63 | 14.4 | オクタン($n$-$C_8H_{18}$) | 398.82 | 35.00 | 250.0 |
| $CBr_4$ | 460 | 43.5 | 不飽和炭化水素 | | | |
| $CCl_4$ | 349.9 | 30.0 | エチレン($CH_2=CH_2$) | 169.45 | 13.45 | $-52.2$ |
| $CF_4$ | 145.14 | 12.6 | プロピレン($CH_3CH=CH_2$) | 225.46 | 18.42 | $-20.2$ |
| CO | 81.66 | 6.04 | 1-ブテン($C_2H_5CH=CH_2$) | 267.9 | 21.91 | 0.4 |
| $CO_2$ | 194.68 | 25.23 | 1-ペンテン(1-$C_5H_{10}$) | 303.2 | 25.20 | 47.4 |
| $CS_2$ | 319.41 | 26.8 | アセチレン類 | | | |
| $FeCl_2$ | 1299 | 126.4 | アセチレン($HC\equiv CH$) | 189.55 | — | $-228.0$ |
| $FeCl_3$ | 605 | 43.8 | プロピン($CH_3C\equiv CH$) | 250 | 23.27 | $-186.6$ |
| $GeCl_4$ | 356.3 | 33.1 | 脂環式炭化水素 | | | |
| HCl | 188.11 | 16.2 | シクロプロパン(c-$C_3H_6$) | 145.74 | — | $-53.3$ |
| HF | 293.1 | 7.5 | シクロペンタン(c-$C_5H_{10}$) | 322.41 | — | $-3.7$ |
| HI | 237.80 | 19.77 | シクロヘキサン(c-$C_6H_{12}$) | 353.89 | 33.00 | 156.3 |
| $H_2O$ | 373.15 | 40.66 | シクロヘキセン(c-$C_6H_{10}$) | 356.13 | — | 38.1 |
| $H_2S$ | 212.82 | 18.67 | 芳香族炭化水素 | | | |
| KBr | 1671 | 149 | ベンゼン($C_6H_6$) | 298.20 | 31.70 | $-49.0$ |
| KOH | 1600 | 134 | トルエン($C_6H_5CH_3$) | 383.76 | 33.50 | $-12.1$ |
| LiCl | 1655 | 151 | スチレン($C_6H_5CH=CH_2$) | | | $-103.8$ |
| LiF | 1954 | 213 | 水，アルコール類 | | | |
| $MnCl_2$ | 1463 | 120 | 水($H_2O$) | 373.15 | 40.66 | 285.8 |
| $N_2H_4$ | 386.90 | 40.6 | メタノール($CH_3OH$) | 337.90 | 35.27 | 239.1 |
| NO | 121.39 | 13.8 | エタノール($C_2H_5OH$) | 351.7 | 38.6 | 277.1 |
| $N_2O$ | 184.68 | 16.55 | 1-プロパノール(1-$C_3H_7OH$) | 371 | 41.0 | 302.7 |
| $N_2O_4$ | 294.31 | 38.1 | 1-ブタノール(1-$C_4H_9OH$) | 389 | 44.39 | 327.4 |
| NaF | 1977 | 209 | エーテル類 | | | |
| $Ni(CO)_4$ | 315.60 | 29 | ジメチルエーテル($CH_3OCH_3$) | 248.34 | 21.51 | 184.0 |
| $O_3$ | 162.65 | 10.8 | ジエチルエーテル($C_2H_5OC_2H_5$) | 308.00 | 26.5 | 279.0 |
| $PCl_3$ | 349 | 30.5 | アルデヒド類，ケトン類 | | | |
| $PH_3$ | 185.42 | 14.6 | ホルムアルデヒド(HCHO(g)) | 253.90 | 23.3 | 108.7 |
| RbF | 1681 | 165 | アセトアルデヒド($CH_3CHO$) | 293.30 | 25.7 | 191.5 |
| $ReF_6$ | 306.85 | 28.3 | アセトン($CH_3COCH_3$) | 329.70 | 29.00 | 248.0 |
| $SF_6$ | 209.50 | 22.8 | カルボン酸 | | | |
| $SO_2$ | 263.14 | 24.9 | ギ酸(HCOOH) | 373.70 | 22.3 | 425.0 |
| $SeF_6$ | 226.6 | 26.2 | 酢酸($CH_3COOH$) | 391.4 | 24.4 | 484.3 |
| $SiCl_4$ | 330.2 | 29 | 酢酸エチル($CH_3COOC_2H_5$) | 350 | 32.5 | 479.3 |
| $SiF_4$ | 177.70 | 25.7 | ニトロ化合物 | | | |
| $SiH_4$ | 161.8 | 12.1 | ニトロメタン($CH_3NO_2$) | | | 113.2 |
| $SnCl_4$ | 386 | 34.7 | 1,3,5-トリニトロベンゼン(1,3,5-$C_6H_3(NO_2)_3$) | | | 37.4 |

# 索　引

| | |
|---|---|
| 1,2-ジクロロエタン | 31,175 |
| 1,2-ジクロロエチレン | 175 |
| 1,3,5-トリニトロベンゼン | 204 |
| 1,3-ブタジエン | 88,175 |
| $o$-ジクロロベンゼン | 28 |

## 【あ】

| | |
|---|---|
| アインシュタイン | 15,58,69,72 |
| アストン | 19,23,54 |
| アセチレン | 28,157,161 |
| ── 化合物 | 32 |
| 圧力 | 20 |
| $ab\ initio$ 分子軌道法 | 166 |
| アボガドロ | 15,18 |
| ── 数 | 55,109 |
| ── の法則 | 19,21,39,39 |
| アミノ酸 | 163 |
| アリストテレス | 8 |
| アルカリ金属 | 24,129,168,193 |
| アルカリ土類金属 | 24,124,129 |
| アルキメデス | 19 |
| アルキル基 | 32 |
| アルコール | 25,27 |
| アルゴン | 36 |
| $\alpha$ 線 | 52,56 |
| $\alpha$ 粒子 | 52 |
| アレン | 157,175 |
| アンペア | 43 |
| アンミン錯塩 | 35 |
| アンモニア | 164 |
| ── イオン | 159,164 |
| 硫黄 | 8 |
| イオン化 | 122 |
| ── エネルギー | 67,70,122,123, |
| | 126,135,187,205 |
| イオン結合 | 25,133,134,172,174 |
| ── 性 | 195 |
| イオン結晶 | 139 |
| イオン性 | 138,174,188 |
| イオン半径 | 195,202 |
| 異核二原子分子 | 154,186 |
| 異性 | 130 |
| ── 体 | 28,130 |
| 位置エネルギー | 42,55,63,135 |
| 一重項状態 | 146 |

| | |
|---|---|
| 一酸化炭素 | 18 |
| 一酸化二窒素 | 15 |
| 一体近似 | 170 |
| 陰極 | 23 |
| ── 線 | 48,50 |
| 引力 | 41,42 |
| ウーレンベック | 105 |
| ウェーラー | 26,39 |
| ウェルナー | 35 |
| ウラン | 52 |
| 運動エネルギー | 63 |
| 運動方程式 | 41 |
| 運動量 | 68,69 |
| ── ベクトル | 80 |
| エーテル類 | 163 |
| エキシマーレーザー | 60 |
| $s$ 軌道 | 93 |
| $sp$ 混成 | 160 |
| $sp^2$ 混成 | 159 |
| $sp^2$ 混成軌道 | 160 |
| $sp^3$ 混成 | 159 |
| エタン | 32,159 |
| エチルアルコール | 25 |
| エチレン | 28,157,160 |
| ── ジアミン | 35 |
| X 線 | 48,56 |
| ── 回折 | 56 |
| ── 回折法 | 193 |
| ── 散乱 | 56 |
| N 殻 | 121,126 |
| エネルギー期待値 | 144,146 |
| エネルギー固有値 | 92 |
| エネルギー準位 | 66,69,107 |
| エネルギー等価の原理 | 73 |
| エネルギー保存法則 | 77 |
| $f$ 軌道 | 93 |
| MO 法 | 142,146,173 |
| M 殻 | 121,126 |
| L 殻 | 121,126 |
| LCAO MO 法 | 146 |
| 塩酸 | 8 |
| 演算子 | 78 |
| ── 法 | 79,81 |
| 延性 | 167 |
| 塩素 | 23,24,28,88 |
| 王水 | 8 |

| | |
|---|---|
| O 殻 | 121,126 |
| オクテット則 | 132 |
| オゾンホール | 1 |
| 温度 | 20 |

## 【か】

| | |
|---|---|
| ガーマー | 71,74 |
| 外因性内分泌攪乱化学物質 | 2 |
| ガイガーとマースデン | 52 |
| 回折 | 44 |
| ── 格子 | 44,61 |
| ── 条件 | 45 |
| 回転異性 | 31 |
| ── 体 | 130 |
| 回転運動 | 62 |
| 回転スペクトル | 32 |
| 回転対称性 | 147 |
| 解離エネルギー | 202 |
| 化学結合 | 72 |
| ── エネルギー | 195,202 |
| 化学結合力 | 24,129 |
| 化学式 | 130,172 |
| 化学反応性 | 72 |
| 化学平衡 | 26 |
| 角運動量 | 64,69,122 |
| 角運動量の大きさ | 92 |
| 角運動量量子数 | 92 |
| 核子 | 109 |
| 核種 | 109 |
| 確率密度 | 86 |
| 化合物 | 17 |
| ── 半導体 | 2 |
| 重なり | 83 |
| ── 積分 | 149,150 |
| 重ね合わせの原理 | 45 |
| 価数 | 24 |
| 加速度 | 42 |
| 活性化エネルギー | 186 |
| 価電子帯 | 169 |
| 荷電粒子 | 47 |
| カドミウム | 3 |
| 価標 | 28,88,133 |
| 火薬 | 9 |
| ガリウム | 34 |
| ガリレイ | 19 |

— 209 —

# 索引

| | |
|---|---|
| ガルバーニ | 23 |
| 環境ホルモン | 2 |
| 換算質量 | 65 |
| 干渉 | 44 |
| 漢方薬 | 9 |
| $\gamma$ 線 | 52,56 |
| 基 | 27,30 |
| 幾何異性体 | 130 |
| 規格化 | 83 |
| ── 条件 | 84,86,95,107 |
| 希ガス | 34,132 |
| キセノン | 36 |
| 輝線スペクトル | 61 |
| 気体定数 | 21 |
| 気体反応の法則 | 16,18,39 |
| 逆6乗関数 | 199 |
| キャベンディッシュ | 36 |
| 吸熱反応 | 26 |
| 境界値条件 | 84 |
| 凝集体 | 166 |
| 共鳴 | 28,133 |
| ── エネルギー | 203 |
| ── 積分 | 147,150 |
| 共有結合 | 26,133,140,172 |
| ── 半径 | 202 |
| 供与結合 | 166 |
| 行列力学 | 71 |
| 極座標 | 90,91 |
| 極座標系 | 91 |
| 金 | 8 |
| 銀 | 8,105 |
| 金属 | 167,170,173 |
| ── カリウム | 24 |
| ── 結合 | 134,167 |
| ── 光沢 | 167 |
| ── 錯体 | 36,39 |
| クーロン | 24,42 |
| ── 引力 | 4,62 |
| ── 積分 | 147 |
| ── の法則 | 24,42,55 |
| 屈折現象 | 44 |
| グラファイト | 162 |
| グリニャール | 32 |
| ── 試薬 | 32 |
| クリプトン | 36 |
| クロロホルム | 27,40 |
| クロロメタン | 27 |
| $K_\alpha$ 線 | 119 |
| K 殻 | 126 |
| $K_\beta$ 線 | 119 |
| ゲーリケ | 19 |
| ゲーリュサック | 16,18,20 |
| ケクレ | 4,25,27,39 |
| 結合(解離)エネルギー | 72 |
| 結合エネルギー | 136 |
| 結合解離エネルギー | 135,138,177 |
| 結合角 | 72,73,164,167 |
| 結合距離 | 193,194 |
| 結合次数 | 147,148,153,175 |
| 結合手 | 4 |
| 結合性軌道 | 146 |
| ── 波動関数 | 145 |
| 結合双極子モーメント | 156,189 |
| 結合半径 | 194 |
| 結合領域 | 142,143 |
| ケトン類 | 163 |
| ケプラー | 41 |
| ゲルマニウム | 34 |
| 限界波長 | 60,70 |
| 原子 | 15 |
| ── 価 | 15,25,129 |
| ── 化エネルギー | 72,73,167 |
| ── 価殻電子対反発法 | 163,173 |
| ── 核 | 131 |
| ── 価結合法 | 71,140,173 |
| ── 化熱 | 177,178,190,191,202,205 |
| ── 価理論 | 4,25,39 |
| ── 軌道関数 | 92 |
| ── 質量単位 | 109 |
| ── 質量定数 | 109 |
| ── 説 | 17,39 |
| ── 線 | 105 |
| ── 団 | 130 |
| ── 単位 | 135 |
| ── の構造 | 52,56 |
| ── 波動関数 | 125 |
| ── 半径 | 195,202 |
| ── 番号 | 109,131 |
| ── 番号 Z | 119 |
| ── 量 | 17,39,40,110,205 |
| ── 論 | 4,8,15 |
| 元素 | 11,13 |
| ── 分析 | 25 |
| 高温超伝導物質 | 3 |
| 高温超電導物質 | 167 |
| 光学異性体 | 29,130 |
| 光学活性 | 29,35 |
| ── 体 | 134 |
| 光学分割 | 29 |
| 格子定数 | 197 |
| 向心力 | 62 |
| 合成 | 26 |
| 構成原理 | 113,125,126 |
| 構造異性体 | 25,28,130 |
| 構造式 | 28,131,133,174 |
| 構築原理 | 113 |
| 光電効果 | 58,69,70 |
| ── の式 | 58,69 |
| 光電子 | 60 |
| 光分解法 | 186 |
| 光量子 | 59,69 |
| 五行論 | 8 |
| 黒鉛 | 162 |
| 黒鉛層間化合物 | 168 |
| 国際単位系 | 22,43 |
| 黒線 | 61 |
| 黒体放射 | 57 |
| コッセル | 131,172 |
| 古典的ハミルトニアン | 79 |
| 古典力学 | 42 |
| 固有エネルギー | 82 |
| 固有関数 | 78,91 |
| 固有値 | 78,79,82,91 |
| ── 問題 | 84 |
| 固有方程式 | 78 |
| ゴルトシュタイン | 50 |
| 混成 | 157 |
| ── 軌道 | 157,158,173,175 |
| コンプトン | 68 |
| ── 効果 | 68,69,70,71 |
| ── 散乱 | 72 |
| ── 波長 | 68 |

## 【さ】

| | |
|---|---|
| 最外殻 | 132 |
| ── 電子数 | 132,172 |
| 最近接原子数 | 198 |
| 最高被占準位 | 88 |
| 彩層 | 36 |
| 最低非占準位 | 88 |
| 酢酸 | 25,37 |
| 酸化数 | 38,39,122,129 |
| 酸化鉛 | 12 |
| 三重結合 | 162 |
| 三重項状態 | 146,153 |
| 酸素 | 12,23 |
| ── 分子 | 134 |
| シアン酸アンモニウム | 26,39 |
| 磁気モーメント | 105,125 |
| 磁気量子数 | 92,106 |
| $\sigma$ 軌道 | 147 |
| ジクロロエタン | 28 |
| ジクロロエチレン | 28 |
| ジクロロメタン | 27,31 |
| 仕事関数 | 59,60,122 |
| 示性式 | 25,131 |
| 自然数 | 83 |
| 自然存在度 | 109 |
| 磁束密度 | 47 |
| しっくい | 9 |
| 実験式 | 131 |

索 引

| | | |
|---|---|---|
| 実在気体 | 22 | |
| 実測値 | 79 | |
| 質点 | 42 | |
| 質量 | 122 | |
| ——エネルギー等価原理 | 15 | |
| ——作用の法則 | 26 | |
| ——数 | 109 | |
| ——不変の法則 | 12 | |
| ——分析器 | 23,54,55 | |
| ——保存の法則 | 12,38 | |
| 磁場型質量分析器 | 54 | |
| ジメチルエーテル | 25 | |
| シャルル | 20 | |
| ——の法則 | 20,39 | |
| 自由エネルギー | 27 | |
| 周期表 | 33,129 | |
| 周期律 | 33,39,93,121 | |
| 収率 | 15 | |
| 縮退 | 151 | |
| 主原子価 | 35,39 | |
| 酒石酸 | 29 | |
| シュテルン | 104 | |
| ——・ゲルラッハ実験 | 104 | |
| 寿命 | 120 | |
| 主量子数 | 64,92,106 | |
| シュレーディンガー | 71,90,106 | |
| ——方程式 | 71,72,76,78,82,92,106 | |
| 昇位 | 157 | |
| 蒸気圧 | 22 | |
| 硝酸 | 133 | |
| ——カリウム | 9 | |
| 常磁性 | 125,134,153 | |
| 状態方程式 | 19 | |
| 蒸発熱 | 200 | |
| 食塩 | 23 | |
| 触媒作用 | 168 | |
| 白川英樹 | 169 | |
| 真空 | 19 | |
| ——中の誘電率 | 42 | |
| 真性半導体 | 172 | |
| 振動数 | 59 | |
| ——条件 | 64 | |
| 水銀 | 3,8,19 | |
| ——共鳴線 | 69 | |
| 水酸化カリウム | 23 | |
| 水酸化ナトリウム | 24 | |
| 水素 | 23 | |
| ——結合 | 164,200,201 | |
| ——原子 | 90,92 | |
| ——原子スペクトル | 53 | |
| ——分子 | 143,146 | |
| ——類似原子 | 66 | |
| ——類似原子・イオン | 103 | |
| 須恵器 | 9 | |
| スズ（錫） | 8,12 | |
| スピン多重度 | 113 | |
| スペクトル | 57 | |
| 正四面体構造 | 164 | |
| 正四面体説 | 29 | |
| 正四面体模型 | 39 | |
| 生成エネルギー | 72 | |
| 生成熱 | 178 | |
| 正八面体構造 | 35 | |
| 製薬 | 8 | |
| 斥力 | 42 | |
| 絶縁体 | 167,170,171,173 | |
| 絶対温度 | 20 | |
| 節面 | 100,101 | |
| セメント | 9 | |
| セン亜鉛鉱 | 49 | |
| 遷移金属元素 | 115,125 | |
| 遷移元素 | 122,126 | |
| 遷移選択則 | 120 | |
| 全エネルギー | 63 | |
| 線形結合 | 173 | |
| 旋光度 | 29,30 | |
| 染色 | 8 | |
| 線スペクトル | 60 | |
| 双極子－双極子相互作用 | 199 | |
| 双極子モーメント | 73,135,137,156,167,174,188,203,204 | |
| 双極子－誘起双極子相互作用 | 199 | |
| 相対誤差 | 167 | |
| 相対性理論 | 42,72 | |
| 総熱量不変の法則 | 26 | |
| 族 | 122 | |
| 束縛回転 | 32 | |
| 存在確率 | 99 | |

【た】

| | | |
|---|---|---|
| ターレス | 7 | |
| ダイオキシン類 | 1 | |
| 体積 | 20 | |
| 第二運動方程式 | 41 | |
| ダイヤモンド | 162,171,177 | |
| 太陽エネルギー | 3,4 | |
| 太陽電池 | 3 | |
| 多原子分子 | 155 | |
| 多電子原子 | 93,125 | |
| 単結合 | 28 | |
| 炭酸同化作用 | 70 | |
| 炭素 | 8 | |
| $^{12}C$ | 109 | |
| 単体 | 17 | |
| チーグラー | 33 | |
| ——－ナッタ | 33 | |
| 地球温暖化 | 1 | |
| 蓄電器 | 23 | |
| 窒素分子 | 134 | |
| 中性子 | 62,109 | |
| 直交座標 | 91 | |
| ——系 | 91 | |
| 直交性 | 87 | |
| $2s$ 波動関数 | 100 | |
| $2p_z$ 波動関数 | 97 | |
| $2p\sigma$ 軌道 | 150 | |
| $2p\sigma^*$ 軌道 | 150 | |
| $2p\pi$ 軌道 | 151 | |
| $2p\pi^*$ 軌道 | 151 | |
| $d$ 軌道 | 93 | |
| 抵抗加熱 | 180 | |
| 定在波 | 58 | |
| 定常状態 | 63,69 | |
| 定組成の法則 | 16 | |
| デイビー | 23,39 | |
| 定比例の法則 | 16,39 | |
| 鉄 | 8 | |
| デバイ | 137 | |
| デビッソン | 71,74 | |
| デモクリトス | 7 | |
| テルル | 34 | |
| 電荷 | 24 | |
| ——移動錯体 | 169 | |
| ——電量計 | 24 | |
| ——分布 | 117 | |
| 電気陰性度 | 38,155,156,186,202,203,205 | |
| 電気素量 | 50,51,55,138 | |
| 電気伝導性 | 167 | |
| 電気伝導率 | 172 | |
| 電気分解 | 23,39 | |
| ——の法則 | 24,39 | |
| 典型元素 | 122,125,126 | |
| 電子 | 4,50,55,62 | |
| ——雲 | 100 | |
| ——供与体 | 169 | |
| ——構造 | 72,122 | |
| ——式 | 174 | |
| ——受容体 | 169 | |
| ——親和力 | 122,123,126,127,135,187,205 | |
| ——スピン | 104,107,122,126 | |
| ——線回折 | 75 | |
| ——線回折の実験 | 74 | |
| ——対結合 | 132 | |
| ——配置 | 93,132 | |
| 電磁気学 | 55 | |
| 電磁波 | 46 | |
| 電磁波のエネルギー | 70 | |
| 電磁誘導の法則 | 46 | |
| 展性 | 167 | |

212　索引

| | |
|---|---|
| 点対称 | 147 |
| 天頂角 | 91 |
| 伝導性ポリマー | 168 |
| 天動説 | 8 |
| 伝導帯 | 170 |
| 天秤 | 12 |
| 電流 | 23 |
| ド・ブロイ | 71,72,76,106 |
| ── 波長 | 74,75,77,107 |
| 銅 | 8,24 |
| 同位体 | 23,54,109 |
| ── 存在度 | 126 |
| 等核二原子分子 | 25,146 |
| 動径 | 91 |
| 統計力学 | 58 |
| 陶磁器 | 9 |
| 等速円運動 | 64 |
| 特殊相対性理論 | 15 |
| 特性X線 | 118,119,126 |
| トムソン | 4,16 |
| トムソン,G.P. | 71,74 |
| トムソン,J.J. | 50,55,131 |
| トムソン模型 | 52 |
| トリチェリー | 19 |
| ── の真空 | 19 |
| トリフルオロ酢酸 | 37 |
| ドルトン | 16,17,39 |

【な】

| | |
|---|---|
| Nagaokaの原子模型 | 52 |
| 長岡半太郎 | 52 |
| ナッタ | 33 |
| ナトリウムエチラート | 27 |
| ナトリウム金属 | 27 |
| ナトリウムD線 | 104 |
| ナフタレン | 26 |
| 鉛 | 3,8 |
| 波 | 44 |
| 二酸化硫黄 | 38 |
| 二酸化炭素 | 18,157,174 |
| 二重結合 | 28,160 |
| ニュートン | 41,55,62 |
| ── 力学 | 55 |
| 尿素 | 25,26,39 |
| 二量体 | 134,138,197 |
| ネオン | 36 |
| 熱化学 | 26 |
| ── 方程式 | 135,178 |
| 熱伝導性 | 167 |
| 燃焼エンタルピー | 180 |
| 燃焼熱 | 26,180 |
| 燃素 | 11,38 |
| ── 説 | 11,38 |

| | |
|---|---|
| 燃料電池 | 3 |
| 野依良治 | 30 |

【は】

| | |
|---|---|
| ハートレー | 135 |
| バートレット | 36 |
| 配位異性 | 130 |
| 配位共有結合 | 166 |
| 配位結合 | 35,133,165,173 |
| 配位子 | 35 |
| π結合 | 160 |
| 倍数比例の法則 | 16,18 |
| ハイゼンベルグ | 71 |
| π電子 | 88 |
| ハイトラー | 71 |
| ── とロンドン | 140 |
| ハウトスミット | 105 |
| パウリ | 105 |
| ── の排他原理 | 88,106,107,113, |
| | 125,126,136,173 |
| ── の排他律 | 199 |
| 箱のなかの粒子 | 82,107 |
| 波数 | 119 |
| パスカル | 19 |
| パスツール | 29 |
| 八隅子説 | 35 |
| 八隅子則 | 38,131,132,172,174 |
| 発光スペクトル | 4,60 |
| 発光素子 | 3 |
| パッシェン系列 | 61 |
| 波動 | 44 |
| ── 関数 | 82,92,144,168 |
| ── 関数の形 | 97 |
| ── 性 | 106 |
| ── と粒子の二重性 | 167 |
| ── 方程式 | 46 |
| ── 力学 | 71 |
| ハフニウム | 120 |
| ハミルトニアン | 79 |
| バルマー | 61 |
| ── 系列 | 61 |
| ── の式 | 70 |
| ハロゲン化アルキル | 32 |
| 半金属 | 172 |
| 半結合 | 148 |
| 反結合性軌道 | 147 |
| 反結合性波動関数 | 146 |
| 反結合領域 | 142,143 |
| 反磁性 | 122,125 |
| 反射型回折格子 | 44 |
| 反対称 | 83,147 |
| 半導体 | 167,170,171,173 |
| バンドギャップ | 171 |

| | |
|---|---|
| バンド構造 | 171 |
| バンド理論 | 170 |
| 反応速度 | 26 |
| 反応熱 | 26,165,179 |
| 万物の根元 | 4,7 |
| 万有引力 | 41,55 |
| ── 定数 | 41 |
| p軌道 | 93 |
| ヒ素 | 3 |
| ヒトの遺伝子 | 3 |
| ヒドロキシ基 | 27 |
| ビニル基 | 88 |
| 標準状態 | 21 |
| 標準生成エンタルピー | 178 |
| ファラデー | 24,27 |
| ファンデルワールス | 22 |
| ── 相互作用 | 199 |
| ── 半径 | 196,200,202 |
| ── 力 | 197,202 |
| ファント・ホッフ | 25,29,39 |
| VSEPR法 | 163 |
| 負イオン | 123 |
| フィッシャー | 30 |
| VB法 | 140,143,173 |
| フィラメント | 180 |
| フェニル | 30 |
| フェノール | 26 |
| フェルミ準位 | 174 |
| 不活性元素 | 36 |
| 付加反応 | 88 |
| 副原子価 | 35,39 |
| 複素共役数 | 95 |
| 副量子数 | 92 |
| 不斉炭素原子 | 29 |
| フッ化カリウム | 37 |
| フッ化水素 | 37 |
| 物質 | 12 |
| ── 変換可能 | 8 |
| ── 量 | 21,22,40,130,131 |
| 物質連続構造説 | 8 |
| フッ素 | 37 |
| 沸点 | 13,170,190,205 |
| 不動体 | 37 |
| 不動体膜 | 168 |
| フラウンホーファー | 61 |
| ── 線 | 61 |
| ブラッグの関係式 | 49 |
| ブラッグ父子 | 49 |
| プランク | 58 |
| ── ・アインシュタイン | 72 |
| ── ・アインシュタインの式 | 59 |
| ── 定数 | 58,74 |
| ブランケット系列 | 61 |
| プリーストリー | 12 |

| | | |
|---|---|---|
| プルースト | | 16,39 |
| フレミング | | 47 |
| ――の左手の法則 | | 47,55 |
| プロトン化反応 | | 165 |
| プロパン | | 32 |
| プロピレン | | 32 |
| 分圧の法則 | | 22 |
| 分極 | | 137,155 |
| 分光器 | | 61 |
| 分散力 | | 198 |
| 分子 | | 15,17 |
| ――仮説 | | 15,19,39 |
| ――間相互作用 | | 190 |
| ――間ポテンシャル | | 190 |
| ――間力 | | 190 |
| ――軌道 | | 146 |
| ――軌道法 | | 89,142,173 |
| ――クラスター | | 166 |
| ――構造 | | 36,40,72,193 |
| ――式 | | 25,131 |
| ――説 | | 19 |
| ――素子 | | 167 |
| ――量 | | 19 |
| ブンゼン | | 36 |
| フント | | 142 |
| ――則 | | 121 |
| ――の規則 | | 114,153 |
| ――の第一規則 | | 126 |
| ブント系列 | | 62 |
| 閉殻構造 | | 121 |
| 平衡核間距離 | | 72,73,138,188 |
| 平面分子 | | 157 |
| 平面偏光 | | 30 |
| ペイラー | | 33 |
| $\beta$線 | | 52,56 |
| ベクトル積 | | 47 |
| ベクレル | | 52 |
| ヘス | | 26 |
| ――の法則 | | 178 |
| ヘテロ原子 | | 163 |
| ヘリウム | | 36 |
| ベルセーリウス | | 17,22 |
| ヘルツ | | 46,55,58,69 |
| ベルテロー | | 26 |
| ベンゼン | | 26,27,40,175 |
| ボイル | | 11,40 |
| ――・シャルルの法則 | | 21,40 |
| ――の法則 | | 11,20,39 |
| 方位角 | | 91 |
| 方位量子数 | | 92,106,120 |
| 芳香族化合物 | | 194 |
| 放射線 | | 49 |
| 飽和炭化水素 | | 32,159 |
| ボーア | | 53,60,62 |
| ――の原子模型 | | 62,69,118 |
| ――の水素原子模型 | | 70 |
| ――の模型 | | 92 |
| ――半径 | | 67,93,135 |
| ポープル | | 155 |
| ポーリング | | 28,157,186 |
| 保存力 | | 43 |
| ポリアセチレン | | 168 |
| ポリエチレン | | 33 |
| ボルタ | | 23 |
| ――の電池 | | 23 |
| ホルムアルデヒド | | 175 |
| ボルン | | 86 |
| ――・オッペンハンマー近似 | | 141 |
| ボンベ型反応熱測定計 | | 179,180 |

## 【ま】

| | | |
|---|---|---|
| マーデルング・エネルギー | | 139 |
| マーデルング定数 | | 139 |
| マクスウェル | | 46 |
| 摩擦電気 | | 23 |
| マリケン | | 142,187 |
| 水分子 | | 155,164 |
| 三つ組元素 | | 33 |
| ミリカン | | 51,55 |
| メタン | | 25,157,158,164,174,179 |
| メチルラジカル | | 157 |
| 面心立方構造 | | 197 |
| メンデレーエフ | | 33,39 |
| モアッサン | | 37 |
| モーズリー | | 118 |
| モネル合金 | | 37 |

## 【や】

| | | |
|---|---|---|
| 冶金 | | 8 |
| 有機化学 | | 26,39 |
| 有機化合物 | | 25 |
| 有機金属化合物 | | 33 |
| 誘起双極子モーメント | | 199 |
| 有機体 | | 25 |
| 有機伝導性物質 | | 2 |
| 有効核電荷 | | 118,125 |
| 融点 | | 13,170,190,205 |
| 遊離基 | | 158 |
| 陽極 | | 23 |
| 陽極線 | | 50 |
| 陽子 | | 16,50,55,62,109 |
| ヨウ素 | | 34 |
| ――分子 | | 169 |
| 要素粒子 | | 130 |

## 【ら】

| | | |
|---|---|---|
| 雷電びん | | 23 |
| ライマン系列 | | 61 |
| ラウエ | | 49,56 |
| ――斑点 | | 49 |
| ラザフォード | | 4,52,53,56,118 |
| ――・長岡の原子模型 | | 62 |
| ラジカル | | 158 |
| ラセミ酸 | | 29 |
| ラボアジエ | | 12,40 |
| ラムゼー | | 36 |
| ラングミュア | | 133 |
| ランタニド系列 | | 121 |
| ランタノイド系列 | | 193 |
| 理想気体 | | 19,21,39 |
| ――の状態方程式 | | 21,40 |
| 立体異性体 | | 130 |
| 立体化学 | | 29 |
| 立体規則性 | | 33 |
| 立体構造式 | | 131 |
| 硫化水素 | | 38 |
| 硫酸 | | 8 |
| 粒子 | | 44 |
| ――性 | | 44 |
| ――-波動の二重性 | | 106 |
| リュードベリ定数 | | 61,119 |
| リュードベリの式 | | 61,65,70 |
| 量子 | | 57,68 |
| ――化 | | 94 |
| ――化学 | | 71 |
| ――条件 | | 64,69 |
| ――数 | | 83,85 |
| ――力学 | | 57,71 |
| ――力学的ハミルトン演算子 | | 79 |
| ――論 | | 4,57 |
| ルイス・ラングミュア | | 133 |
| ――の原子価理論 | | 172 |
| ルイスの原子価理論 | | 172 |
| 励起状態 | | 5,181 |
| 零点エネルギー | | 83,177 |
| レイリー | | 36 |
| レトルト | | 12 |
| レナード | | 58,69 |
| レニウム | | 120 |
| 錬金術 | | 4,8 |
| レントゲン | | 48,56 |
| ローレンツ | | 55 |
| ――力 | | 47,55,56 |
| ロンドン | | 71 |
| ――相互作用 | | 199 |

【著者略歴】

**正畠　宏祐**（しょうばたけ　こうすけ）
1941年　広島県に生まれる
1964年　京都大学工学部合成化学科卒業
1966年　京都大学大学院工学研究科合成化学専攻修士課程修了
1972年　シカゴ大学大学院化学専攻博士課程修了
1979年　分子科学研究所分子集団研究系助教授
1993年　名古屋大学工学部物質化学科教授
1996年　名古屋大学大学院工学研究科物質制御工学専攻教授
2005年　名古屋大学名誉教授
現　在　㈶豊田理化学研究所フェロー
専　門　反応動力学，表面科学
Ph.D.

---

化学の基礎 —— 化学結合の理解

2004年3月20日　第1版第1刷　発行
2025年2月10日　　　　第19刷　発行

検印廃止

著　者　正畠宏祐
発行者　曽根良介
発行所　㈱化学同人

JCOPY〈出版者著作権管理機構委託出版物〉
本書の無断複写は著作権法上での例外を除き禁じられています．複写される場合は，そのつど事前に，出版者著作権管理機構（電話 03-5244-5088, FAX 03-5244-5089, e-mail: info@jcopy.or.jp）の許諾を得てください．

本書のコピー，スキャン，デジタル化などの無断複製は著作権法上での例外を除き禁じられています．本書を代行業者などの第三者に依頼してスキャンやデジタル化することは，たとえ個人や家庭内の利用でも著作権法違反です．

〒600-8074　京都市下京区仏光寺通柳馬場西入ル
編集部　TEL 075-352-3711　FAX 075-352-0371
企画販売部　TEL 075-352-3373　FAX 075-351-8301
振替　01010-7-5702

e-mail　webmaster@kagakudojin.co.jp
URL　https://www.kagakudojin.co.jp
印刷・製本　大村紙業株式会社

Printed in Japan © K. Shobatake 2004　無断転載・複製を禁ず
乱丁・落丁本は送料小社負担にてお取りかえいたします．

ISBN978-4-7598-0947-3

## エネルギーの定義と換算表

### 運動エネルギーまたは並進エネルギー
速度 $v$ で走る質量 $m$ の物体のもつ運動エネルギー：$E_K = mv^2/2$
1 J：質量 2 kg の物体が速さ $1\ \mathrm{m\ s^{-1}}$ で飛行するときのエネルギー

### 力学的な仕事
仕事 = 力×距離, 単位 = N(ニュートン)×m = J

### 荷電粒子のもつエネルギー
1 J：1 V(ボルト)の電位差で1クーロン(C)の電荷を加速した際にすることのできる仕事またはエネルギー，すなわち 1 V × 1 C = 1 VC = 1 J
1 eV：電気素量 $e = 1.602\,176\,462 \times 10^{-19}$ C の粒子を，1 V の電位差で加速したとき得られる運動エネルギー，すなわち $1\,e \times 1\,\mathrm{V} = 1.602\,176\,462 \times 10^{-19}$ J

### モル換算のエネルギー
$$1\ \mathrm{eV} = \frac{1.602\,176\,462 \times 10^{-19}\,\mathrm{J} \times N_A}{N_A} = \frac{1.602\,176\,462 \times 10^{-19}\,\mathrm{J} \times 6.022\,141\,99 \times 10^{23}}{N_A}$$

∴ $1\ \mathrm{eV} = 1.602\,176\,462 \times 10^{-19}$ J = 96.485 34 kJ mol$^{-1}$

### 真空中で波長 λ の光(量子)エネルギー
プランク・アインシュタインの式：$E_{\mathrm{photon}} = h\nu = \dfrac{hc}{\lambda} \equiv \tilde{\nu}hc$

### cm$^{-1}$ によるエネルギーの表し方
1 cm$^{-1}$ は，分光学では例外なく用いられるエネルギーの単位である．真空中 1 cm あたりにある光(電磁波)の波の山の数(波数)が $\tilde{\nu}$ であり，その光(量子)のエネルギーは，$\tilde{\nu}$ に $hc$ を掛けると J 単位で得られる．真空中で波長 500 nm の波数は $2.00 \times 10^4$ cm$^{-1}$ である．

cal と J の関係：1 cal = 4.184 J（定義）

hatree（ハートレー）：$\dfrac{me^4}{4h^2\varepsilon_0^2} = 2R_\infty ch = 4.359\,7438 \times 10^{-18}$ J $= 27.211\,38$ eV

### 分子のエネルギーの換算

| kJ mol$^{-1}$ | J / 分子 | kcal mol$^{-1}$ | eV / 分子 | cm$^{-1}$ |
|---|---|---|---|---|
| 1 | $1.660539 \times 10^{-21}$ | 0.239006 | $1.036427 \times 10^{-2}$ | 83.59347 |
| $6.022142 \times 10^{20}$ | 1 | $1.439326 \times 10^{20}$ | $6.2415097 \times 10^{18}$ | $5.034118 \times 10^{22}$ |
| 4.184 | $1.660540 \times 10^{-21}$ | 1 | $4.336411 \times 10^{-2}$ | 83.5935 |
| 96.48534 | $1.6021765 \times 10^{-19}$ | 23.06055 | 1 | $8.065545 \times 10^3$ |
| $1.19627 \times 10^{-2}$ | $1.986445 \times 10^{-23}$ | $2.859144 \times 10^{-3}$ | $1.239842 \times 10^{-4}$ | 1 |

## 圧力の換算

1 atm = 101325 Pa（定義）= 0.76 m Hg = 760 mmHg
1 bar = 100000 Pa, 1 kg cm$^{-2}$ = 98066.5 Pa = 0.96784 atm
1 Torr = 1/760 atm = $1.31579 \times 10^{-3}$ atm = 133.322 Pa